Modern life science

現代生命科学

東京大学生命科学教科書編集委員会…編

序

21世紀は生命科学の時代と言われてはや十数年が過ぎようとしている．21世紀に入って何が変わったかと言えば，私たち人間が生物学の主役となり，倫理問題や環境問題を含めた生命科学という大きな枠の中で，私たちの健康や生き方が語られるようになったことである．

東京大学では，2006年に初めて，理工系学生のために『生命科学』という教科書を上梓したが，その後，生命系に進む学生のための『理系総合のための生命科学』，文字通り文系を対象にした『文系のための生命科学』の3冊を出版し，ほぼ毎年，どれかの改訂を繰り返してきた．幸い，多くの方々の賛同を得て，大学の教科書としてだけではなく，一般の方々が生命科学を知るための題材として使われるようになった．

しかし，生命科学の進展は予想を上回るものがある．その一例がiPS細胞の発見で，これが再生医療分野の発展につながり臨床応用までも可能になったことはご存知だろう．また，DNAシーケンサーの技術革新により，ゲノムが短時間でしかも安価に読まれ変異遺伝子が同定されるようになるなど，十年前には考えられなかったようなスピードで知識は蓄積しつつある．このようなビッグデータをどう活用するかという点も，生命科学の重要な一分野になっている．

このような時代背景から私たちは，社会に生命科学の知識を還元するためには文系・理系の枠を超えた新しい枠組みに基づいた教科書が必要なのではないか，という考えに至った．特に，知識偏重ではなく，「生命がどのようにして誕生したのか」「生命とは何か」という問いから始まり，「生命はどう発生するのか」「生命の多様性はなぜ必要なのか」「これらを知るにはどのような技術が必要なのか」などについて詳しく解説した今までにない新しい教科書が必要と考えた．

そこで本書『現代生命科学』は，理系・文系どちらのタイプの学生の興味をも満たすように最新の研究成果を盛り込んでつくった生命科学入門の集大成版である．前者に対しては勉学につながるようにバイオインフォマティックスや数理生物学などを加味し，後者に対しては自分の健康により深い関心をもてるように認知科学や生命倫理を主軸にヒトの身体の仕組みを詳説した．さらに一般の方々には読むだけで理解できるように専門用語を減らす工夫をした．また，コラム欄を充実させ，新規概念の説明，生命科学知識が得られた歴史，生命科学の応用例などの記述を加えた．

本書は，3部立てになっている．**第Ⅰ部**は現代の生命科学がどのようにして出来上がったのか，また，その応用はどこまで可能か，がまとめられている．もちろんその基本は遺伝子のはたらきだが，細胞を含めた生体の厳密な機能に驚かれる方も多いことだろう．**第Ⅱ部**では，発生，脳，がん，食と健康，免疫，そして植物を含めた生態系のはたらきを「生命のしくみ」としてまとめてあり，生物が環境にどう適応しているかを概観できるだろう．**第Ⅲ部**には本書の特徴が色濃く出ている．生命科学技術の変遷から最新の注目技術までを紹介した後，そこから浮かび上がってきた生命倫理の問題点を議論し，そして生命とは何かという最終命題につながっていくのである．また本書では，シリーズで初めてカラーデザインを採用し，これによって手に取るようにものの形状や動きがわかり，格段に，理解が深まることだろう．

本書を通じて，生命科学の今を感じていただければ幸いである．

2015年　早春

編者代表
石浦章一

現代生命科学
contents

第Ⅲ部　生命科学技術の進歩と社会との関係

表紙：
D'où venons-nous? Que sommes-nous? Où allons-nous?
Paul Gauguin, 1897

第1章 生命科学と現代社会のかかわり

本章では，生物の特徴や生命の多様性，そして21世紀における生命科学の展開について学ぶ．このなかには，生物の進化やヒトの起源が含まれる．また，生命科学の歴史や科学の方法論にも触れる．地球が誕生したのは，今から46億2,000万年前であるが，地上に生命が生まれたのは約38億年前であった．ここから現在に至るまで，生物は多様に進化してきた．ヒトはそのうちの1つの種にすぎず，今から600万年前に初めて地上に現れた．

ヒトは二足歩行を行ない，大きな脳を手に入れて，現在の繁栄をもたらした．このヒトの繁栄は，科学の進歩抜きには語れない．そのなかでも科学という方法がいかに人類に利益をもたらしたかについても議論し，また生命科学の進歩とともに新しい倫理問題が浮上してきたことにも触れる．

ヘッケルの描いたヒトに至る系統樹（*出典中央：E. Haeckel "Anthropogenie oder Entwicklungsgeschichte des Menschen." 1874．左右の接合藻，ウニ類はE. Haeckel. "Kunstformen der Natur" 1899-1904*）

第1章 生命科学と現代社会のかかわり

1 生物とは何か

私たちの身の回りには，多くの動植物や微生物が存在して生態系を形づくっている．それらに共通な**生物**とはどのようなものであろうか．生物には次のような特徴がある（図1-1）．

① 「細胞」と呼ばれる構造体からできている
② 遺伝物質DNAによって，自己を複製する
③ 環境からの刺激に応答する
④ 環境からエネルギー物質アデノシン三リン酸（ATP）を合成し，そのエネルギーを用いて生活・成長する

以下，これらについて詳しくみていこう．

① 細胞と呼ばれる構造体からできている

すべての生物は，細胞からできている※1．細胞は，**リン脂質二重層**からなる細胞膜に被われており（p19 図1-6参照），一般に肉眼で見える大きさの限界は0.1 mm（100 μm）で，**光学顕微鏡**では0.2 μm（200 nm）あたりまでであり，1 μm以下は**電子顕微鏡**でないとはっきり見えない．電子顕微鏡は，生きている状態のものは観察できない．

② 遺伝物質DNAによって自己を複製する

生物のもう1つの大きな特徴は，一見，自分と同じ子孫をつくるという点である．単細胞生物は，通常の栄養条件下では，分裂や出芽※2という無性生殖で子孫を増やす．この場合，DNAに変異が起こらない限り子孫の細胞は親と同じ形質※3をもつ．一方，多細胞生物は有性生殖を行ない，両親の遺伝子を半分ずつ受け継いだ子孫がつくられる（3章参照）．

遺伝物質DNAは，ヒト※4であろうが細菌であろうがアデニン，グアニン，シトシン，チミンの4つの塩基（DNAの文字）で構成されていることは共通である．この遺伝物質が同じということも，地上のすべての生物が1つの生物から進化してきたことの証拠となっている．

①「細胞」からできている

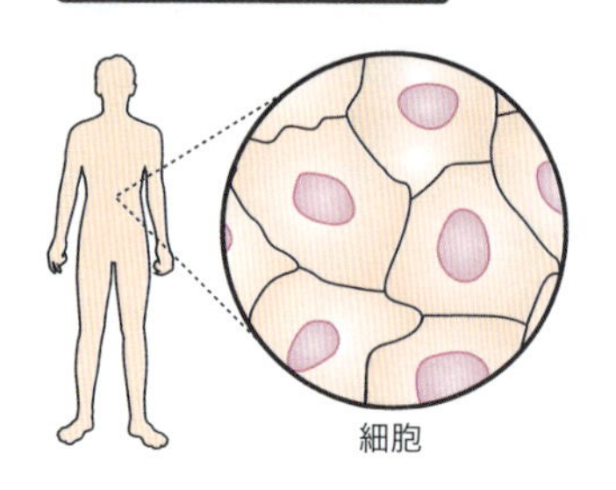

② 自己を複製する

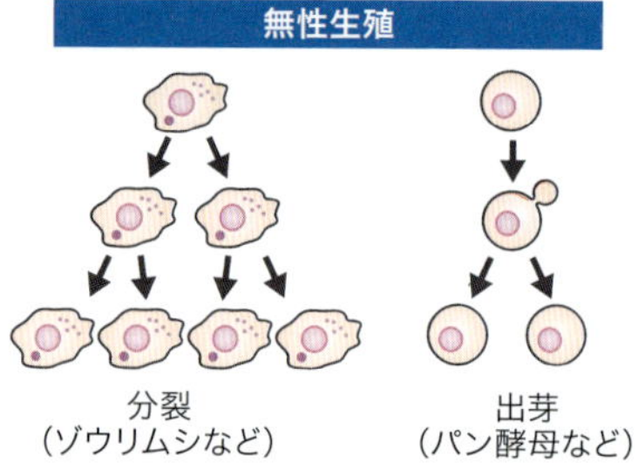

有性生殖
父親
母親
受精

③ 環境からの刺激に応答する

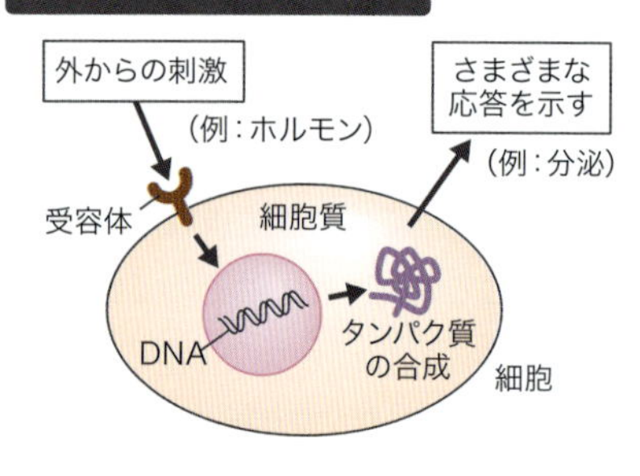

④ エネルギー物質を合成して生活・成長する

代謝
栄養素
タンパク質，
糖，脂質など
分解
ATPの合成
エネルギー物質
発熱
筋肉の収縮
物質の生合成
物質の輸送 など

図1-1 生物にみられる4つの特徴

※1 細胞が生命の単位になっている．
※2 例として，分裂はゾウリムシなど，出芽はパン酵母など．
※3 表に現れた性質．
※4 本書では，生物としての種を表す場合は「ヒト」，人間そのものを表す場合は「人」と書き表すことにする．

ところが，自己複製する途中にDNAの変異が起こった場合，それが子孫の形質に現れる場合がある．DNAの塩基には一定の割合でランダムに変化が生ずるので，結果としての進化も生物の特徴と考えることもできる．

❖③ 環境からの刺激に応答する

生物の第三の特徴は，刺激への応答である．細胞膜には，外界からの刺激を受容するタンパク質が存在するが，それを受容体（レセプター）と呼ぶ（5章参照）．ホルモンなど外界からの刺激が細胞外から受容体に届くと，細胞質側で各種の化学反応が続けて起こり，最終的にはDNAの読み取りから新たなタンパク質の合成が起こる．この連鎖反応のしくみを，シグナル伝達系と呼ぶ（6章参照）．大腸菌からヒトに至るまで，すべての生物の遺伝子にはカリウムイオンを通すK^+チャネルが共通にコードされていることが知られている．このことも，地球上の生物が1つの原始生物から進化してきたことを示唆している．

❖④ 環境からATPを合成し，そのエネルギーを用いて生活・成長する

生物の最後の特徴は，細胞内で代謝※5を行なうという点である（7章参照）．この過程でエネルギー物質であるATPを合成し，そのエネルギーの加水分解によって熱を得るとともに，代謝を行なっている．

2 地質時代と生物の変遷

地質時代の区分をもとに生物の変遷をみてみよう．最初に地球上に出現した生物は，海洋中の有機物を利用しO_2を使わないで生活する嫌気性の単細胞生物であったと考えられている（図1-2）．

地球誕生から5億4,200万年前までを**先カンブリア時代**という．最初の生命体の誕生後，CO_2を用いて有機物を合成する能力を備えた光合成細菌やシアノバクテリアが海洋に現れ，大気中のO_2が徐々に増えていった．生物は多細胞化し，真核生物（③参照）

地質時代		絶対年代（億年）	動物界		植物界	
新生代	第四紀	0.06	哺乳類時代	人類の繁栄	被子植物時代	被子植物の繁栄
	第三紀	0.64		哺乳類の繁栄		
中生代	白亜紀	1.40	爬虫類時代	大型爬虫類（恐竜）とアンモナイトの繁栄と絶滅	裸子植物時代	被子植物の出現
	ジュラ紀	2.08		大型爬虫類（恐竜）の繁栄 鳥類（始祖鳥）の出現		針葉樹の繁栄
	三畳紀	2.42		爬虫類の発達 哺乳類の出現		イチョウ，ソテツ類の出現
古生代	二畳紀	2.84	両生類時代	三葉虫とフズリナ（紡錘虫）の絶滅	シダ植物時代	
	石炭紀	3.60		両生類の繁栄，フズリナの繁栄，爬虫類の出現		木生シダ類が大森林形成 裸子植物の出現
	デボン紀	4.09	魚類時代	両生類の出現 魚類の繁栄		
	シルル紀	4.36		サンゴ，ウミユリの繁栄		陸上植物（コケ植物）の出現
	オルドビス紀	5.00	無脊椎動物時代	魚類の出現 三葉虫の繁栄	藻類時代	大型藻類の繁栄
	カンブリア紀	5.42		三葉虫の出現		
先カンブリア時代		46		原生動物，海綿動物，腔腸動物などが出現		緑藻類の出現 シアノバクテリア類の出現（O_2発生） 細菌類の出現

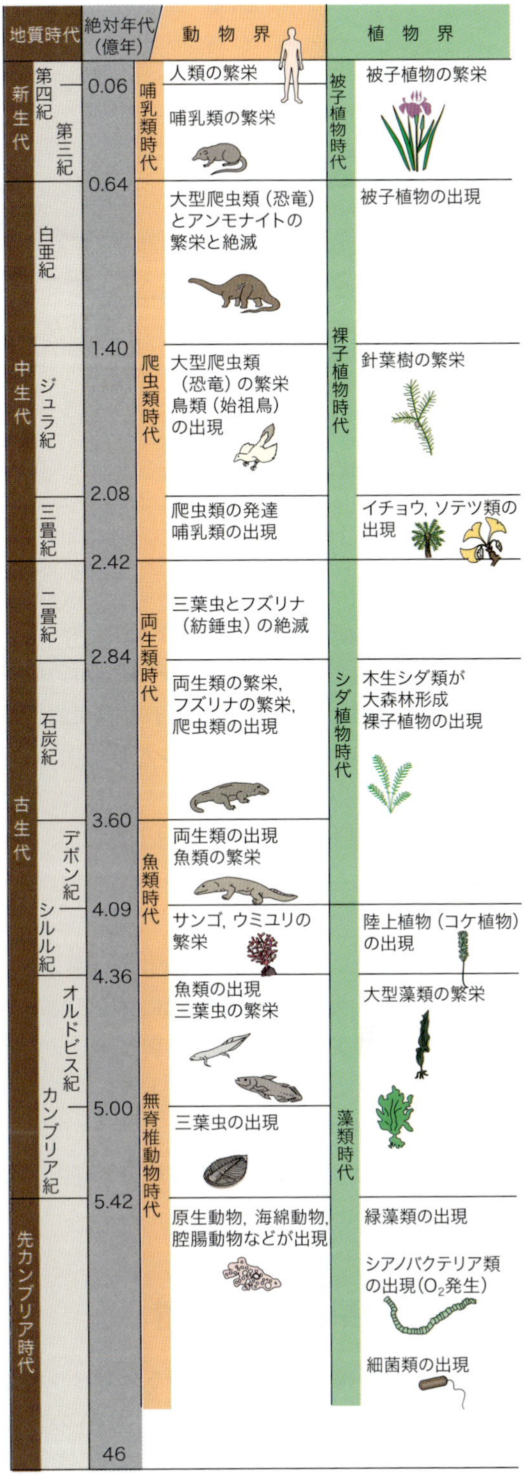

図1-2 地質時代区分と生物の出現

※5 物質の合成と分解．

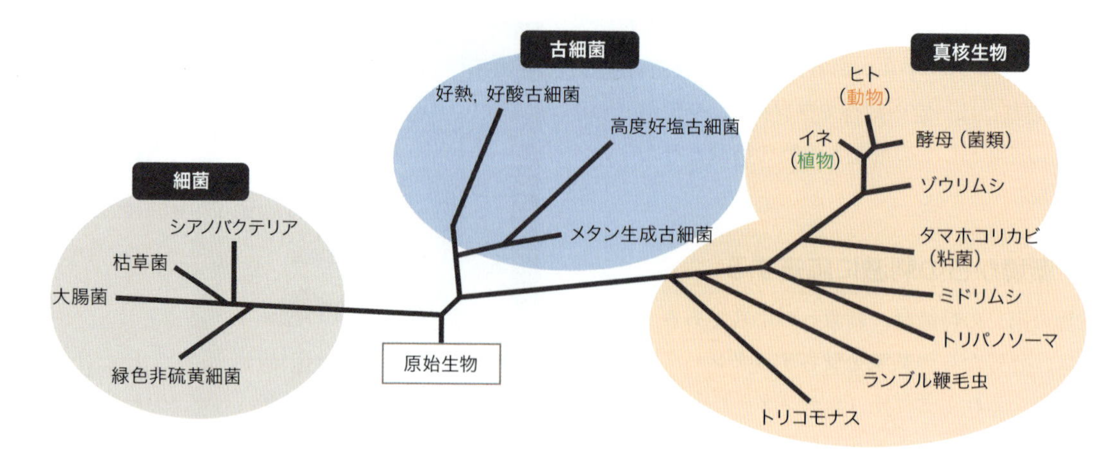

図1-3　生物の系統樹

が誕生した．先カンブリア時代末期になると，放散虫（原生動物），海綿動物，緑藻類などが出現した．

一方，増えてきたO_2は，地上10～50 kmの成層圏で紫外線によってオゾンに変えられ，結果的にできあがった**オゾン層**が有害な紫外線を遮ることになった．こうして紫外線が陸上に届かなくなったため生物が海洋中から陸上に進出することになった．今から約4億年前の**古生代**に，最初に陸上に進出したのはコケ植物であった．

古生代になると，魚類や両生類が出現・繁栄し，陸ではシダ植物が繁茂した．**中生代**になると恐竜をはじめとする爬虫類が繁栄し，針葉樹などの裸子植物が生態系を占めた．隕石の衝突によって大型の爬虫類は次第に絶滅し，**新生代**に入った．新生代では私たちヒトをはじめとする哺乳類と被子植物が全盛期を迎えた．

3 生物の系統と系統樹

図1-3に，現在までに知られている全生物の系統樹の概要を示す．この系統樹は，主にDNAの塩基配列の違いによって分類されたものである．ここでは生物を，**細菌**，**古細菌**（アーキア），**真核生物**という3つの大きなカテゴリーに分けてある[※6]．前二者は明確な核をもたないため原核生物[※7]とも呼ばれる．細菌と古細菌は細胞膜に存在する脂質の組成などが異なるだけでなく，明らかに遺伝子組成が違っている．私たちヒトや植物が分類される真核生物は，細菌ではなく古細菌の枝から分岐したものである．

一方，細胞内小器官（**2章 参照**）をみると，真核生物は原則ミトコンドリアをもっているが，後に失ったものもいる．**原生生物**であるランブル鞭毛虫にはミトコンドリアは存在しない．また，ミトコンドリアの形態が二重の膜で囲まれていることや環状DNAをもっていることなどから，この細胞内小器官は進化の過程で酸素呼吸を行なう好気性の細菌が原始真核生物に共生し，独自の遺伝子をもつ細胞内小器官になったものと考えられている（細胞内共生説，p30 **図2-8 参照**）．同様に，植物にみられる葉緑体も，光合成能力をもつシアノバクテリアが共生したものが起源である．

原生生物のなかには，前述のランブル鞭毛虫のほかに，マラリア原虫や赤潮を引き起こす渦鞭毛藻，光合成を行なうミドリムシや，単細胞でありながら分化を行ない，形を変える粘菌などがある．

原生生物から植物と呼ばれている一群の生物が分

※6　細菌（Bacteria），古細菌（アーキア，Archaea），真核生物（Eucarya）という3つの大きなカテゴリーをドメインと呼ぶ．

※7　原核生物（Prokaryote）．

化していった．植物は，細胞壁に囲まれ，光合成を行なう多細胞生物である．植物は，CO_2と水を材料に有機物を合成できるため独立栄養生物と呼ばれる．植物は生産者として，それ以外の地球上のすべての生物に栄養を与えている．

一方で，従属栄養の形態で生きる菌類※8が分化し，最後に**脊椎動物**が現れた．動物は細胞壁も光合成能力もないので従属栄養生物であり，生態学的には消費者と呼ばれる．

哺乳類の祖先が誕生したのは，今から1億5,000万年以前の中生代であり，その後，単孔類，有袋類が分化し，現在の哺乳類が種々の環境に適応して多様に進化しはじめたのは8,000万年前と考えられている．

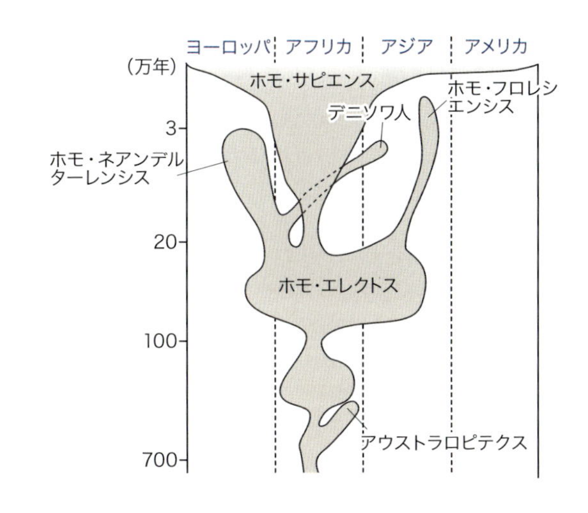

図1-4　ヒト属の系譜

ホモ・ネアンデルターレンシスをはじめ袋小路の箇所は絶滅を示す．インドネシアのフローレス島で最近見つかった全身が小さなヒト属ホモ・フロレシエンシスはジャワ原人の子孫ではないかと考えられている．この図は概念図であり内容については本文，Column参照．

4 ヒトの起源と進化

類人猿とヒトが分かれたのは今から600万年前であり，そこから，**アウストラロピテクス**，**ホモ・エレクトス**を経て**ホモ・サピエンス**が誕生した（図1-4）．私たちホモ・サピエンスがどのようにして進化してきたかについては，2つのモデルが提唱された．1つは多地域進化説で，今から600万年前にアフリカに誕生した原始人類が180万年前頃（ホモ・エレクトスと呼ばれている頃）に中東を通ってユーラシアに拡散し，ジャワ原人がオーストラリア先住民（アボリジニ）に，北京原人が東アジア人に，ホモ・ネアンデルターレンシス（ネアンデルタール人）がクロマニョン人になり，現在のヨーロッパ人になったとする説である．もう1つはアフリカ起源説で，

Column　化石人類と現生人類

ネアンデルタール人は，化石のデータから，今から40万年前に現われ，3万年前に姿を消した．その生息域はヨーロッパだけでなく西アジアや遠く南シベリア，中東にまで及んでおり，中東においては現生人類と接触があったと考えられている．ミトコンドリアDNAの解析からは現生人類との交雑はなかったのではないかと推測されていたが，クロアチアのヴィンディヤ洞窟から得られた約4万年前の3人の骨からDNAが抽出され，高性能のシークエンサー（DNAの塩基配列を読みとる装置）によって全ゲノムが読まれたところ，現生人類（非アフリカ人）のゲノムの1～4%がネアンデルタール人に由来していることが明らかになった．これは祖先が中東を経由してヨーロッパやアジアに広がった現生人類にはネアンデルタール人と共通の遺伝子領域があるが，アフリカに在住しているサン族やヨルバ族にはその領域が認められない，という結果から得られたものである．このことから，現生人類がアフリカを出た後，今から8万年前以降にネアンデルタール人と交雑が起こり，その後ヨーロッパや東アジア，そしてパプアニューギニアにまで現生人類が広がっていったと考えられる．

今までにネアンデルタール人については，遺伝子の配列から赤茶色の皮膚をしていたことや，言語遺伝子*FOXP2*※9の配列が現生人類と同じことがわかっていたが，全ゲノム解読により圧倒的に多くのデータが得られ，ヒトの進化過程がより詳細に推測できるようになった．

※8　カビ，キノコ類．生態学的には分解者と呼ばれる．

※9　遺伝子名はイタリックで表す．ただし例外も多い．

Column デニソワ人の謎

ロシアのアルタイ地方にあるデニソワ洞窟から見つかった4万1,000年前の骨は，DNA解析の結果からネアンデルタール人に近縁のヒト属（デニソワ人）であることがわかった．また現存するメラネシア人やアボリジニの人たちにデニソワ人と共通の遺伝子変異が存在することも明らかになった．しかし，同じ変異が東南アジアには見当たらないなど，謎も多い．

最近の研究で，チベット人の高地適応能力も遺伝子変異によるものであることがわかってきたが，ここにもデニソワ人が関係しているらしい．高地適応能力に関係する遺伝子変異は2つ見つかっており，1つの変異は低酸素誘導転写因子HIF（αとβサブユニットからできている）を分解するプロリルヒドロキシラーゼ2（*EGLN1*）遺伝子中にあり，もう1つはHIF-2αをコードする*EPAS1*遺伝子の中にあるが，実は*EPAS1*遺伝子にある変異をチベット人はデニソワ人から受け継いでいることが明らかになった．

デニソワ人の頭骨はまだ見つかっておらず，どのような化石人類だったかは明らかではないが，その断片が現生人類に見つかるということは興味深い．

Column 進化と苦味受容

ヒトの遺伝形質で有名なものに，フェニルチオカルバミド（PTC，コラム図1-1）感受性がある．ヒトには，人工物質PTCを苦いと感じる人と感じない人がおり，形質が遺伝するのである．PTCは，味覚芽に発現しているT2R38という受容体に結合し，受容体の多型（3章参照）がPTC感受性を決めていることが明らかになった．それも333個のうちのたった3カ所のアミノ酸の違いで生じる．T2R38のN末端から49，262，296番目のアミノ酸が，プロリン，アラニン，バリンの人（この人たちをアミノ酸の頭文字をとってPAV型と呼ぶことにする）が苦味を強く感じる人であり，同じところがアラニン，バリン，イソロイシンの人（これも頭文字でAVI型とする）が感じない人であることがわかった．また，PAVとAVIを1個ずつもつヘテロ（p34 図2-11参照）の人はPAVを2つもつホモの人よりも有意にPTC感受性が低い（つまり少し苦味を感じる）ことも明らかになった．

ところが，チンパンジーにもPTC感受性のものと非感受性のものがいることがわかったのだが，それはヒトのPAV型とAVI型ではなかった．チンパンジーの非感受性型は，開始コドン（p37 図2-15参照）に変異があり，非感受性のチンパンジーではT2R38遺伝子の開始コドンの2番目のチミン（T）がグアニン（G）に変異していて，もっと下流の97番目のアミノ酸がメチオニンになっていた．すなわちチンパンジーのPTC非感受性のものは，通常よりも小さなT2R38タンパク質がつくられていて，この小さなタンパク質の機能が低下していたのであった．

興味深いのは，ヒトでもチンパンジーでもなぜ苦味を感じる個体と感じない個体が共存するのか，という点である．種が存続するために多様化が必要，というのは優等生的解答であるが，本当の答えはどうなのだろうか．苦味を感じる個体の方が環境中の毒に対して感受性が高く，毒を見分けることができるために今まで生き残ったのだろうか．むしろ毒を見分けることができない個体の方が苦味のもつ健康増進作用（ブロッコリーなどアブラナ科の植物のもつ抗がん作用）の利益を得たのだろうか．この解答はまだ得られていない．

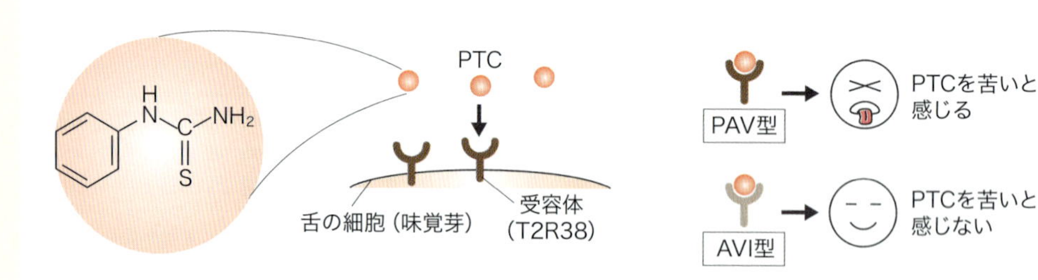

コラム図1-1　苦味と遺伝子型

フェニルチオカルバミド（PTC）はアブラナ科の植物に多く，これをなめると，苦く感じる人と，感じない人がいることがわかった．PTCはT2R38という受容体に結合する．受容体の型によってヒトは苦味の感じ方が異なる．

現在の地球上に住むすべての人の祖先は15～20万年前にアフリカにいて，そこから何回かに分かれてアフリカを出て世界中に広まったという考え方である．現在ではDNAの解析により後者の方が正しいと広く信じられている．なお，ネアンデルタール人は，現生人類の祖先ではなく，別種のヒト属と考えられている（**Column：化石人類と現生人類** 参照）．

表1-1　細胞をつくっている分子

物質	構成物質の例
水	
タンパク質	酵素，構造タンパク質，細胞骨格，受容体
脂質	リン脂質，中性脂肪，ステロイド
核酸	DNA，RNA
糖	グルコース，グリコーゲン，セルロース
微量成分	ビタミン，ホルモン，生理活性物質
無機塩類	Na^{+}，Cl^{-}，K^{+}，Ca^{2+}，Fe^{2+}/Fe^{3+}，Zn^{2+}

5 細胞を構成する分子

細胞については**2章**で詳しく説明するが，ここではまず，細胞を構成する主要分子をみてみよう．表1-1は一般的な細胞内の分子組成である．もちろん大腸菌とヒトの細胞の間で，また，ヒトの細胞でもそれぞれの組織の細胞の間で，分子組成は多少異なるのだが，その割合は大きくは変わらない．

❖水

細胞は，多量の水からできている．水は細胞の70％程度を占める．なぜ，そんなに水が多いのだろう．水は極性分子であるので，多くのイオンやタンパク質などをその中に溶かし込むことができる．また，水は低分子であるにもかかわらず，水素結合で分子同士が結合しており，このために他の低分子に比べて融点や沸点が高く，比熱も高い．こうした水の安定な性質は地球表面の温度環境で安定な生命体を形成・維持するうえで，非常に重要であったと考えられている．

❖タンパク質

細胞内で水に次いで多いのが，**タンパク質**である．タンパク質の材料は，20種類の**アミノ酸**である．タンパク質は非常に大切な分子であるにもかかわらず，ヒトは9種類のアミノ酸[※10]を自分ではつくることができない．そのため，他の生物を食べることで摂取する．20種のアミノ酸がさまざまな組み合わせでつながって，多様なタンパク質をつくる（図1-5）．長さも多様であるが，ヒトでは100～1,000個程度のアミノ酸からつくられているものが大部分である．アミノ酸のつながりには方向性があるので，もし，20種のアミノ酸を自由に使って100個のアミノ酸からなるタンパク質をつくるとすると，理論上は20^{100}という天文学的な数の異なるタンパク質をつくることができる．しかし，ヒトでは，すべてを合わせて，せいぜい10万種類程度のタンパク質しか知られていない．

適切に配置されたアミノ酸は**立体構造**をつくり出す．鎖としてつながったアミノ酸が部分的に折りたたまれて，らせん状やシート状などの構造をとるのである．タンパク質全体では，全体として折りたたまれて，三次構造をとる．さらにタンパク質同士が結合すると複雑な四次構造ができあがる．この立体構造がタンパク質の機能に重要であり，熱などにより立体構造が壊れると，タンパク質は働かなくなる．この立体構造を利用して，タンパク質は，酵素，構造タンパク質，細胞骨格，受容体などとして，多様な細胞機能の主役として働いている．そのためもあり，ヒトの遺伝性疾患のほとんどがこのタンパク質の機能変化によって起こる．後述するように，こうしたタンパク質のアミノ酸の並び方はDNA上の情報にコードされている（**3章** 参照）．

❖脂質

脂質は，水に溶けない物質の総称で，グリセロ脂質，スフィンゴ脂質，ステロイドなどの多様な化合物が含まれる．生物においては，脂質は生体膜の構

※10　必須アミノ酸という．

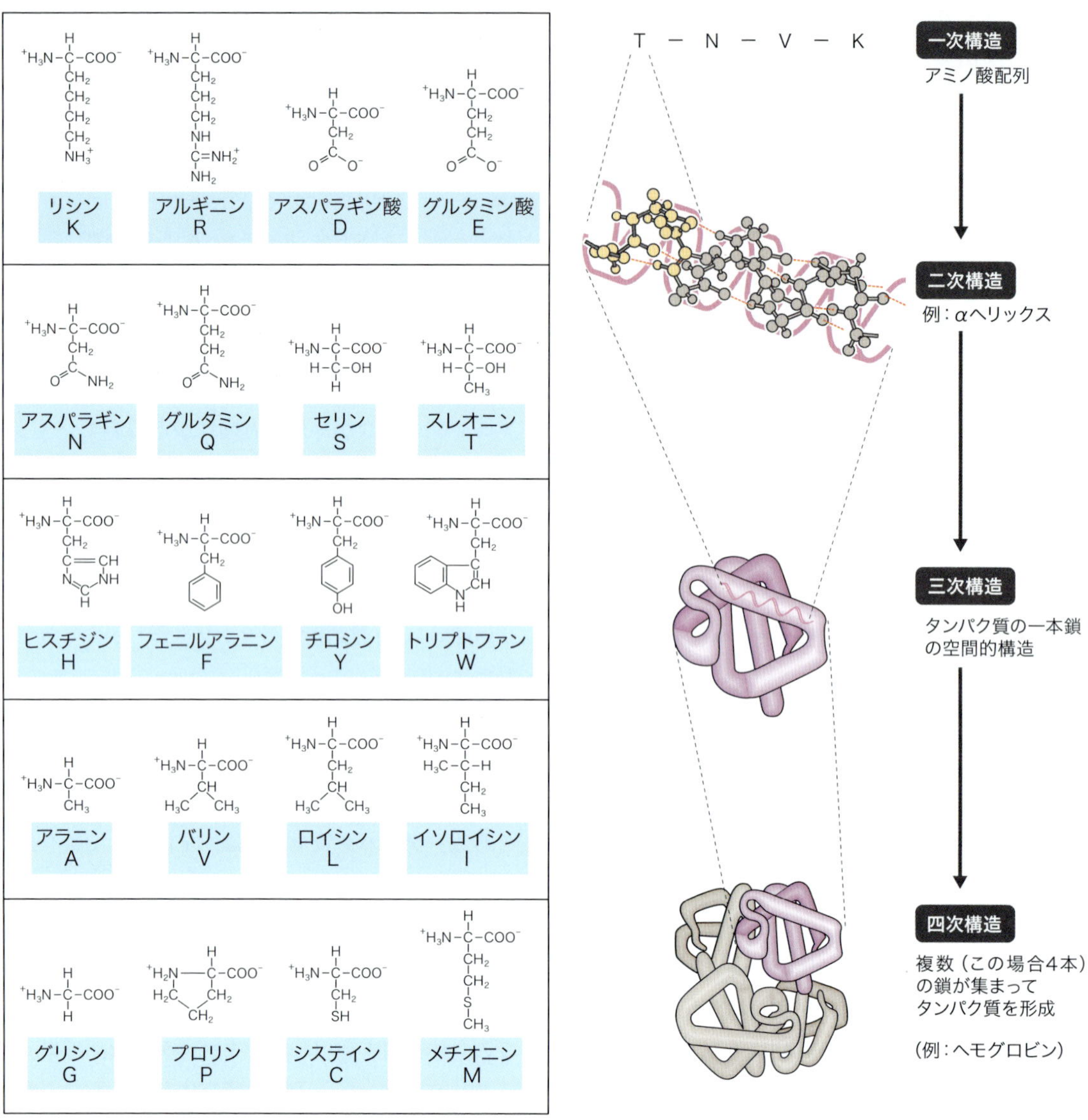

図1-5　タンパク質を構成するアミノ酸の種類（A）とタンパク質の構造（B）

成成分として重要である．生体膜はリン脂質が二重の層になってつくられているもので，この中あるいはその表層に細胞ごとに異なるタンパク質が局在する（図1-6）．生体膜は細胞や細胞内小器官のような区画をつくり出し，生体膜のタンパク質は区画内外の物質のやりとりを担っている．中性脂肪はグリセロールの3つのヒドロキシ基がすべて脂肪酸とエステル結合をつくったグリセロ脂質の一種で，エネルギー貯蔵の役割を果たしている（p97 Column参照）．

❖糖

生体内における**糖**はエネルギー源として重要である．グルコース[※11]がたくさんつながった多糖類であるグリコーゲンはエネルギー貯蔵分子としてはたら

※11　ブドウ糖ともいう．

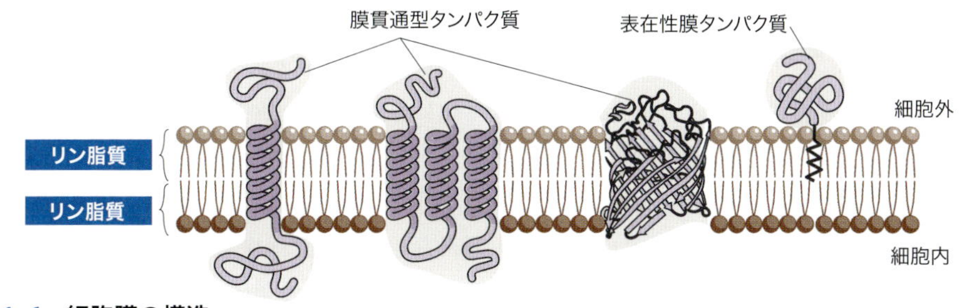

図1-6　細胞膜の構造
生体膜の一種である細胞膜はリン脂質二重層からできていて，そこにさまざまなタンパク質が局在している．

く．エネルギーをつくり出す場では，グリコーゲンから多数のグルコースがリン酸の付いた形で遊離する．このグルコースが水とCO_2にまで分解される過程で大量のエネルギーがつくられる（7章 参照）．

糖はまた，細胞の構造をつくったり，生体内情報としても使われる．植物の細胞壁はセルロースなどの多糖類からつくられていて，バイオマスや生物燃料の素材として期待されている．糖が生体内情報として使われる身近な例としては，ABO式血液型があげられる．A型の人の赤血球には，膜の外の突き出た糖鎖の末端に*N*アセチルガラクトサミン（A）が存在する．B型の人の赤血球の糖鎖の末端にはガラクトース（B）が存在する．一方O型の人の赤血球の糖鎖の末端には，そのような糖がない．

❖核酸

核酸は塩基，五炭糖※12，リン酸からなる化合物である（図1-7A）．五炭糖にはリボースとデオキシリボースの2種が，塩基にはアデニン（A），グアニン（G），シトシン（C），チミン（T），ウラシル（U）の5種類がある．**DNA**（デオキシリボ核酸）はA，G，C，Tの4種の塩基にデオキシリボースとリン酸が結合したヌクレオチドがつながってできたものであり（図1-7B），RNA（リボ核酸）はA，G，C，Uの4種の塩基にリボースとリン酸が結合したヌクレオチドがつながってできたものである．また，生物の酵素反応にエネルギーを供給するATP（p101 図7-5参照）やシグナルの仲介役として働くcAMP（サイクリックAMP）なども核酸の例である．

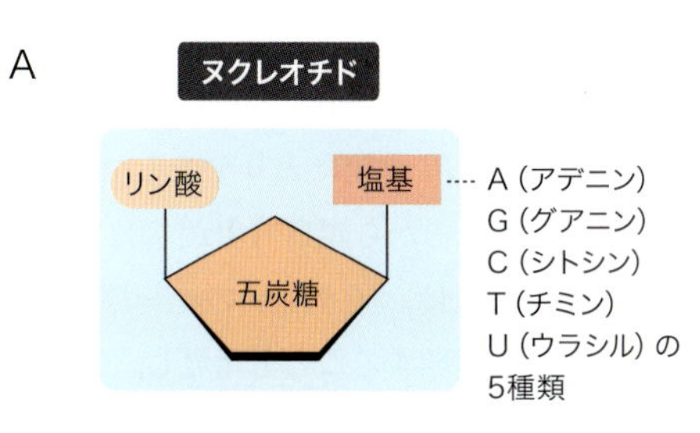

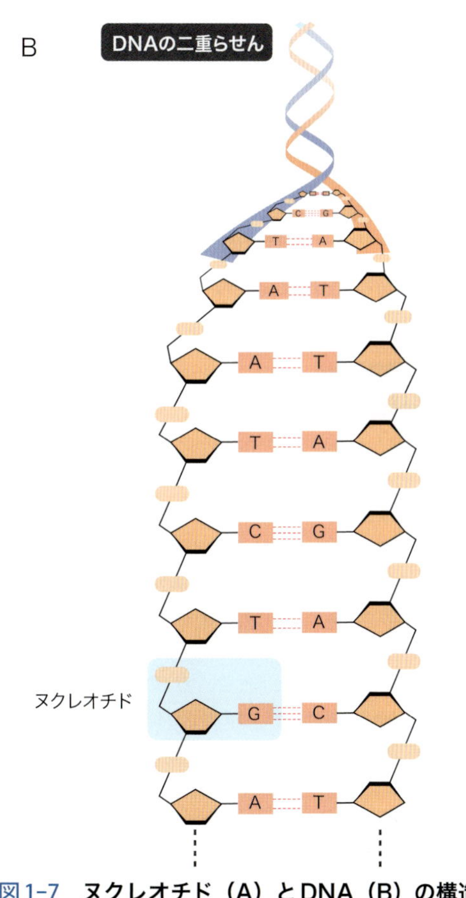

図1-7　ヌクレオチド（A）とDNA（B）の構造

※12　5個の炭素から構成される糖．

6 生命科学の誕生

紀元前5〜4世紀にかけてギリシャのヒポクラテス[※13]は医学を学び，迷信を切り捨てた科学的医学を確立した．病気は体液の変調で起こるという彼の四体液説は有名である．その後，アリストテレス[※14]が生物学を創始した．アリストテレスは，生物と無生物の違いは前者が霊魂をもつことであり，運動し感覚をもつものを動物，そうでないものを植物と分類し，人間と動物を隔てるものは理性である，と考えた．

その後，長い間，生命科学は科学として扱われることはなかったが，17世紀に入りヤンセン父子[※15]が顕微鏡を発明したころから観察対象が急激に増え，大きく発展した．例えば，イギリスのハーヴェイ[※16]は人の体内の血液が循環することを発見し，生理学の分野を切り拓いた．1665年，フック[※17]は顕微鏡を用いて細胞を発見し（2章❶参照），それ以降，細胞の機能に焦点が集まった．18世紀に入ると，リンネ[※18]が種の概念を打ち出し，すべての生物を分類する二名法を提唱した．また，ジェンナー[※19]が種痘法を発見するという医学上の大きな業績をあげた．19世紀に入り，ベルナール[※20]は「内部環境の固定性」という考え方を提唱したが，これは後になってキャノン[※21]によってホメオスタシス（恒常性）という概念に発展した（9章参照）．ホメオスタシスとは，生体内外の環境の変化にもかかわらず生体の内部を一定に保つしくみであり，生物の基本的な性質である．ここから「健康」という考え方が生まれた．同時期に生命科学に革命をもたらしたのがダーウィン[※22]による**進化論**の提唱とメンデル[※23]による遺伝の法則の発見（2章❹参照）である．この時点で，現代の生命科学の基礎がつくられたといってよい．

7 自然科学とは何か

17世紀以降，生命科学が発展したのは，科学的なものの考え方が広まり，生命も科学的思考の枠内で理解することができる，と判断されたからである．それでは，そもそも科学的にものごとを進めるやり方（科学的な考え方）とはどのようなものなのだろうか．幾多の人がいくつもの定義を述べたが，大筋では次のものがあげられよう．

① 観察対象が明確になっている
② 実験や観察によって得られたデータから議論する
③ 方法は客観的で，他の研究者によって追試可能なものである

Column 検証すべき仮説？

「恐竜が暮らしていた中生代ジュラ紀にヒトはいなかった」という仮説は成り立つものなのだろうか．確かに，人骨が出土している地層には中生代のものはなく，すべて新生代の第四紀のものである．また，進化の過程を考えても，年代を推定する放射性同位元素の測定によっても，ヒトはせいぜい数百万年前に現れた，というのが正しいように思われる．しかしながら，厳密な意味でジュラ紀にヒトがいなかったと証明されたわけではない．もし，ジュラ紀の地層から恐竜とともに人骨が発見されれば，現在の進化理論は修正を迫られることになるわけで，そのような可能性はゼロではない．

しかし，「可能性はゼロではないので進化理論は正しいとはいえない」という立場をとる人は少ない．なぜなら，すべての生物の進化（形態，DNA）の道筋が，ヒトがサルとの共通祖先から600万年前に分岐したことを示唆しているからで，「中生代ジュラ紀にヒトはいなかった」というのは，検証すべき仮説ではないという意見が大勢を占めている．

また，自然科学の知識より宗教的価値を重んずるために，進化論を否定し，生命の誕生や進化について創意に富んだ推測をつくり出すことがあるが，生命科学の主張を反証するには至っていない．私たち生命の歴史は，想像力でカバーできるほど単純なものではない．

※13 Hippocrates（前460頃-前370）ギリシャ
※14 Aristotélēs（前384-前322）ギリシャ
※15 Hans & Zacharias Janssen オランダ
※16 William Harvey（1578-1657）イギリス
※17 Robert Hooke（1635-1703）イギリス
※18 Carl von Linné（1707-1778）スウェーデン
※19 Edward Jenner（1744-1823）イギリス
※20 Claude Bernard（1813-1878）フランス
※21 Walter Bradford Cannon（1871-1945）アメリカ
※22 Charles Robert Darwin（1809-1882）イギリス
※23 Gregor Johann Mendel（1822-1884）オーストリア

④ 仮説は検証されなければならない
⑤ 誤ったものを正しいものに置き換えることができる

科学は，自然の真理を見つけ出す合理的な方法である．まず自然を観察し，そこから仮説を立てる．その仮説は検証されなければならない．もし仮説が検証によって否定されれば，その仮説は棄却しなければならない．このようにして，よい仮説だけが生き残る．

それでは，①～⑤まで細かくみていくことにしよう．①は明白である．例えば，UFOは誰でもみられるものではない．②も大切で，実験で得られたデータから何が言えるかを議論すべきであり，言い伝えや当人だけの思い込みからは，正しい結論は得られない．③は当然のことであるが，特に追試は重要である．追試は第一発見者に比べて賞賛されることが少ないので行なわれない場合も多いが，自分だけが正しいと思い込み，追試を拒む（追試できるようなデータを論文中に書かない）場合には，捏造疑惑などの問題も絡むことがある．その意味で，他人による追試が可能なようにデータ・手順を公表しなければならない．結果的に，多くの追試を経て確立した理論こそ，科学的真実に最も近いものである．

④については，ポッパー※24からの強い主張があるので，以下に紹介しよう．ポッパーは，検証可能性こそが科学の最も重要な特性であるから，検証（や反証）できない進化理論は科学ではない，と述べた．また，絶対的真理など存在しない．科学的真理と呼ばれているものは単なる仮説であり，誤りが証明されていないだけのことで，いつかは取って代わられるものだ，と述べた．このような議論のほかに，科学者がいう「証拠信仰」こそ原理的信仰ではないか，という意見や，生命科学に関しては，検証すべき仮

Column ツタンカーメンの母親は誰だったか

きわめて変異に富むマイクロサテライト多型（例えば，ACACAC…というAC繰り返し数の違い）は親子で保存されているので，これを用いた親子鑑定が行なわれている．これを歴史上の人物に応用した有名な例を紹介しよう．

エジプト第18王朝のツタンカーメンは，紀元前1324年に9歳で王位に就き，19歳で亡くなった．それ以前はアクエンアテン王と王妃ネフェルトイティが統治しており，2人の娘であるアンケセナーメンがツタンカーメンの王妃になったこともわかっている．問題はツタンカーメンで，誰と誰の子かわからなかったのだ．アクエンアテン王の死後，ネフェルトイティ王妃が自分の娘を妃にしていることから，王家の血筋であることは推測できるが，父も母も明らかではなかった．一方，アクエンアテン王は，アメンホテプⅢ世とその妻ティイの間にできた次男であること，ティイにはイウヤとトゥヤという親がいたこともわかっていた．保存されていたツタンカーメン王の骨，また身元が確定していない男性①と女性②の骨などからDNAを抽出し，多型を調べた結果をコラム表1-1に示す．この解析によってツタンカーメン王の親子関係が明らかになった．表をもとに家系図を描いてみよう．

コラム表1-1 マイクロサテライトによる多型

	D13S317	D7S820	D2S1338	D21S11	D16S539	D18S51	CSF1PO	FGA
イウヤ	11, 13	6, 15	22, 27	29, 34	6, 10	12, 22	9, 12	20, 25
トゥヤ	9, 12	10, 13	19, 26	26, 35	11, 13	8, 19	7, 12	24, 26
ティイ	11, 12	10, 15	22, 26	26, 29	6, 11	19, 12	9, 12	20, 26
アメンホテプⅢ世	10, 16	6, 15	16, 27	25, 34	8, 13	16, 22	6, 9	23, 31
男性①	10, 12	15, 15	16, 26	29, 34	11, 13	16, 19	9, 12	20, 23
女性②	10, 12	6, 10	16, 26	25, 29	8, 11	16, 19	6, 12	20, 23
ツタンカーメン	10, 12	10, 15	16, 26	29, 34	8, 13	19, 19	6, 12	23, 23
アンケセナーメン	10, 16	-, -	-, 26	-, 35	8, -	10, -	-, 12	23, -

数字は各染色体のマイクロサテライトの繰り返し数を示す．－は検出できなかったもの

つづく

※24 Karl Raimund Popper（1902-1994）オーストリア

説とそうでないものは区別すべきである（**Column：検証すべき仮説？** 参照）というドーキンス[※25]の意見もある．

⑤も重要である．自分以外の誰かの意思が最も強いもので，その意思のもとにすべてがあるという社会では，科学は発達しない．まず正しいものありき，ではなく，常に正しいと証明されたものに置き換えていく，またそういうことが許される社会であることが大切である．

また特に生命科学に対して，物理学や化学のように宇宙全体を説明する学問ではなく，地球上の生命体だけにしか適用できない学問ではないか，という批判がある．また，生命は複雑多様であって還元論では説明できないといわれていた．しかしながら，多くの生物のゲノムが解明されて，DNAが生命の成り立ちを決めていることが明らかになってきており，現在の分子生物学の手法を用いることによって，人間の行動や意識なども解明可能となってきた（**12章** 参照）．これらの方法論は地球上の生命体以外に生命の発見があったとしても十分に対応できると考えられる．

8 21世紀の生命科学

生命科学は，最初は人間を対象としたものであったが，結果的には大きく発展して地球上のすべての生物を対象とする学問になった．現在，ゲノムや遺伝子機能，形態形成，進化を対象とした基礎研究だけでなく，医療問題，食と健康，私たち自身のこころと体，などがすべて研究対象となっており，これに加えて私たちが住む地球環境問題や他の生物との共生なども大きな位置を占めるに至っている（**9章** 参照）．加えて，クローンや人工授精の是非，遺伝子診断やDNA鑑定とその後の決定に含まれる生命倫理問題も避けては通れなくなっている（**11章** 参照）．しかも，21世紀になって多くの生物のゲノムが解読されると，対象がどのような生物であっても，同じ方法論で問題を解決できることがわかってきた（図1-8）．

しかし，細胞の分子レベルの機能，個体の行動，生態系の動き，生物の進化などの研究には，今までの

つづき ツタンカーメンの母親は誰だったか

まず，男性①の両親は誰か考えよう．D13S317を見ると，①の遺伝子型(10，12)は，10がアメンホテプⅢ世から，12がティイかトゥヤからきていることがわかる．このようにその他の部位もみていくと，①の遺伝子は半分がアメンホテプⅢ世，半分がティイと共通で，①の両親がアメンホテプⅢ世とティイであることがわかる．すなわち，この男性①は2人の子であるアクエンアテン王と考えられる．

同様にして，②の両親もアメンホテプⅢ世とティイであること，ツタンカーメンの両親は①，②であることがそれぞれ読み取れる．一方，Y染色体のDNA鑑定の結果から，アメンホテプⅢ世，アクエンアテン王（①），ツタンカーメンは同じ系譜に連なることもわかった．すなわち，ツタンカーメンはアクエンアテン王の子であり，しかも兄妹結婚でできた男児である可能性が高いことが明らかになった．

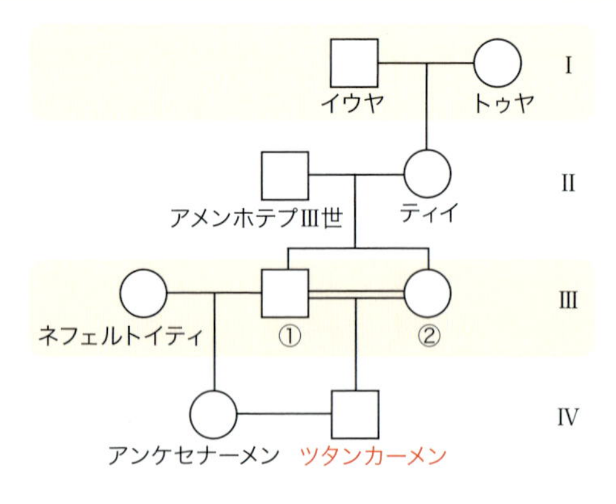

コラム図1-2
多型から明らかになった4代にわたる王家の家系図

※25 Clinton Richard Dawkins（1941-）イギリス

生物学だけでなく，物理化学，生化学，分子生物学，地球科学，工学，農学，医学，薬学，心理学など異分野の知識がこれまで以上に必要となり，時空間上のさまざまなレベルでの統合が必要となってきた．

バランスのとれたものの見方は，個々の学問分野だけを学んで得られるものではなく，諸分野の統合の追及を通して獲得できるものである

—E.O.Wilson「知の挑戦」

このことは間違いない．

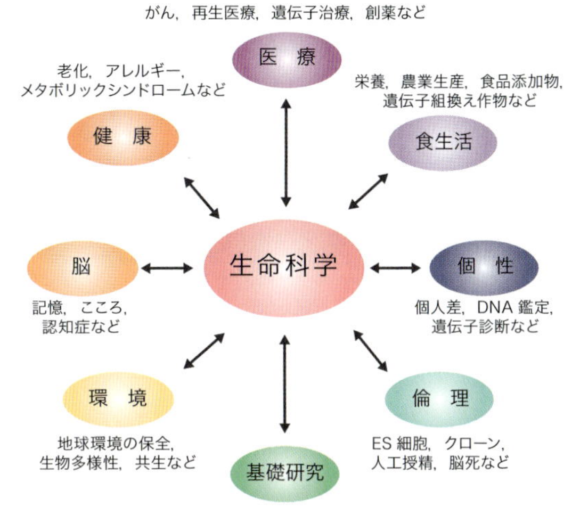

図1-8　社会に浸透する生命科学

Column　生物多様性と微生物

生物多様性と聞いて多くの人が連想するのは動物と植物の多様性であろう．生物の中で，動物でも植物でもない補集合が微生物でと考えられるが，その微生物の多様性はほとんど話題にされない．それは，微生物が小さくて見えないからだけではない．生物多様性には，生態系多様性，種多様性，遺伝的多様性の3つの視点があるとされる．その中心となる概念は「種」であるが，「種」の視点から微生物の多様性は見えてこない．理由の1つは，生物種の概念が，有性生殖を基本とする多細胞生物（ほぼ動物と植物）を前提としているからである．

微生物，特に原核生物の多くは単細胞であり無性生殖を行なう．微生物も，大腸菌*Escherichia coli*のように属・種小名の二名法で表記されているが，動植物における分類とは基準が異なる．さらに自然界の微生物では，分離同定されていない種類が圧倒的比率を占め，「種」とされてきたものがそれぞれ他と完全に隔離された実体であるか明らかでない．

近年DNA情報が急速に蓄積し，微生物では，全ゲノム情報に基づいたいわば「遺伝子の多様性」による系統分類法が提唱・議論されている．その先鞭を付けたのがウーズで，彼は，全生物共通の指標としてリボソームを構成するRNA遺伝子に着目した．そのDNA配列の類似度で他生物との系統関係を数値化し，全生物を細菌，古細菌，真核生物の3ドメインに分けた（図1-3参照）．前二者が原核生物に相当する．真核生物を構成する多数の枝のうちの3つが動物，植物，菌類であり，残りが原生生物に相当する．なお，最初に触れた「遺伝的多様性」は，同一種内の個体間の遺伝的差異を指す言葉で，ここの生物全体の系統を見る「遺伝子の多様性」とは意味が異なる．

一方，種の多様性をもとにした分類体系の一例が，動物，植物，菌類，原生生物，原核生物からなる5界説である．これも現在は，遺伝子の系統情報を取り入れて大きく変革しているが，大事なのは，同じ全生物を対象にしながら，「種の多様性」の見方（5界説）と，「遺伝子の多様性」の見方（3ドメイン説）は大きく異なる点である．種の多様性では動植物の多様性が注視されるが，遺伝子の多様性では微生物の多様性が注視される．「遺伝子の多様性」が細胞素材の多様性，あるいは細胞の多様性を反映するとすれば，「種の多様性」は，多細胞生物としての時空間設計，すなわち細胞間相互作用の多様性を主に反映すると考えられる．

生物多様性条約（1992年）は，生物多様性の保全とその持続的利用だけが目的ではない．これが条約として法的な強制力をもつにまで至った理由は，国際的な遺伝資源の利益配分にかかわるからであり，知的財産としての遺伝子の確保が条約の原動力となった．ここで主に問題となっている多様性は，種の多様性ではなく，遺伝子の多様性である．

微生物は，生態学的には分解者として位置づけられることが多い．確かに，動植物体や汚染物質の分解者として微生物は連想しやすい．しかし微生物は，分解と同様，食物連鎖最下層の生産者としての寄与も大きい．例えば，地球上の光合成による炭酸固定の半分近くは海洋のシアノバクテリアが行なっているという推定もある．これを，生物分類には登場しない「植物プランクトン」が行なうと解釈するか，バクテリア（細菌）が行なうと解釈するかによって，自然観は違ってくるのではないだろうか．

Column ウイルスは生物か？

ウイルスは，本文中で述べた生物の定義に当てはまらない．ウイルスはタンパク質と核酸でできた分子集合体であり，細胞や代謝系をもたない．また，自己複製はするものの，宿主側の物質を用いる必要があり，宿主細胞の中でしか増殖できない．またウイルスは遺伝物質としてRNAを使うことがあり，DNAに限らないところも通常の生物と異なる点である．

遺伝物質としてRNAを用いるウイルスはRNAウイルスと呼ばれ，ヒト免疫不全ウイルス(HIV)，はしか，風疹などがその例となる．これらは，逆転写酵素（RNAからDNAをつくる酵素）によっていったんDNAをつくり，そのあとは通常の方法でタンパク質がつくられる．HIVはヒトの免疫細胞に侵入すると，自分のRNAをDNAに逆転写し，産生したDNAをヒトゲノムに取り込ませ，そのウイルスDNAを使って新たなHIVのRNA遺伝子を大量に転写し，HIVを複製することを繰り返している．そのため，HIVの治療には逆転写酵素阻害剤が用いられている．

細菌に感染するウイルスはバクテリオファージと呼ばれる．

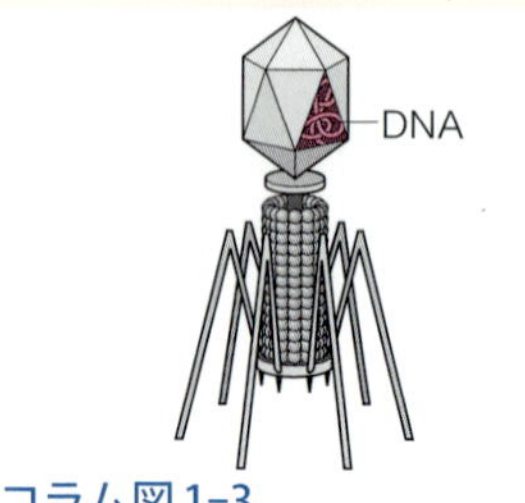

コラム図1-3
バクテリオファージ

まとめ

- 生物と定義されるためには，「細胞」からできていること，DNAによって自己複製すること，外界からの刺激に応答すること，エネルギー合成しそれを用いて生活すること，などがあげられる
- 地球上の生物は，太古の昔の1種類の原始生命体から進化した
- ヒト属は，600万年前に誕生したアフリカに起源をもつ人類である
- 細胞の大部分を占める分子は水で，水の分子としての安定な性質は地球表面の温度環境で安定な生命体を形成・維持するうえで，非常に重要である
- タンパク質，脂質，糖，核酸などの生体内高分子が細胞内の構造や機能の担い手である
- 生命科学は長い年月をかけて現在のものになったが，その間には幾多の業績があった．なかでも，細胞の発見，ダーウィンによる進化概念の確立，遺伝子の研究は，現代の生命科学の礎になっている
- 生命科学の基礎にもなっている科学的思考には，観察対象が明確なこと，実験観察から得たデータから議論すべきであること，客観的な方法を用いること，仮説は検証されなければならないこと，誤りは訂正しうること，があげられる
- 生命科学を理解するには，物理化学，生化学，分子生物学，地球科学，工学，農学，医学，薬学，心理学など異分野の知識がこれまで以上に必要となってきた

おすすめ書籍

- 『生命の多様性（上/下）[岩波現代文庫]』E. O. ウィルソン／著，岩波書店，2004
- 『利己的な遺伝子　増補新装版』R. ドーキンス／著，紀伊國屋書店，2006
- 『神は妄想である―宗教との決別』R. ドーキンス／著，早川書房，2007
- 『DNA（上/下）[ブルーバックス]』J. D. ワトソン，A. ベリー／著，講談社，2005
- 『DNAに魂はあるか―驚異の仮説』F. クリック／著，講談社，1995
- 『ワンダフル・ライフ [ハヤカワ文庫]』S. J. グールド／著，早川書房，2000

第2章
生命はどのように設計されているか

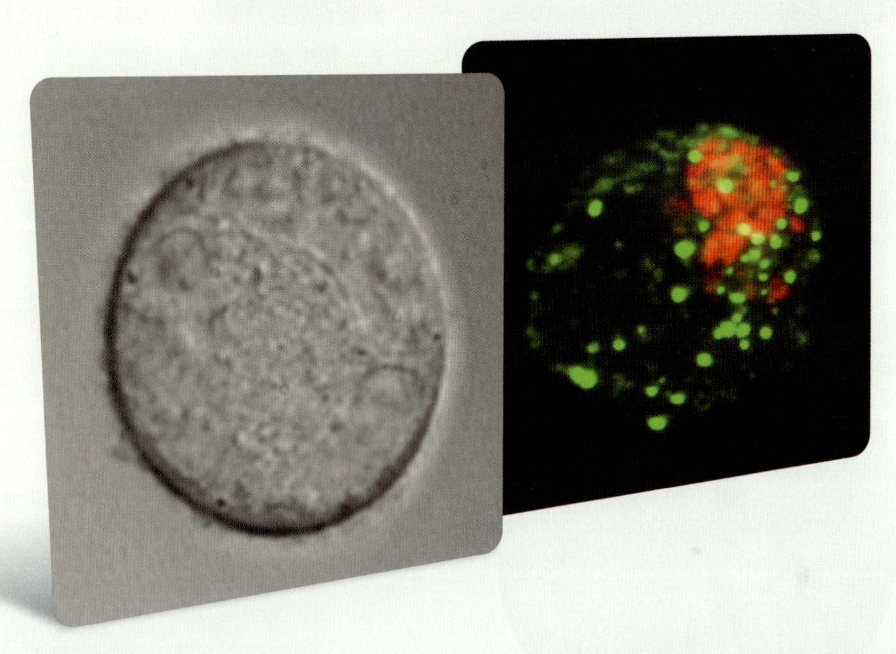

私たちヒトは，約60兆個の細胞からできている．これら細胞の内部には，細胞機能を維持するために必要な構造や機能が備わっている．例えば，外界から細胞を隔離するための細胞膜，タンパク質合成を担う小胞（膜）輸送系，エネルギー産生を担うミトコンドリア，葉緑体などの細胞内小器官，細胞の遺伝情報の保存と伝達を行なう核などがそうである．細胞は，生物においてどのような存在なのだろうか．本章では，生命の基本となる細胞の構造，そして，細胞の生理機能を担うタンパク質の設計図である遺伝子とその物質的本体であるDNAやゲノムについて解説する．

分泌細胞（左）とその分泌顆粒とゴルジ体の染色像（右）

第2章 生命はどのように設計されているか

1 細胞の発見

イギリスの物理学者であるフック※1は，自作の顕微鏡を用いて，針の先からノミなどの生物の目では見えない微細な構造を綿密に観察し，その観察記録を1665年『ミクログラフィア』で発表した．最も有名なものは，コルクのスケッチで，コルクが細胞壁で囲まれた多数の小区画からできていることがわかる（図2-1）．フックは，この区画を「cell（小部屋)」と名付けたが，「cell」が生命の基本単位であるという認識はなかった．

しかし，その後200年経ち，ドイツのシュライデン※2，シュワン※3らは，この「cell」こそが生命に共通な基本単位として機能していると主張し，広く受け入れられるようになった．現在では，「cell」は「細胞」と呼ばれ，生物学で最も重要な概念の1つとなっている．

2 細胞の大きさと多様性

生物には，細胞1個で生きている単細胞生物と，多数の細胞から個体がつくられている多細胞生物がある．単細胞生物には，1 μm程度の大腸菌のような細菌から，200 μm程度のゾウリムシのような原生生物までさまざまな生物がいる（図2-2）．多細胞生物にはヒト，昆虫，植物などがあり，多様な細胞から個体がつくられている．例えばヒトの場合，形は，皮膚上皮細胞の平たい細胞から，赤血球の円盤状の細胞，さらには神経細胞のように細長く伸びた細胞もある．また，大きさも7 μm程度の赤血球から，軸索部分が1 mに達することがある神経細胞までいろいろである．植物においても，コルクの細胞のように四角く区画された細胞のほか，ジグソーパズルのピースのような海綿状細胞，数mm～数十cmほども長く伸びた花粉管細胞など，大きさも形も多種多様である．

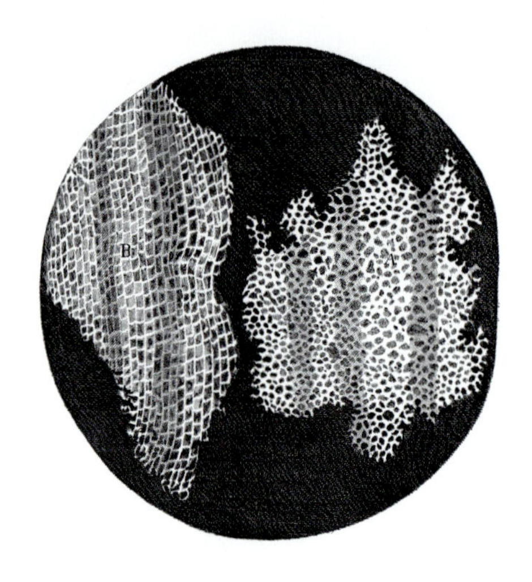

図2-1　フックが観察したコルクの「細胞」

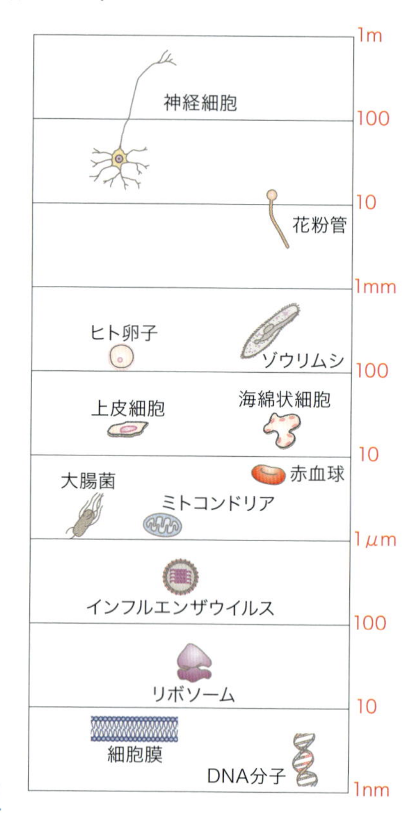

図2-2　細胞，細胞内小器官，生体分子の大きさ

※1　Robert Hooke 1章も参照
※2　Matthias Jakob Schleiden（1804-1881）ドイツ
※3　Theodor Schwann（1810-1882）ドイツ

3 細胞の成り立ちと細胞内小器官

❖ 真核細胞と原核細胞

細胞は，真核細胞と原核細胞の2つに大きく分類できる（図2-3）．**真核細胞**は，DNAが核膜に囲まれて存在し，細胞内に多様な細胞内小器官をもつ細胞をいう．このような真核細胞からできている生物を真核生物という．真核生物には，酵母やゾウリムシのような単細胞の生物から，多数の細胞からなる多細胞生物であるヒトまで数多く存在する．一方，細菌のような生物は，原核細胞のみからなる単細胞生物である．**原核細胞**は，DNAが核膜に囲まれておらず，細胞内小器官もない．

❖ 細胞内小器官の概要

真核生物の細胞の生理機能は，きわめて多様で複雑かつ，細胞ごとに異なることが多い．この細胞生理機能を，効率よく，しかも統合的に行なうために，真核生物には，特殊機能に特化した**細胞内小器官**がある．細胞内小器官は，二重膜で囲まれた小器官（核，ミトコンドリア，葉緑体），一重膜で囲まれた小器官（小胞体，ゴルジ体，エンドソーム，リソソーム，ペルオキシソームなど），膜で囲まれていない小器官（リボソーム，細胞骨格など）に分けられる．これらがそれぞれ固有のはたらきをし（表2-1），それらが統合されることで細胞機能が発現する．それぞれの細胞内小器官のはたらきを紹介するので，これらがどのように細胞機能とつながるか考えてみよう．

表2-1　細胞内小器官と細胞質のはたらき

区　画	主な機能
核	遺伝情報であるDNAの複製場所
小胞体	脂質や膜タンパク質の合成
ゴルジ体	タンパク質と脂質の修飾と選別輸送
エンドソーム	細胞内への物質取り込みと選別
リソソーム	細胞内の物質消化
ペルオキシソーム	分子の酸化
リボソーム	タンパク質の合成
ミトコンドリア	好気呼吸によるATP合成
葉緑体	光合成によるATP合成と炭素固定
細胞質	物質輸送と多数の代謝経路をもつ

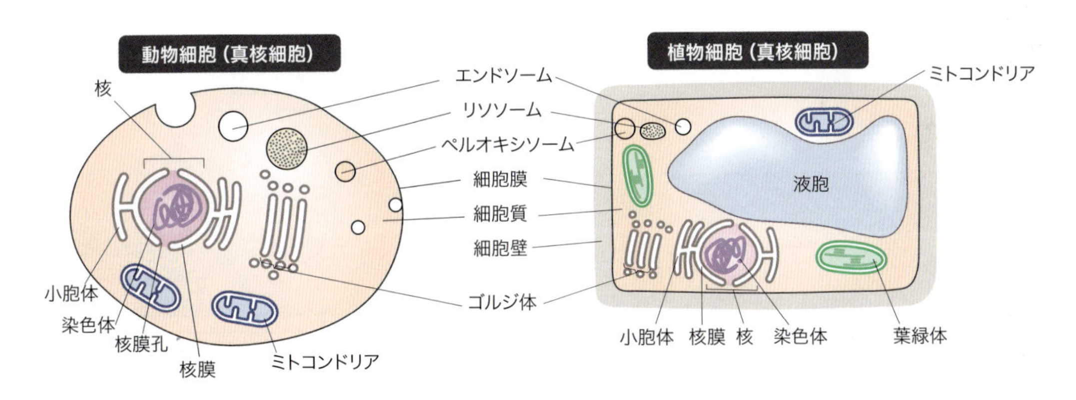

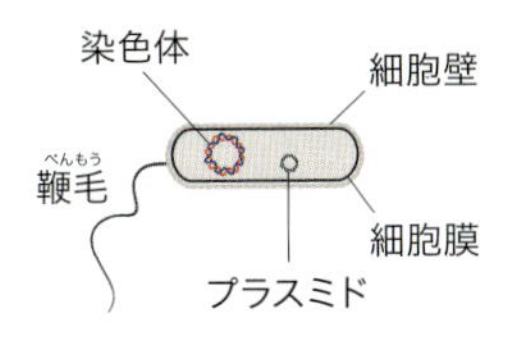

図2-3　細胞の模式図

狭義の細胞質はサイトゾルともいう．

❖核

細胞で中枢的な指令を発しているのは**核**である．遺伝情報であるDNAの複製場所でもある．DNAは糸状につらなった構造をしており，裸で存在するのではなく**ヒストン**と呼ばれるタンパク質に巻き付いて，ヌクレオソームという構造をつくる（p49 図3-6参照）．核の断面を電子顕微鏡で観察すると，二重の膜に囲まれた中に，**クロマチン**（ヌクレオソームが集まってできた構造体）が凝縮して黒く見える部分（ヘテロクロマチン；転写活性が低い領域）と，拡散して透けて見える部分（ユークロマチン；転写活性が高い領域）が見える（図2-4）．細胞は，遺伝子発現が必要となったとき，ヘテロクロマチンをほどき，ユークロマチンの領域をつくりだす．この領域で，DNAからmRNAの転写が起こり，遺伝情報の読み出しが行なわれる（3章参照）．この遺伝情報の読み出しは，発生過程，細胞間相互作用，外部環境などにより厳密に制御される．遺伝情報の読み出しを担う鍵タンパク質は，核膜孔を介して往き来する．

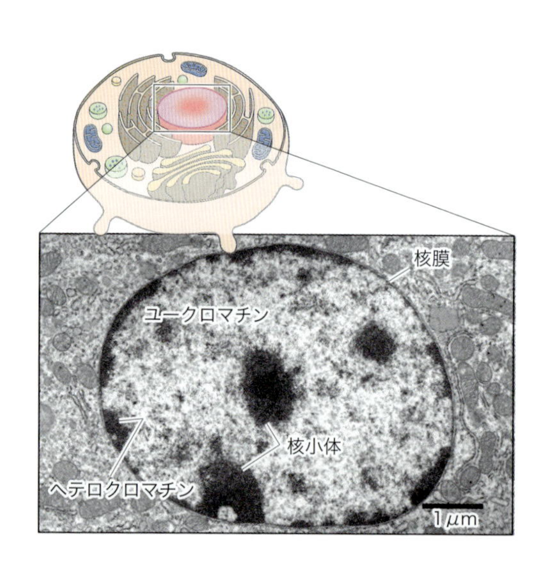

図2-4　核を示す電子顕微鏡写真

核膜の周辺部には凝縮したヘテロクロマチンが，核の内部には拡散したユークロマチンがみられる．そして，核の中には核小体も見える．

❖小胞（膜）輸送系

細胞内の膜タンパク質や分泌タンパク質，多糖類などは細胞内の小胞により，最終場所に運ばれる．この合成・輸送・分解を担うのが，小胞体，ゴルジ体，エンドソーム，リソソームである．これらはいずれも一重の膜で囲まれている．

リボソームが付着した**粗面小胞体**（図2-5A）上では，膜タンパク質や分泌タンパク質の合成が起こる．そのほか，リボソームが付着していない滑面小胞体では，リン脂質の合成，グリコーゲンの代謝，細胞内カルシウムイオンの調整などを行なう．

ゴルジ体（図2-5B）は粗面小胞体から送られてくるタンパク質を，細胞内のさまざまな場所に正確に振り分ける役目を果たす．また，糖タンパク質の糖鎖の修飾の場でもある．

細胞外から取り込まれたタンパク質などの分子は**エンドソーム**で選別されて，リソソームなどの細胞内小器官に輸送される．

リソソーム（図2-5C）は，細胞内の不要なタンパ

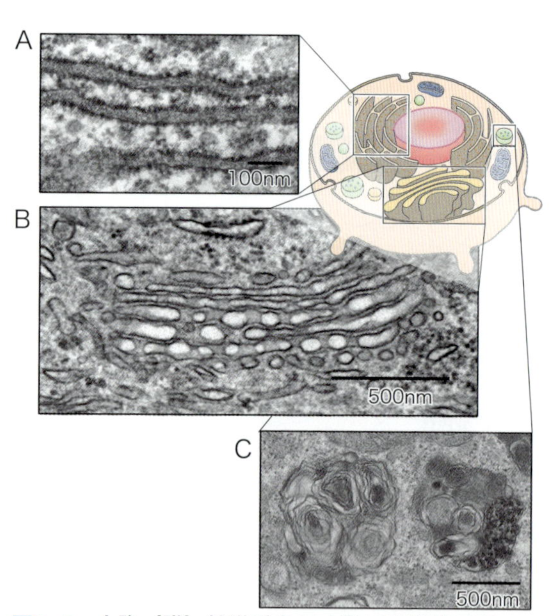

図2-5　小胞（膜）輸送系を示す電子顕微鏡写真

A）粗面小胞体．表面には多数のリボソーム（黒い点）が結合している．その内腔は合成されたタンパク質が詰まっているので色が濃く見える．B）ゴルジ体．上がシス側（小胞体からタンパク質が送られてくる側）で，下がトランス側（タンパク質を送り出す側）の向きになっている．C）リソソーム．中に分解中の物質が見える．

ク質などを取り込んで分解する装置である．内部は酸性になっており，プロテアーゼやRNA分解酵素など多くの加水分解酵素を含む．細胞内の分解機構が細胞機能にとって重要なことは，リソソームの異常がたくさんの病気を引き起こすことからもよくわかる（Column：細胞内輸送の異常 参照）．

●オートファジー

オートファゴソームは，二重膜でできた必要なときだけに細胞質に現れ，機能を終えると消失する一過性の細胞内小器官である．細胞が飢餓状態に陥ると，細胞質に隔離膜と呼ばれる扁平な膜が現れ，曲がりながら伸長し，細胞質や細胞内小器官（ミトコンドリアやペルオキシソーム）を包み込む．そして，隔離膜が閉じると，直径約1 μmのオートファゴソームが形成される．その後，リソソームがオートファゴソームと融合する（オートリソソームと呼ばれる）ことで，リソソーム内の加水分解酵素が内容物を消化し，エネルギーやタンパク質を合成する．こうした一連の現象を，オートファジー（自食作用）と呼ぶ（図2-6）．

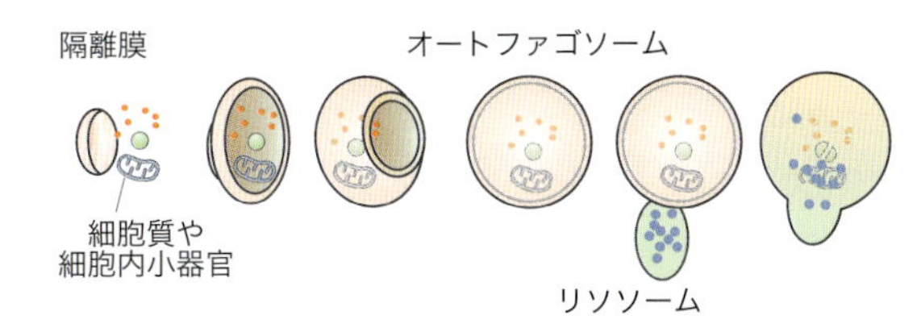

図2-6　オートファジーの細胞内動態モデル

隔離膜が細胞質やミトコンドリアなどの細胞内小器官の一部を取り囲み，オートファゴソームを形成する．その後，リソソームと融合し，取り込んだ内容物を分解する．

❖酸化的代謝系

ペルオキシソーム（図2-7）は一重膜に包まれた小型の小胞であるが，物質の輸送にはたらくのでは

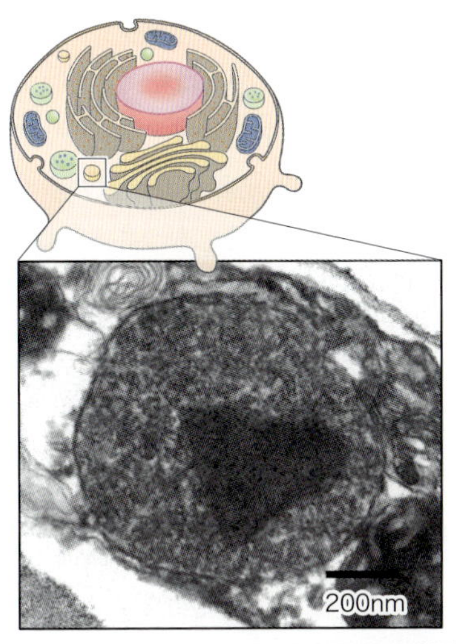

図2-7　ペルオキシソームを示す電子顕微鏡写真

中央部に見える黒い構造は尿酸酸化酵素の結晶．

Column　細胞内輸送の異常

リソソームには，数多くの酸性加水分解酵素が存在し，タンパク質，多糖類，脂質などを分解する役割を担っている．これらの酵素の遺伝子に遺伝的異常があると，酵素がうまくはたらかず，本来分解されなくてはならない物質がリソソーム内に蓄積してしまう．こうして起こるのが「リソソーム病」である．酵素そのものに異常のあるもののほか，酵素の輸送が正しくできずリソソームが機能を果たせない場合もリソソーム病になる．例えば，ゴルジ体から正確にリソソームに運ばれるために，それらの酵素には行き先を示す荷札として特殊な糖が付く（コラム図2-1）．この荷札を付ける酵素に異常があると，やはりリソソーム病となる．現在，リソソーム病は30種類以上のものが知られていて，精神・運動発達遅延，顔貌異常，骨異常，肝脾腫などの多様な症状を示す．

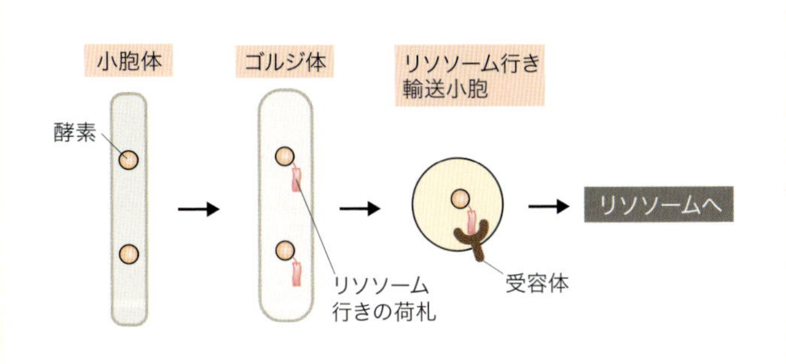

コラム図2-1　細胞内での酵素の輸送

なく，主として酸化的代謝にはたらく．ペルオキシソームには，カタラーゼ，D-アミノ酸酸化酵素，尿酸酸化酵素などの酵素が含まれる．そして，脂肪酸の代謝，アミノ酸の代謝，コレステロールや胆汁酸の合成などにはたらいている．

❖独自のDNAを含む細胞内小器官

細胞の全体的な指令は，核のDNA情報をもとに行なわれるが，ミトコンドリアと葉緑体には，独自のDNAとタンパク質合成系が存在し，自らのタンパク質をつくっている．他の細胞内小器官が核からの指令だけを受けているのになぜ，ミトコンドリアと葉緑体はこのような自立性をもつのであろうか．それは，ミトコンドリアと葉緑体が，他の多くの細胞内小器官と異なり，二重の膜をもつことと関係がある．

実は，ミトコンドリアと葉緑体は，それぞれ，20億年以上も前に原始真核細胞内に取り込まれた原始好気性細菌と原始シアノバクテリア（光合成をする細菌）がその起源であると考えられている（図2-8）．つまり，ミトコンドリアと葉緑体の内側の膜は原始の細菌由来で，外側の膜は原始真核細胞由来ということになる．はじめは，原始好気性細菌と原始シアノバクテリアは原始真核細胞に取り込まれ，互いに独立した生物として共生していたと考えられる．そして，長い進化の過程で，原始好気性細菌と原始シアノバクテリアは原始真核細胞に支配されるようになり，細菌のDNAの多くは原始真核細胞の核へと移行したのではないかと考えられている．実際，ミトコンドリアあるいは葉緑体を構成するタンパク質の大部分は，核のDNA上にその遺伝子が存在し，独自のDNAをもつとはいえ，その増殖と機能は核によりコントロールされている．この仮説は**細胞内共生説**と呼ばれている．

この進化の過程を現代に伝える生物がいる．実は，恐ろしい病気のマラリアの原因であるマラリア原虫は，植物から動物に鞍替えした生物である．いったん光合成のための装置として葉緑体を手に入れたものの，これを使って自立的に生きることを諦め，動物に感染して従属的に生きるようになったのである（Column：**植物になり損ねたマラリア原虫** 参照）．

ミトコンドリア（図2-9A）はエネルギーを産生する細胞内小器官で，好気呼吸により多量のATPの合成を行なう．このとき，ミトコンドリアの内膜の内側のマトリックスと呼ばれる領域と内膜の2つのエネルギー産生経路（クエン酸回路，電子伝達系と呼ばれる）の協調が必要である．細胞内のミトコンド

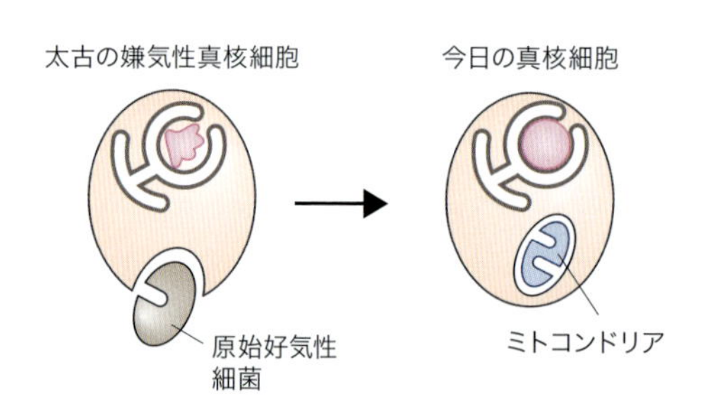

図2-8　細胞内共生説

ミトコンドリアは，太古の昔，嫌気性の真核細胞に取り込まれた原始好気性細菌に由来する．

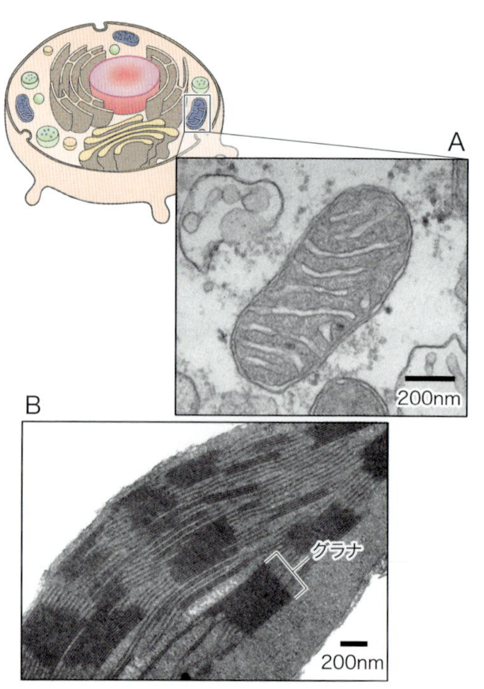

図2-9　細胞内小器官を示す電子顕微鏡写真

A）ミトコンドリア．黒く見える顆粒はカルシウムを含んだ物質．B）葉緑体．

Column 植物になり損ねたマラリア原虫

マラリア原虫とは，ヒトの重大な感染症であるマラリアを引き起こす，アピコンプレクサ門に属する単細胞の真核生物である．マラリアはハマダラカによって媒介され，特に熱帯〜亜熱帯地域では現在においても非常に深刻な感染症である．毎年，数億人の新たな患者を出し，100万人以上がその犠牲となっているにもかかわらず，マラリア原虫にはまだ有効なワクチンが見つかっていない．しかし，近年，マラリア原虫細胞内に葉緑体の痕跡とも呼べる構造，アピコプラストが発見されたことにより，その植物的特徴をターゲットにした，より効果的な抗マラリア薬の開発が期待されている．

二次共生により生じた二次植物はその葉緑体を三重，四重の膜で取り囲むという特徴をもち（一次植物の葉緑体は二重膜で覆われている），形態的にもその進化的起源の痕跡を残す．そして，マラリア原虫のアピコプラストは四重膜をもつということから，マラリア原虫は二次植物であったと考えられる．

マラリア原虫のアピコプラストは，葉緑体やミトコンドリアのように独自のゲノムももつが，そこにはおよそ30種のタンパク質しかコードされておらず，その他，アピコプラスト機能に必要と推定されるタンパク質をコードする500種以上の遺伝子はマラリア原虫ゲノム中に存在しており，高度な共生関係を構築していると推測される．またアピコプラストは，光合成機能はすでに失っているものの，その存在はマラリア原虫の生存に必須であり，重要な脂質合成などを行なっていると考えられている．

以上のように，マラリア原虫の祖先は，二次共生によって葉緑体をもつ一次植物を取り込んだことで光合成能をもつ（独立栄養性の）二次植物となったと考えられる（コラム図2-2）．さらにその後，動物への寄生性を獲得して従属栄養的生活を行なうようになったことで，不必要となった光合成能やヘム合成系も失ったが，脂質合成など，必須な機能を維持したままのアピコプラストをもつようになったのではないか，と推定されている．この発見は，マラリア原虫の進化的側面から興味深いだけでなく，マラリア原虫の生存に必須なアピコプラストのもつ植物的特徴をターゲットにした創薬を行なうことで，宿主であるヒトへの影響を最小限にとどめる効率的な抗マラリア薬の開発につながることが期待され，非常に注目されている．

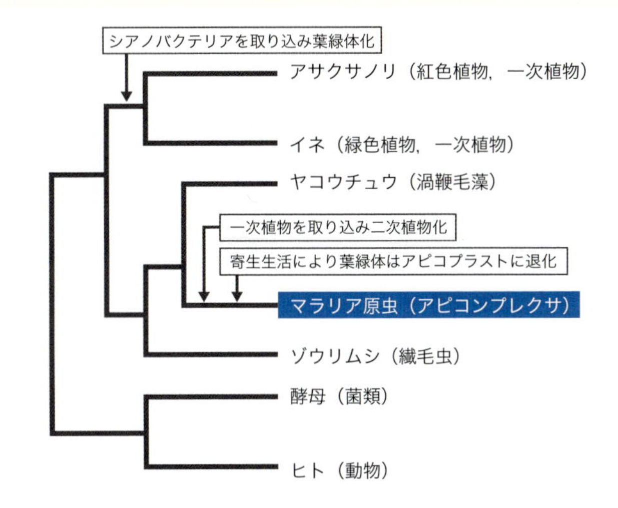

コラム図2-2　代表的な真核生物の系統関係

Column ミトコンドリアDNAの変異によって起こる病気

ミトコンドリアは，二分裂しながら自らのDNAを分配していく（コラム図2-3）．このDNA上には，ミトコンドリアではたらく多数のタンパク質の遺伝子が存在している．この遺伝子の一部に変異が起きると，しばしば「ミトコンドリア病」と呼ばれる病気を引き起こす．ミトコンドリアは，細胞のエネルギー産生装置としてなくてはならないものである．この病気は，ミトコンドリア異常のために，エネルギーを必要とする筋細胞，神経細胞，腎臓の細胞などがその機能を果たすことができなくなったことにより起こり，筋力低下，筋萎縮などの骨格筋の症状，さらに，知能低下，痙攣，難聴，外眼筋麻痺などの多彩な神経症状がみられることが多い．また，心臓肥大などの症状を表すこともある．

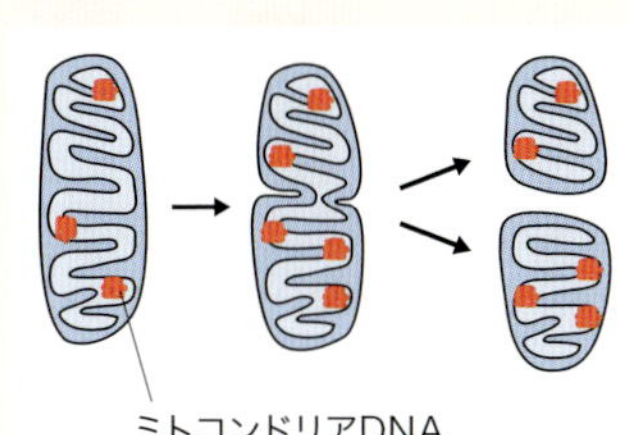

コラム図2-3　二分裂によるミトコンドリアの複製

リアの数や内膜の発達の程度は，細胞ごとに異なり，多くのエネルギーを必要とする肝臓の細胞では，数も多く内膜も発達している．また，エネルギー産生は生命活動に重要であることから，ミトコンドリアの異常は重篤な病気を引き起こすことも多い（Column：ミトコンドリアDNAの変異によって起こる病気 参照）．

葉緑体（図2-9B）は光合成のための装置であり，植物に固有の細胞内小器官である．葉緑体内の膜上では，太陽光エネルギーを吸収して化学エネルギーに変える明反応が起こり，可溶性の部分では明反応でつくられた化学エネルギーを用いて，CO_2を有機物として固定する暗反応が起こる．効率のよい太陽光エネルギー変換装置であるといえる．このようにしてつくられた有機物は植物の体づくりに使われるとともに，再度，解糖と呼ばれる反応（7章❻参照）とミトコンドリアでの反応により分解され，化学エネルギーとして取り出される．地球上の多くの生命は，植物のつくり出した有機物を摂取し，この有機物を分解してエネルギーを取り出すことで生存している．

❖細胞骨格

細胞骨格は細胞全体にネットワークとして張り巡らされ，細胞の形態維持，細胞運動，細胞内の物質輸送などに関与する（図2-10A）．細胞骨格はタンパク質からなる繊維で，アクチン繊維，微小管，中間径繊維の3種類がある．これらはいずれも，構造の崩壊と再構築を頻繁に繰り返して，ダイナミックに変化する．また，それぞれ，他のタンパク質との相互作用により多様な機能を果たすことができる．

●アクチン繊維

アクチン繊維（5～9 nm）は，G-アクチンと呼ばれるタンパク質が2列に重合したもの（図2-10B）で，G-アクチンの重合の速度が速いプラス端と遅いマイナス端の2つの性質の異なる端が存在する．アクチン繊維は，細胞内で多様かつ重要なはたらきをする．例えば，細胞形態の保持，細胞運動，細胞質

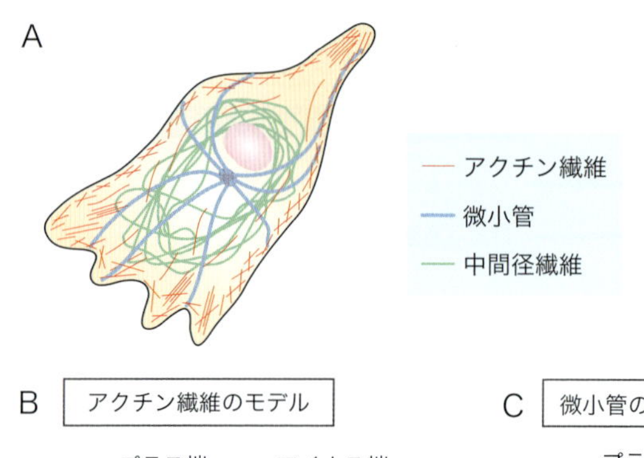

図2-10　細胞骨格

A）3種類の細胞骨格繊維の分布．上皮細胞の場合を例にして示してある．B）アクチン繊維．電子顕微鏡写真は骨格筋のミオフィブリルを構成するアクチン繊維（◁—）を示す．黒い部分はZ線．C）微小管．電子顕微鏡写真は紡錘体の微小管（◁—）を示す．D）中間径繊維．二量体が重合して形成された繊維が束になって中間径繊維を形成している．電子顕微鏡写真は，表皮細胞の中間径繊維（◀—）を示す．

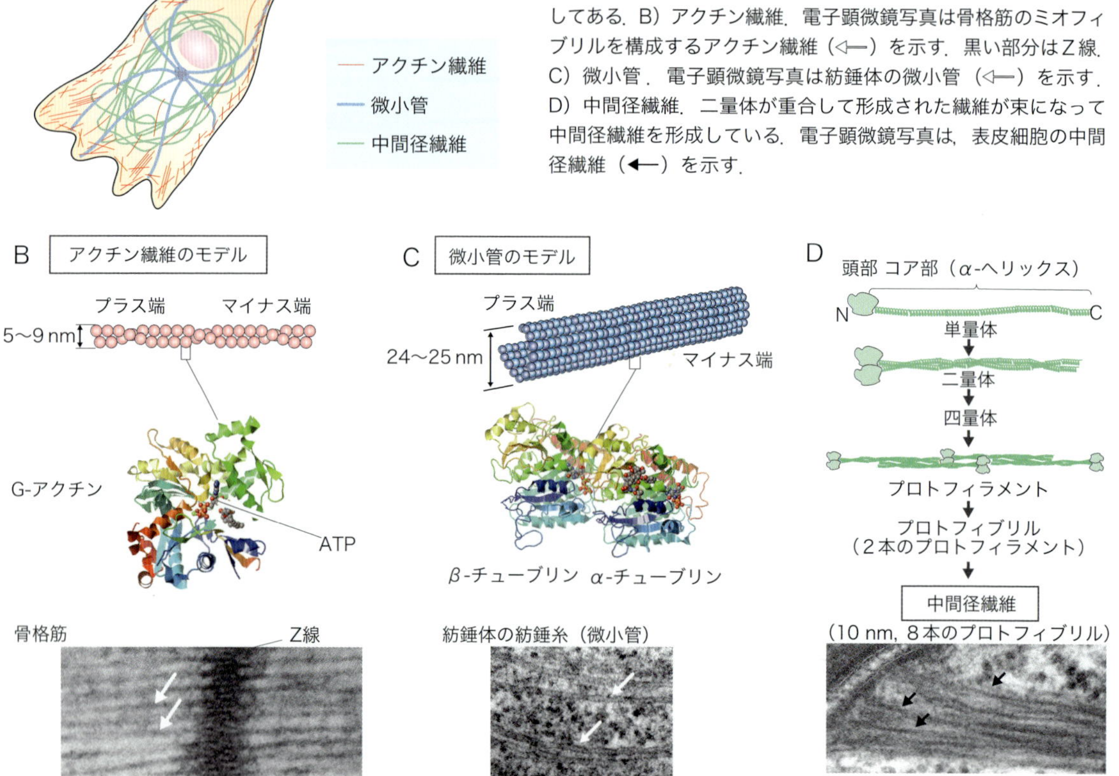

分裂，細胞内での細胞内小器官や物質の輸送などにはたらく．

●微小管

微小管は，α－チューブリンとβ－チューブリンの2種類のタンパク質が重合してつくられる，24〜25 nmの環状の構造である（図2-10C）．微小管もアクチン繊維と同様に2つの端の性質が違っている．こうした繊維の極性は細胞内部での極性をつくり出すことになる．微小管は，分裂時に紡錘体として，染色体の分配にはたらくほか，動物細胞では極性をもった物質の輸送に，植物細胞では細胞壁のセルロース繊維の並ぶ方向を決めている．

●中間径繊維

中間径繊維は，よく似た性質をもつタンパク質がそれぞれ重合してつくり出した，約10 nm程度の太さの繊維をいう（図2-10D）．太さが微小管とアクチン繊維の中間くらいということでこの名がついた．また，太さそのものを呼び名にして，10 nmフィラメントともいう．アクチン繊維や微小管に比べ比較的安定で，また端の違いをもたない．この性質に依存して，細胞接着の補強や恒常的に存在する細胞内構造の保持などにはたらく．

4 遺伝情報の伝達

私たちヒトは，約60兆個の細胞からできている．200種類以上あるとされるそれらの細胞は，もとはたった1個の受精卵から始まる．この受精卵が細胞分裂を繰り返し，ヒトの体をつくる（4章参照）．つまり細胞の構造や機能を決定する遺伝情報を親から受け継ぐことと同様に，すべての細胞は既存の細胞から生じ，遺伝物質は細胞分裂のたびに複製され，新しい細胞（娘細胞という）へと受け継がれてゆく．では，どのようにして細胞から細胞，生物から生物へと遺伝情報が複製され，伝えられていくのだろうか．

❖遺伝子と染色体

修道士のメンデル※4は，修道院の裏庭でエンドウを育て，花の色や種子の色，茎の長さなどのタイプ（表現型という）が，どのように次世代に伝えられるのかを研究した．そして，花粉を自身の雌しべに人工的に受粉させる自家受粉を注意深く行なうことで，次の世代も同じ表現型しか現れないエンドウを選び出すことに成功した※5．そして，以下のような法則を見出した．

エンドウの表現型には，茎の長さ（長短），種子の色（白か有色），種子のしわ（しわの有無）など，互いに対立する形質がある．これら対立する形質をもつエンドウ同士を掛け合わせると，次世代では茎は長く，種子は有色で，種子のしわがないエンドウだけが得られた．つまり，表現型として現れる形質には，現れやすい形質（優性）と現れにくい形質（劣性）の2種類があり，その両者が競合したときには優性の形質が現れることを見出した（優性の法則と呼ばれる）．

上記の掛け合わせの結果得られた優性の形質を示

Column ミトコンドリアDNAの母性遺伝

ヒトなどの動物の場合，ミトコンドリアDNAは，すべて母親由来である．この現象は，受精の過程に由来する．精子は，頭部に核を，胴体部分にミトコンドリアをもつ．そして尾部には，モーターの役割をする鞭毛をもつ．受精の際には，精子の核とミトコンドリアだけが卵細胞内に進入する．その後精子由来の核は，卵細胞内の核と融合し，胚発生が進行する．一方，受精後の卵細胞には，卵由来のミトコンドリアが残り精子由来のミトコンドリアは消失してしまう．近年線虫を用いた研究から受精の際，卵細胞内に存在する精子由来のミトコンドリアが選択的にオートファジーと呼ばれる自食作用に分解されることがわかった．つまり，受精が引き金となりオートファジーが活性化され，父性ミトコンドリアが選択的に分解され，母性ミトコンドリアと母性ミトコンドリアDNAのみが残り，子孫へと引き継がれるのである．この現象は，母性遺伝と呼ばれる．また，ミトコンドリアDNAを調べれば，母系の先祖をたどることができる．

※4 Gregor Johann Mendel 1章も参照．

※5 現在の純系に相当する．

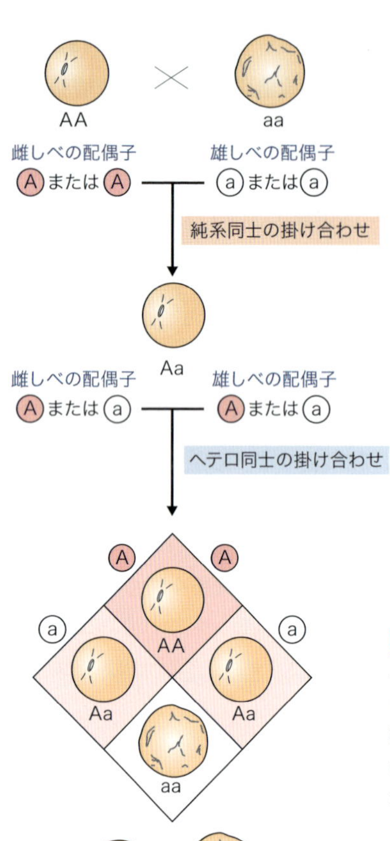

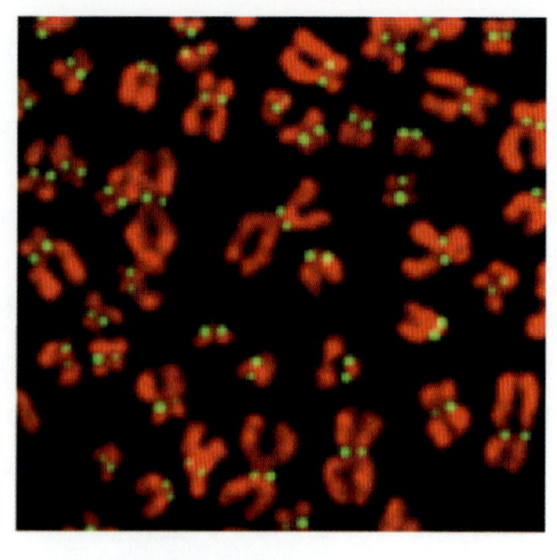

図2-12　ヒトの細胞の染色体

分裂期の染色体を観察したもので棒状の染色体が倍加しX字型に見える．赤色がDNA，緑色が動原体である．画像：渡邊嘉典博士のご厚意による．

図2-11　遺伝子という概念を用いた，メンデルの法則の概略

一個体は，1つの形質に対して，父親と母親から1つずつの遺伝子を引き継いでいる．ここでは優性の遺伝子をA，劣性の遺伝子をaとおく．父親と母親の両方から同じ型の遺伝子を引き継げば，AAやaaといった組み合わせになる．このように，両方の遺伝子が揃った状態をホモと呼ぶ．仮にAAとaaから子どもができれば，子どもの遺伝子のタイプ（遺伝子型という）はAaとなり，すべて優性の表現型となる．ここで，Aaのように，優性と劣性の遺伝子からなる不揃いの状態をヘテロと呼ぶ．Aa同士で子どもをつくれば，子どもの遺伝子型はAA，Aa，aaの3種類の可能性がある．出現頻度を数えれば，優性の表現型:劣性の表現型＝3：1となることがわかる．

すエンドウを自家受粉させると，次世代では優性の形質を示すものと劣性の形質を示すものの2種類の表現型が得られた．さらに，得られた優性の形質と劣性の形質の頻度は，優性:劣性=3：1となった（図2-11）．これは，表現型として優性の形質が現れたとしても，劣性の形質が完全になくなるものではなく，ただ隠れているだけだという考え方で説明できる．つまり，**対立遺伝子**※6は，生殖細胞に1:1で分配されることを見出した（分離の法則と呼ばれる）．

茎の長短，種子の色，種子のしわの有無など，各々の対立形質には優性の形質と劣性の形質がある．このとき，茎の長短は種子の色の出現頻度に影響を及ぼさない．種子の色としわについても同様である．つまり，各形質は他の形質に影響を及ぼすことなく引き継がれることを見出した（独立の法則と呼ばれる）．

メンデルの発見したこれらの法則（メンデルの法則と呼ばれる）を統一的に説明するには，親から子へ引き継がれるものとして，遺伝子という概念を導入すればよい．母親から1組，父親からもう1組の遺伝子を子どもが引き継ぐとする．両親のどちらか一方から，優性の遺伝子を1つでも引き継げば，優性の表現型が現れる．両方の親から各々劣性の遺伝子を引き継げば，劣性の表現型が現れる（図2-11）．その後の研究から，細胞分裂時に何か棒状のものが娘細胞に均等に分配されることがわかった．**染色体**と名付けられたこの物質の発見により，後に独立の法則も容易に説明できるようになった（図2-12）．各々の形質を決定する遺伝子が別々の染色体に存在すれば，結果としてそれぞれの形質は独立の法則に従う（**Column：メンデルの法則と単一遺伝子疾患** 参照）．

※6　Aとaのように，同じ遺伝子であるが形質が異なるもの同士を対立遺伝子と呼ぶ．英語ではアリール（allele）と呼び，遺伝子に限らず，同一染色体の同一位置にあるDNA配列のバリエーションを指すこともある．

❖DNAの発見と二重らせん構造

メンデルの法則が1900年に再発見されて以来，遺伝子の物質としての正体を明らかにする試みが行なわれてきた．その結果，**DNA**（デオキシリボ核酸）と呼ばれる化学物質が遺伝子の実体として重要なはたらきをすることがわかった．そのような状況のもと，1953年に，ワトソン※7とクリック※8は，DNAは2本の鎖が撚り合わさったような構造をしているという，DNAの**二重らせん**モデルを発表した（p19 図1-7参照）．DNAの鎖を構成する塩基にはA，G，C，Tの4つの塩基があり，GにはC，AにはTが互いにパズルの断片のように結合しあう．このようなG–C，A–Tの規則的な結合のもとに，2本のDNAの鎖が規則正しいらせん構造を取りながら撚り合わさっているのである．また，この規則正しい立体構造の解明と同時に，DNAを構成する塩基の配列が遺伝子の情報を担っていることが容易に推測された．

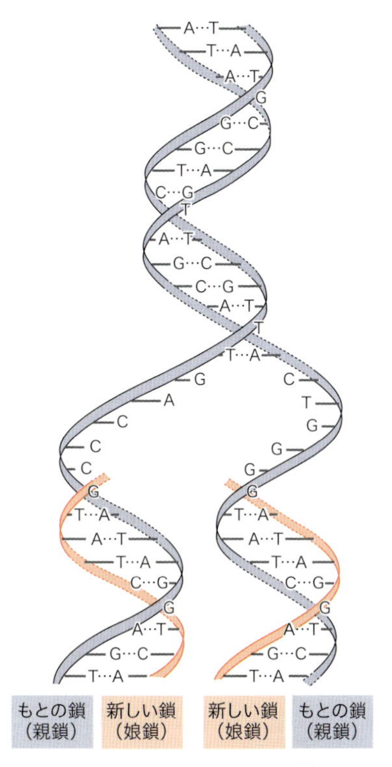

図2-13　半保存的複製の模式図

❖正確な遺伝子複製のしくみ

DNAおよびその配列が遺伝子の実体であることが判明してから，生命科学研究は大きな転機を迎えた．遺伝情報の蓄積分子としてのDNA，生命の維持に必要な機能分子としてのタンパク質というように，各々の物質の役割が明らかになり，さらにDNAの配列が生命にとって重要な意味をもつことがわかってきた．また，地球上に存在するすべての生物は遺伝情報をDNAに蓄えていることから，DNAを通じて生命の共通原理が解明されるのではないかという期待が高まってきた．

DNAの二重らせんモデルによって，遺伝子が正確に次世代に伝わるということが説明できる．DNAはA，G，C，Tの4つの塩基から構成され，これら塩基がずらっと鎖のように並んで配列を形成している．なおかつ，DNAはらせん構造の二本鎖を形成している．片方のDNA鎖は，もう一方のDNAの塩基配列をG–C，A–Tの法則で補うような形で配列を形成する．遺伝子が複製する際，いったんこれら二重らせ

Column　メンデルの法則と単一遺伝子疾患

髪，皮膚，目など体のさまざまな部位が健常者よりも早く老化症状を呈するハッチンソン・ギルフォード・プロジェリア症候群は，1番染色体上に存在するラミンA遺伝子の変異が原因で発症する．ラミンAは，細胞核の構造維持を担う中間径繊維であるため，遺伝子変異によって産生される変異ラミンA（プロジェリンと呼ばれる）は，細胞核構造を不安定にし，老いを早める．このハッチンソン・ギルフォード・プロジェリア症候群は，常染色体の突然変異で発症する．

このように，特定の単一遺伝子の変異が原因で発症する疾患のことを単一遺伝子疾患という．一方，糖尿病や高血圧，心筋梗塞などの生活習慣病は，多数の遺伝子の変異によって発症する多因子遺伝子病である．単一遺伝子疾患とは異なり多因子遺伝病は，病気に「なる」ことが遺伝するのではなく，病気への「なりやすさ」が遺伝する．

※7　James Dewey Watson（1928-），アメリカ

※8　Francis Harry Compton Crick（1916-2004），イギリス

ん構造がほどけ，互いの塩基配列がむき出しになる．むき出しになったDNA配列に対して，GにはC，AにはTといった具合に相補する形で新たな鎖がつくられる．結果として得られた2つのDNA二本鎖は，もとのDNA二本鎖と全く同じ配列である．このように，DNAの1本の鎖が鋳型となって，新たなDNA配列がつくられることを**半保存的複製**と呼んでいる（図2-13）．

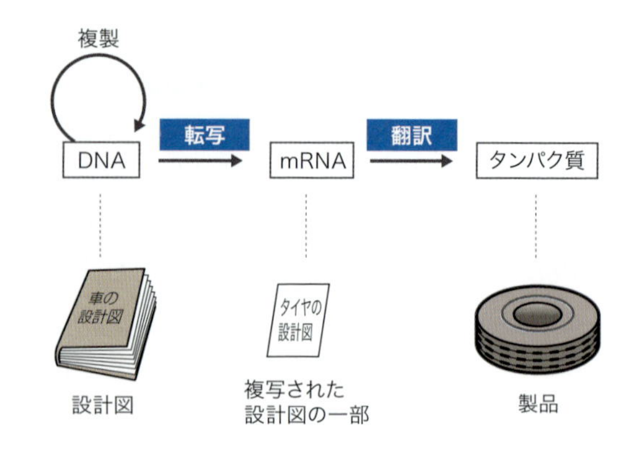

図2-14　遺伝情報の流れ
ここで矢印は遺伝情報が流れていく向きを示している．

5 現代遺伝学

❖転写，翻訳 — DNA，RNA，タンパク質

生命に必要な情報はすべて，DNAに書き込まれている．DNAを構成する塩基はA，G，C，Tと4種類あるが，情報はこれら4種類の塩基の並び方によって記述されている．

DNAに記載された情報は，生体内で化学反応を触媒する酵素や，細胞の形を維持するための細胞骨格などのタンパク質に変換される．DNAからタンパク質への情報変換の仲立ちをするのがRNA（リボ核酸）※9である．DNAの情報がA，G，C，Tの4つの塩基で書かれているのに対し，RNAではTの代わりにUが使われ，A，G，C，Uの4つの塩基で構成されている．

DNA，mRNA，タンパク質の関係は，工場で製品をつくる作業によくたとえられる．車全体の設計図（DNA）のうち，タイヤの設計図（mRNA）の部分だけ複写され（**転写**という），その設計図に従ってタイヤ（タンパク質）がつくられる（**翻訳**という．図2-14）．DNAにはすべてのタンパク質の設計図が記載されており，それらすべてを常につくるのは効率が悪い．必要なときに必要なものだけをmRNAの形に転写しておくことにより，効率よくタンパク質を合成することができる．

このように生物では，DNA配列によって規定された遺伝情報がmRNAに転写され，転写された情報がタンパク質に翻訳される．この情報の流れは，ヒトを含めたすべての生物にあてはまる共通原理として認められている（p24 Column参照）．

タンパク質はアミノ酸が化学的に結合※10をすることによってつくられている．タンパク質を構成するアミノ酸は20種類である（p18 図1-5A参照）．4種類しかない塩基が，このような多様なアミノ酸を指定する遺伝情報として機能するには，GAA，CUGのように塩基の配列を3つで区切り，それを1つの情報とみなすことによって可能となる．このように，アミノ酸を指定する3つ組塩基の配列を**コドン**と呼ぶ（図2-15）．コドンが指定できる情報は$4^3 = 64$通りであるが，指定されるアミノ酸は，それより少ない20種類である．実際は，コドンの3塩基目の配列が異なっていても，同一のアミノ酸を指定することがあることが知られている．

❖遺伝子という言葉，ゲノムという概念

DNA配列こそが遺伝情報として重要であるとの考えが浸透してから，あらゆる生物のあらゆるDNA配列が解読されていくようになった．特に1970年代にDNA解読の革新的な技術が開発され，以後その情報量は飛躍的に増えていった．

一方でDNA配列の解読が進むにつれ，DNA配列

※9　DNAから情報が転写され新たにつくり出されるRNAは，特にmRNAと呼ばれる．そのほかにも，遺伝子の翻訳装置であるリボソームに含まれるRNAをrRNA，遺伝暗号をアミノ酸に変換する際に機能するRNAをtRNAと呼ぶ．最近では，これら以外にも「小さなRNA」と呼ばれるRNAが，生体内で重要なはたらきを担うことが知られてきている．

※10　ペプチド結合と呼ぶ．

1つ目の塩基	2つ目の塩基 U	C	A	G	3つ目の塩基
U	UUU F	UCU S	UAU Y	UGU C	U
	UUC F	UCC S	UAC Y	UGC C	C
	UUA L	UCA S	UAA 終止	UGA 終止	A
	UUG L	UCG S	UAG 終止	UGG W	G
C	CUU L	CCU P	CAU H	CGU R	U
	CUC L	CCC P	CAC H	CGC R	C
	CUA L	CCA P	CAA Q	CGA R	A
	CUG L	CCG P	CAG Q	CGG R	G
A	AUU I	ACU T	AAU N	AGU S	U
	AUC I	ACC T	AAC N	AGC S	C
	AUA I	ACA T	AAA K	AGA R	A
	AUG M	ACG T	AAG K	AGG R	G
G	GUU V	GCU A	GAU D	GGU G	U
	GUC V	GCC A	GAC D	GGC G	C
	GUA V	GCA A	GAA E	GGA G	A
	GUG V	GCG A	GAG E	GGG G	G

図2-15　コドン表

左にある縦軸に1つ目の塩基，上にある横軸に2つ目の塩基が書かれている．1つ目の塩基と2つ目の塩基で指定されたカラムに，3つ目の塩基が書いてあり，さらにその3つ組塩基が指定するアミノ酸が1文字表記（p18 **図1-5A** 参照）で書かれている．このなかでUAG，UAA，UGAはアミノ酸を指定しないコドンであるが，これはタンパク質の合成を終止させるという意味をもつものであり，終止コドンと呼ばれる．また，すべての遺伝子の翻訳はAUG（メチオニン）から始まる．このような翻訳開始部位のAUGを特に開始コドンと呼ぶ．

はタンパク質の配列を指定するだけのものではないという重要な事実が明らかになった．つまり，遺伝子は必要なときに必要な量だけ発現するように調節を受けているが，そのような遺伝子の発現時期や発現量を調節する領域もまた，DNA配列上に存在していたのである．さらに，主に真核細胞において，遺伝情報として意味があるとは思えないDNA配列が存在することも明らかとなっていった．配列を解析した結果，遺伝子によく似るがタンパク質をコードしていないDNA配列（偽遺伝子）や，AGAGAGAGA…のように単純な繰り返しが延々と続くDNA配列（反復配列）が多く見つかってきたのである※11．

したがって現在では，DNA配列と遺伝子という言葉は決して同値ではなく，ある生物種のすべてのDNA配列を**ゲノム**（genome）※12と呼んでいる．それに対して，ゲノム上において，あるタンパク質をつくり出すために必要な情報が書かれているDNA配列や，生命活動に重要なはたらきをする特別なRNA※13の配列情報が書かれているDNA配列を遺伝子と定義づけている※14．これに従えば，遺伝子の発現時期や発現量を調節するDNA配列は遺伝子であり，偽遺伝子や反復配列は遺伝子ではない．

❖ヒトゲノムとは

ヒトを構成するのに必要なDNA配列をすべて解読する試み（ヒトゲノム計画）は，2003年に解読完了宣言が出された．ここでゲノムという観点からヒトという生物種を概観してみよう．

1つのヒト細胞に，染色体は46本ある．母親から23本，父親から23本の染色体を受け継いでいるのである．そのなかに1本，父親だけがもつ染色体があり，Y染色体と名付けられている．Y染色体に対応するものとして，X染色体がある．これらの染色体は性染色体と呼ばれ，残りは常染色体と呼ばれている（図2-16）．つまり，母親から22本の常染色体とX染色体，父親から22本の常染色体とXまたはY染色体を受け継いでいることになる．

ヒトゲノムを構成するDNA配列は約30億塩基対である．ここでいうゲノムとは，22本の常染色体にX，Yの両性染色体，さらにミトコンドリアDNAの配列を合わせたものを指している．ヒトの遺伝子の数は約2万といわれる．また，1遺伝子あたり，平均して大体450個のアミノ酸を指定する塩基配列が使われている．ヒトゲノムのうちタンパク質の情報が書かれている領域は1.5％しかなく，残りの98.5％

※11　これまで，これらの配列はジャンクDNAと呼ばれており，重要な生理機能をもたないと考えられていた．しかし現在では，これらの配列に遺伝子発現調節などの重要な生理機能があることが明らかになっている．
※12　遺伝子を表すgeneと総体を表す接尾語-omeとを合わせた造語である．
※13　主にtRNAやrRNAのことを指す．また，RNA自身で酵素活性をもつリボザイムなど，生理的機能をもったRNAも，ここに含まれる．
※14　DNA配列のうち，mRNAとして転写されているところを遺伝子と呼ぶ考え方や，アミノ酸の情報を意味しているところだけを遺伝子と呼ぶ考え方などもある．

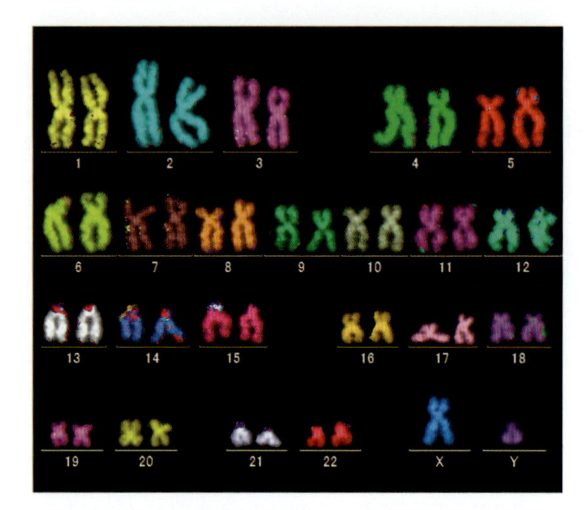

図2-16　ヒト染色体の一覧

男性における染色体数，形態を示す核型画像．男性は性染色体としてX，Y染色体をもち，女性はX染色体を２本もつ．同一番号の染色体を相同染色体と呼び，父親，母親より１本ずつ受け継いでいる．図はm-FISH（multicolor-fluorescent in situ hybridization）法により，各染色体において特徴的な反復配列に対して染色し，個別の色付けを行うことにより，相同染色体ごとに識別している．画像：宇野愛海博士のご厚意による．

はタンパク質を意味していない領域であることが明らかになった．

現在ではこのゲノム配列の情報を用いて，ヒトの病気の原因を探ったり，ヒトと他の生物種との比較が行なわれるなどの新たな研究が盛んである（**Column：人工生命の作製は可能？** 参照）．

真核生物の遺伝子構造の特徴

ヒトを含めた真核生物の遺伝子は，原核生物にはない特徴をもっている．通常，遺伝子にはタンパク質をつくり出すための情報が書かれている．100アミノ酸から構成されるタンパク質の情報なら，100アミノ酸分のDNA情報が連続的に続くのが合理的に思えるし，実際に原核生物は，おおむねそのようなしくみで遺伝情報がDNAに書き込まれている．しかし真核生物の場合，タンパク質を構成するためのDNA配列がいくつかの領域に分断された形をとることが多い．これら分断された遺伝子は，すべての配列がRNAに転写されるのだが，その後，アミノ酸を指定するための配列だけが残り，アミノ酸を指定していない配列は抜け落ちる．ここで，アミノ酸を指定するための配列は**エキソン**，アミノ酸を指定していない配列は**イントロン**と呼ばれ，イントロンが抜け落ちる現象は**スプライシング**と呼ばれている．

スプライシングによる遺伝子の多様性

なぜ，エキソン，イントロンという構造があり，

Column　人工生命の作製は可能？

現代の技術では，A，G，C，Tの塩基を化学的につなぎ合わせ，自由に配列を指定したDNAを人工的につくることができる．仮に30億塩基対のヒトゲノム配列を人工的に合成することができたら，それをもとにヒトという生物を人工的につくることができるだろうか．

2010年，商業的なヒトゲノム解読プロジェクトを牽引したベンターは，「マイコプラズマ・ミコイデス」という細菌のゲノムDNAを鋳型として，完全長のゲノムDNAを人工合成した．そして，この人工合成ゲノムDNAを「マイコプラズマ・カプリコルム」という「マイコプラズマ・ミコイデス」とは異なる細菌のゲノムDNAと入れ替えた．人工合成ゲノムDNAは，14個の遺伝子が欠損していたにもかかわらず，ゲノムDNAが入れ替えられた「マイコプラズマ・カプリコルム」は，「マイコプラズマ・ミコイデス」のように振る舞い，自己増殖もした．このことから，人工合成ゲノムDNAをもつ「新しい人工細菌」をつくり出したとベンターは結論した．

しかし，これは，いかにゲノムの配列が明らかになろうとも，器としての細胞を用意することができなければ，それらがDNA情報として機能することは不可能であることを意味している．細胞は脂質からできた細胞膜で外界から隔てられている．細胞膜には多くのタンパク質が埋め込まれている．細胞内には種々の細胞内小器官が点在している．原核生物はDNAがむき出しになって存在するが，真核生物には核が存在し，DNAはその中に守られている．また，DNAは細胞内で，さまざまなタンパク質と立体的に結合し，複合体を形成している．このように，細胞は非常に精密な構造物によって成立している．この器としての細胞を完全に人の手で再構成できなければ，たとえゲノムDNAを人工的に合成しても人工生命をつくり出すことは難しい．つまり，人工生命を作製するには，まだとても高いハードルが待ち構えているのである．

スプライシングと呼ばれる現象が起こるのだろう．一見非合理にみえるこの現象は，一方で，多様な機能の遺伝子をつくり出し，また，遺伝子変異を通じた生命の進化に大きな影響を及ぼしてきたことが明らかになっている．

ではどのようにして，多様な機能をもつ遺伝子をつくり出すのであろうか？ ヒトを含めた真核生物では，遺伝子発現時に起こるスプライシングの際に，エキソンを選択し，選択したエキソンの組み合わせを変えることで，1つの遺伝子から多種類のタンパク質をつくる（選択的スプライシングという）．例えば，図2-17Aの遺伝子では3つのエキソンがある．この中から，スプライシングの際にエキソン1，2，3，1-2，1-3，2-3，1-2-3が選択されることで，理論的には1つの遺伝子から7種類のタンパク質をつくることができる（図2-17B）．

ヒトゲノム上に存在する遺伝子数は約2万であるが，ヒトの体内には数十万以上ものタンパク質が存在する．これは，1つの遺伝子から2つ以上，時には数十にも及ぶ異なるタンパク質を選択的スプライシングによりつくり出すことができるからである．

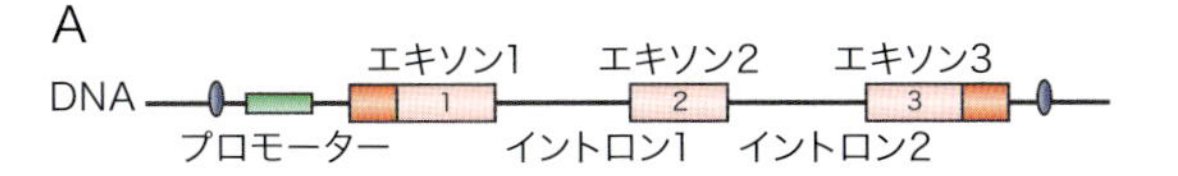

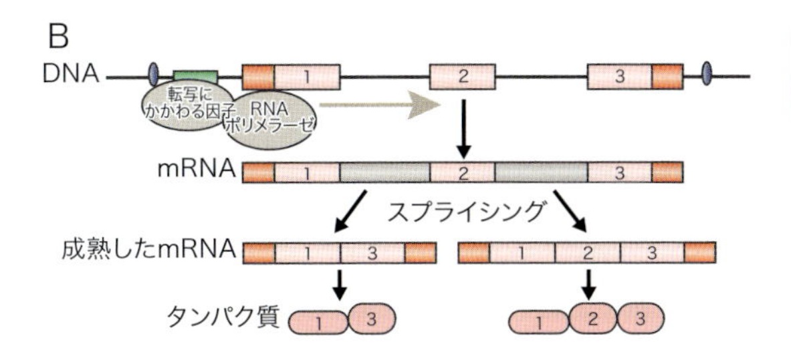

図2-17 スプライシングが生み出す遺伝子の多様性

A）ヒトの遺伝子の構造．B）転写の活性化．プロモーターと呼ばれる制御配列に活性化因子や抑制因子などの転写にかかわるタンパク質が結合しRNAが合成された後，スプライシングによりエキソン部分のみの成熟したRNAがつくられ，これをもとにさまざまなタンパク質がつくられる．

❖細胞構造と遺伝子発現

これまで見てきたように，DNAに転写因子が結合すると，DNAを鋳型としてRNAポリメラーゼのはたらきにより，遺伝情報はmRNAに転写される．そして，スプライシングを経て，成熟したmRNAになる．成熟したmRNAはリボソームと結合し，タンパク質に翻訳される．一部のmRNAはリボソームとともに小胞体に結合し，新たに合成されたタンパク質は小胞体内腔へと移動する．小胞体内腔に移動した合成タンパク質は，輸送小胞に詰め込まれ，ゴルジ体へと輸送される．その後，ゴルジ体で，合成タンパク質に糖鎖が結合される（図2-18）．この転写・翻訳・修

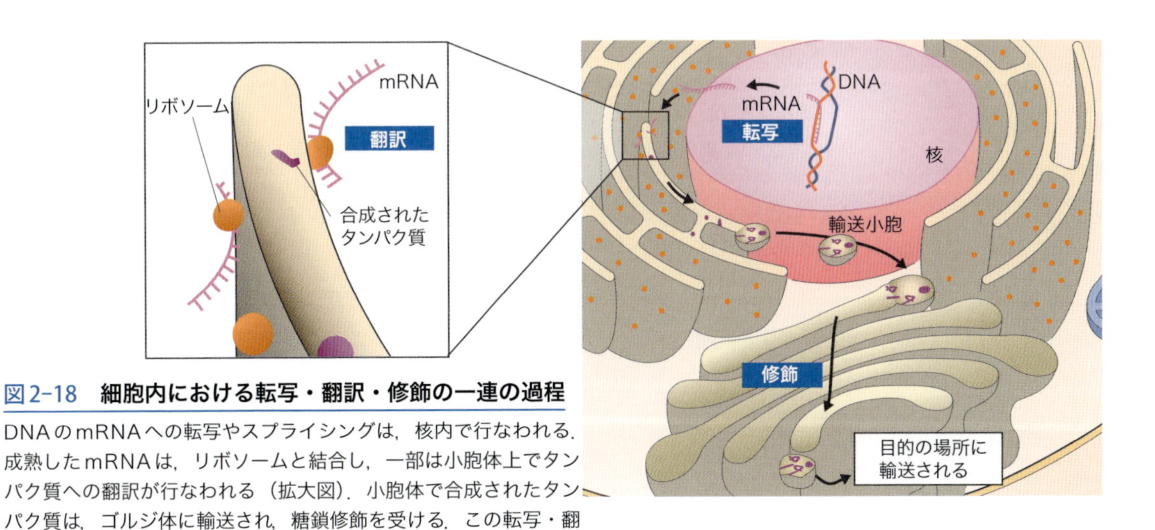

図2-18 細胞内における転写・翻訳・修飾の一連の過程

DNAのmRNAへの転写やスプライシングは，核内で行なわれる．成熟したmRNAは，リボソームと結合し，一部は小胞体上でタンパク質への翻訳が行なわれる（拡大図）．小胞体で合成されたタンパク質は，ゴルジ体に輸送され，糖鎖修飾を受ける．この転写・翻訳・修飾の一連の流れは，細胞内の特定の場所で行なわれている．

飾という一連の過程を経て，DNA配列によって規定された遺伝情報が，タンパク質へと翻訳され，細胞内外の目的の場所へと輸送され，機能を発揮する．この一連の過程は，生命活動にきわめて重要であり，複雑な生命活動を可能にする基本原理といえるだろう．逆にいえば，この一連の過程のどこか1カ所にでも異常が起こると，重篤な病気を引き起こすことは想像に難くない．

まとめ

- 私たちヒトは約60兆個の多様な細胞からできている
- 「cell（細胞）」の発見は1665年のフックによる観察にさかのぼる
- 細胞は生命の基本的な単位であり，機能の単位である
- 真核細胞は，細胞内に特殊な機能を受けもつ細胞内小器官をもち，これにより，細胞は多様な細胞機能を効率よく，しかも統合的に行なうことができる
- 葉緑体とミトコンドリアは，それぞれ原始シアノバクテリアと原始好気性細菌が原始真核細胞に取り込まれ，進化の過程で細胞内小器官になったものである
- 真核細胞の細胞質には，細胞骨格と呼ばれる3種のタンパク質性の繊維があり，細胞の形態維持，細胞内輸送，細胞運動などにはたらいている
- 遺伝の基本法則に，メンデルの法則がある
- 遺伝子の実体はDNAである
- 遺伝情報はDNA，RNA，タンパク質の順番に伝わっていく
- ある生物種を形成するのに必要なすべてのDNA配列をゲノムという．遺伝子はゲノムの一部である

おすすめ書籍

- 『二重らせん―DNAの構造を発見した科学者の記録［ブルーバックス］』J.D.ワトソン／著，講談社，2012
- 『DVD&図解 見てわかるDNAのしくみ［ブルーバックス］』工藤光子，中村桂子／著，講談社，2007
- 『ゲノムが語る生命像―現代人のための最新・生命科学入門［ブルーバックス］』本庶佑／著，講談社，2013
- 『カラー版 細胞紳士録［岩波新書］』藤田恒夫，牛木辰夫／著，岩波書店，2004
- 『新・細胞を読む―超顕微鏡で見る生命の姿［ブルーバックス］』山科正平／著，講談社，2006
- 『細胞が自分を食べるオートファジーの謎［PHPサイエンス・ワールド新書］』水島昇／著，PHP研究所，2011

第3章

ゲノム情報はどのように発現するのか

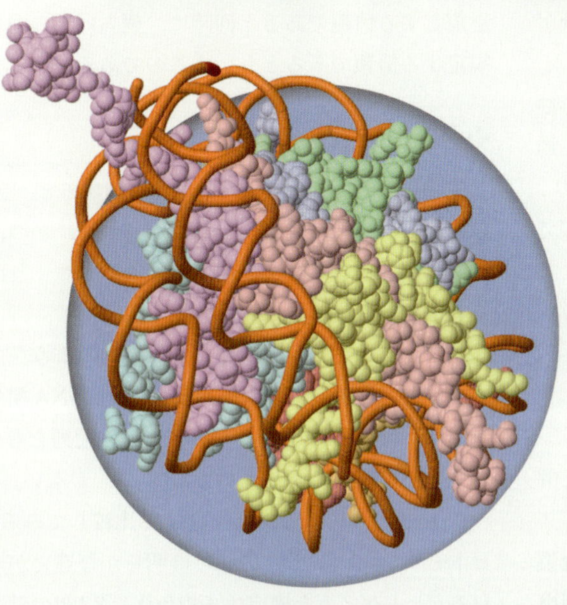

地球上にはさまざまな生物がいて，それぞれ特徴的な形をしている．また地球上にいる人類の数は70億人を超えるが，全く同じ人はいない．よく似た親子でも全く同じ顔ではないし，一卵性双生児でさえ，成人するにしたがって少しずつ違いが現れ，区別がつきやすくなっていく．

生物が保持するゲノムのDNA配列情報は，ヒトとサルのように異なる生物種を区別する重要な指標にもなるし，ヒトの中でも個人間での違いを説明するための材料になる．ゲノムのDNA配列情報が解明されるにつれ，生命科学に関する新たな知見が多く得られたのは確かである．

しかし，DNA配列情報だけではわからないこともある．ある表現型に対して単一遺伝子の機能だけでは説明できない場合もあるし，環境要因が要素として重要な役割を果たす場合もある．さらに，ゲノムの配列情報だけでなく，その情報に対する後付けの情報（エピゲノム）の重要性も明らかになってきた．

つまるところ，単にゲノムのDNA配列情報を読み上げるだけでなく，このゲノム情報がどのように利用されているかを理解することが求められている．本章ではこのような視点に立って話を進めていく．

真核生物でみられるヌクレオソーム構造．DNAはヒモ状，タンパク質は球状に描き，個々のタンパク質を別々の色で分けている．

第3章 ゲノム情報はどのように発現するのか

1 ゲノム
生物種を規定する配列情報

地球上には多くの生物が存在するが，これら生物を正確に分類することは難しい．分類学的に全く異なる生物種が環境に適応するために同じような形態をとったり[※1]，地理的隔離などの理由で互いに行き来がない別々の生物が結果として同様な形態を示す進化を遂げることがあり[※2]，単に外見や形態などの生物学的特徴だけで分類すると間違いを生じる場合が出てくるのである．

最近では技術が進歩し，対象とする生物種の全ゲノム配列を解読することが比較的容易になってきた．現代生命科学の視点では，生物の全ゲノム配列をひとたび決定してしまえば，その配列情報こそが生物種を確定する大きな指標となるのである．つまり，生物の種類を規定しているのはゲノムの配列情報であるという言い方ができる．

2 個人差と種差

❖個人差とゲノム

ヒトという生物を規定するゲノム配列がすべて解読された[※3]後，次に研究者はヒトという生物がゲノムレベルでもつ多様性に着目した．ヒトは減数分裂によって配偶子をつくるが，その際には遺伝子組換えが起こる．減数分裂時の組換え以外にも，DNAは紫外線や活性酸素などの刺激で傷を受け，塩基配列の変異を起こすことがある．その変異が生殖細胞（4章5参照）に起これば，新しい変異は次世代に伝えられる．このように遺伝子変異と組換えが繰り返されたゲノム配列は，人ごとに少しずつ異なる唯一のものであり，他に同一のものは存在しない．

❖遺伝子多型

ある生物集団がDNAレベルで遺伝子配列の多様性をもっていたとしよう．これらDNA配列の違いのうち，集団全体に対して1％以上の頻度でみられるものを**多型**と呼ぶ[※4]．ヒトゲノムには，1塩基レベルでの多型（SNP[※5]）が多く存在しており，ゲノム中に数百～1千塩基に1つの割合でSNPが生じているといわれている．ヒトが成長するには，生まれながらの遺伝的な要因（遺伝要因）と，生まれ育った環境要因の2つの要因を考慮に入れる必要があるが，こと遺伝要因に関しては，このようなSNPをはじめとした多型や変異のようなDNA配列の違いが表現型としての個人差となって現れているという見方ができる．つまり，ゲノムのDNA配列は生物種を規定する情報であると同時に，個人同士の違いを規定する情報であるともいえるのである．

❖種差とゲノム

生物種という言葉を生物学的に定義すると，「互いの配偶子の交配によって一個体が発生し，かつ，成長した個体がさらに交配可能な配偶子をつくり出すことのできる集団」となる．

ここでヒトとチンパンジーを比べてみよう．チンパンジーとヒトのゲノムを比較すると，DNA配列の上では，両者は99％近くの割合で同じ配列をもっており，その違いはたったの1.23％でしかない．

一方で，ゲノムの構造を含めて比較してみると，ヒトとチンパンジーとの間には明らかな違いがみられる．ヒトゲノムを構成する染色体は22組の常染色体とX，Yの性染色体であるが，チンパンジーでは常染色体の数が1組多く，23組の常染色体とX，Yの性染色体である（図3-1A）．また，ヒト2番染色体はチンパンジーの12番と13番の各染色体が断片的につながった構造をもつ（図3-1B）．このように染色体の構造が異なる生物同士は配偶子間の受精が起こらず，子孫を残すことができない．

つまり，ヒトとチンパンジーが別種であることの根拠は，互いのゲノム構造の違いに帰着させることができるのである．ヒトとチンパンジーの共通の祖先が世代を重ねていく過程で，おそらくゲノムレベ

※1 収斂（しゅうれん）と呼ばれる．
※2 平行進化と呼ばれる．
※3 ヒトゲノム計画は2003年に完了した．
※4 それより頻度の低いものは変異と呼ばれる．
※5 single nucleotide polymorphismの略で，スニップと読む．

ルでの大規模なDNA組換えが起こり，2つの染色体が融合して1つになってしまったのだろう．このように染色体構造が変化し，新種として枝分かれした新たな生物の末裔がヒトであるという考え方もできるのである．

A　ヒトとチンパンジーのゲノムの比較

	ヒト	チンパンジー
染色体数	22組とX, Y	23組とX, Y
ゲノム全体の長さ	約30億塩基対	約30億塩基対
塩基配列の違い	1.23%	

B

チンパンジーの染色体

ヒトの2番染色体

図3-1　ヒトとチンパンジーのゲノムの比較

A）ゲノムサイズ，遺伝子数ともにほぼ同じであるが，染色体の数は異なっており，この両者で子孫を残すことはできない．B）ヒトの2番染色体は，チンパンジーの12番と13番染色体が融合した構造をしている．

Column　ヒトの遺伝子はいくつあるのか？

ヒトの遺伝子はいくつあるのか．これは，ヒトゲノムの全塩基配列が解読された2003年以降，現在も進められている大きなテーマである．DNAの塩基配列はわかっても，どこの領域からRNAが転写されるのか，また，この転写制御をいつどのようなタイミングで行なうか，という隠された暗号はいまだ解明されていない．DNA（またはRNA)からアミノ酸に翻訳されたときの読み取り枠をオープンリーディングフレーム（ORF）というが，微生物の場合には，このORF配列を遺伝子探索アルゴリズムで探すこと（ORFスキャニング）で，遺伝子領域をある程度予測することが可能である．しかし，ヒトなどの高等生物では，転写情報がコードされたエキソン領域が途中で分断され，コードされないイントロン領域が間に入るため，このような計算学習予測のみでは困難である．したがって，配列情報に基づく予測と分子生物学的実験による転写産物の同定という地道な確認作業が必須となる．

まず，2003年より5年間で，ヒトゲノムの約1％の領域について遺伝子の発現とその制御を検証するプロジェクト（ENCODE計画）が行なわれた．当初，タンパク質をコードする遺伝子は10万個程度存在すると予測されていたが，実際にはその1/4程度（約2万5,000個）という結果がでた．その後も，配列情報だけでなく既知の遺伝子との相同性も考慮したアルゴリズムの開発も進み，実験的検証に必要な転写産物の解析技術が飛躍的に向上したため，その後の5年間でさらにヒトゲノム全域に計画が拡大された（GENCODE計画)．2012年9月に発表された概要（GENCODE version 7）によれば，タンパク質をコードする遺伝子が20,679個（最新version 21では19,942個)，非コード長鎖RNA遺伝子が9,277個（version 21では14,470個)，1,756個のmiRNAや偽遺伝子を含むその他の遺伝子が21,750個，と報告されている．選択的スプライシングによって，タンパク質をコードする遺伝子からは平均で約6.3個の転写産物が見つかったことから，ヒトの細胞をとりまく生命現象には非常に多くのタンパク質分子がかかわっていることがわかる．

いまのところ，このタンパク質をコードする遺伝子19,942個が，従来の「遺伝子」の定義によるヒトの遺伝子数になるが，非コード長鎖RNAのように，タンパク質に翻訳されなくても核内でさまざまな生理現象に関与しているRNAも近年明らかとなってきている．こうした転写産物をコードする領域も広義の「遺伝子」と考えた場合には，ヒトの遺伝子は30,000個以上存在することになる．ゲノム解析技術の進歩で長いRNAを検出することが可能になり，新しい非コード長鎖RNAの発見が相次いでいるが，このタイプのRNAは組織特異的な発現パターンも多いため，多様な細胞や組織が解析されていくことで今後も新規発見が続くと予想される．

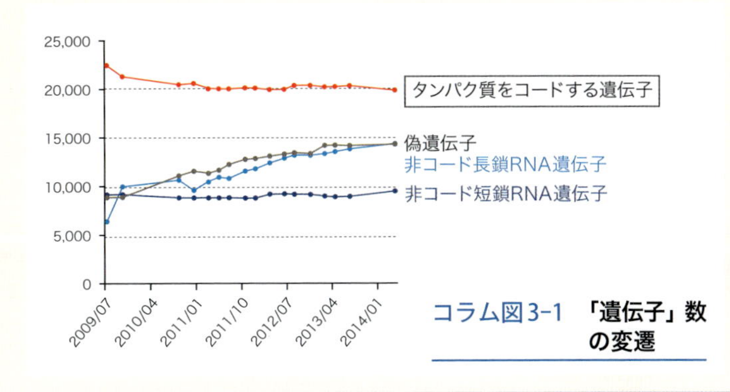

コラム図3-1　「遺伝子」数の変遷

3 ゲノムからみた生殖
性はなぜ存在するか

❖父と母―さまざまな性の形態

動物では，卵子を配偶子としてつくるものをメス，精子を配偶子としてつくるものをオスと呼び，メスとオスの存在をもって性という言葉が定義づけられる．

生物学的にみれば，あるヒトには必ず1人の父親と1人の母親が存在する．つまり，ヒトには女性と男性という2つの性が存在し，両者の配偶子による生殖によってのみ，子孫がつくられる．

当然のようにみえるこの事実は，自然界全体をみると性の形態の一様式に過ぎない．単細胞生物は通常，単なる細胞分裂で増殖する．ミツバチのオスは未受精卵から発生する．つまり，ミツバチのオスはメスの半分のDNA量しかもたない．ミジンコは単

Column 知る権利，知らないでいる権利

ヒトゲノム計画が完了した現在，多くの遺伝病の原因がDNAレベルで明らかになりつつある．人からDNAを取ってきて，その配列を調べるだけで，その人のDNAに遺伝病の原因となる変異が入っているのかどうか，容易にわかるようになったのである．

このような状況は，科学技術の進歩の一例として捉えられるが，果たしていいことづくめなのだろうか．仮に自分のDNA配列を調べ，そこに遺伝子変異が含まれていた場合，あなたはどのような思いをもつだろうか．

このように，遺伝情報は知るだけが利益ではないという問題提起が起こり，今では遺伝子変異を調べる「知る権利」と，調べないままでいる「知らないでいる権利」の両方が認められている．しかし，この「知る権利」「知らないでいる権利」というものは，想像するよりもはるかに難しい問題をはらんでいる．ここにその一例をあげよう．

ある女性が医師のもとを訪ねて，こう言った．「自分の母親は，ある遺伝病が原因でこの世を去った．ヒトゲノム計画が完了した現在，その原因となる遺伝子変異も判明している．一般に，この病気は10万人に1人の確率で発症するが，この遺伝病は優性の形式で起こるため，親が患者の場合は，自分が病気になる可能性は1/2だ．

自分も，母親が病気に倒れた年代を迎え，同じ病気にかかるのかどうか，とても気になる．特に，周りの者からしきりに遺伝子診断をすすめられている．けれども，もし自分のDNAに母親と同じ病気の変異が見つかったら，それを受け止める勇気も自信もない．社会の目も，とても怖い…」このような申し出に対して，医師は，今では知らないでいる権利というものが確立されていますよ，無理に調べることはないと言って，その女性を帰した．

ところが，その女性には子どもがいた．その子どもは，自分の祖母がかかった遺伝病に，自分もかかるのではないかと知りたくてしかたがない．現代の医療技術の進歩を思えば，少しでも早く知っておいた方が，その対策も立てやすいと考えたのだ．父親の家系にはこの遺伝病の発症者はいないため，母親の遺伝子に変異がなければ，自分がこの遺伝病にかかる心配はない．だから，この子どもは母親に遺伝子診断を受けてほしいのだが，母親は受けようとしない．

業を煮やした子どもは，母親への相談を抜きにして，自分のDNAを病院にもち寄り，遺伝子診断を行なってしまった．結果は，DNAに問題の遺伝子変異が入っているというものだった．同時に，この遺伝子変異は母親由来のものであると考えられるため，母親もまた，この変異の保因者であることが，期せずして判明してしまったのである．

このように，いくら本人が知らないでいる権利を選んだとしても，周囲の理解が得られなければ，その権利が守られることはない．もはや，ゲノム情報は本人だけに関係するものではないことを，私たちは理解しておくべきである．

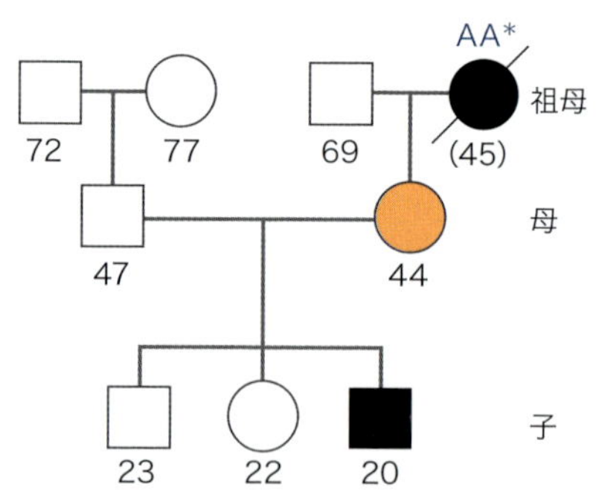

コラム図3-2 遺伝子変異と家系

この家系図における丸は女性，四角は男性である．黒く塗りつぶされたものは，遺伝病の遺伝子変異（A*）の保持者を表す．各々の数字は年齢を表す．斜線はすでに死去していることを示す．この遺伝病は優性の形式で伝えられる．この家系図における母親（橙で示した）は，遺伝子変異を保持しているだろうか，いないだろうか．

為生殖[※6]を行なう．生まれてくるのはすべてメスである．線虫は一個体の中に精子と卵子をつくる器官が共存し，同一個体の中で受精が行なわれる[※7]．ミジンコや線虫は環境が悪化したときに初めてオスが出現する．

❖性の起源

前述の単細胞生物であっても，細胞同士が融合し，互いの染色体が混ざり合った後，再び分裂するという現象がみられることがある．融合する細胞の組み合わせは，その細胞が発現するタンパク質や合成する化学物質の種類によって規定されており，その相性が合わない細胞同士は融合しない．このような現象に，性の起源をみてとることができる．また，互いの染色体が混ざり合った後，そこで互いのDNA配列を交換しあう遺伝子組換えが起こっている．この遺伝子組換えこそが，性というものの存在の重要な意義だと考えられている．

❖生殖細胞と減数分裂

ヒトを例にとると，父親から精子が，母親から卵子が提供され，両者が受精することによって個体の発生が始まる（p56 図4-1 参照）．ヒトの体の細胞には，父親由来と母親由来の両方のDNA配列が存在しているから，必然的に受精前の精子と卵子は，ともに半分の量のDNAをもつことになる．実際には，通常の細胞が特殊に分化した始原生殖細胞[※8]から，減数分裂と呼ばれる過程を経て，DNA量が半分の生殖細胞（配偶子）がつくられる．この減数分裂の際に，父親由来のDNAと，母親由来のDNAの再配分が行なわれる．一般的に1番染色体は父親由来，2番染色体は母親由来というように，各々の染色体がランダムに再配分されるとすれば考えやすい．しかし実際はもっと複雑で，特筆するべきは，同一染色体であっても実際には父親由来のDNA配列と母親由来のDNA配列が混ざり合う遺伝子組換えが行なわれているということである（図3-2）．

つまり，配偶子がつくられるということを通じて，遺伝子の組換えと再配分が行なわれているのである．その意味では，ヒトの性も単細胞生物の性も，遺伝子の組換えという重要な役割を担っている点には変わりがないことがわかる．また，遺伝子の組換えは，DNAの正確な複製をあえて乱すものであるから，性の存在とそれに伴う遺伝子の組換えという現象が，遺伝情報の変化に対する柔軟性を生み出しているともいえる．

4 遺伝と環境のかかわり

❖体質と遺伝子の関係

ゲノムに書かれたDNA配列情報がRNAに転写され，転写された情報がリボソームでタンパク質に翻訳される．「体質」とは，このようにしてつくられたタンパク質の構造や機能を通じて形になって現れる表現型の一形態である．このうち，単一の遺伝子の機能によって体質が規定される場合があり，酒に酔いやすい体質というのはその一例である．酒に酔いやすいかどうかは，ある酵素タンパク質のアミノ酸

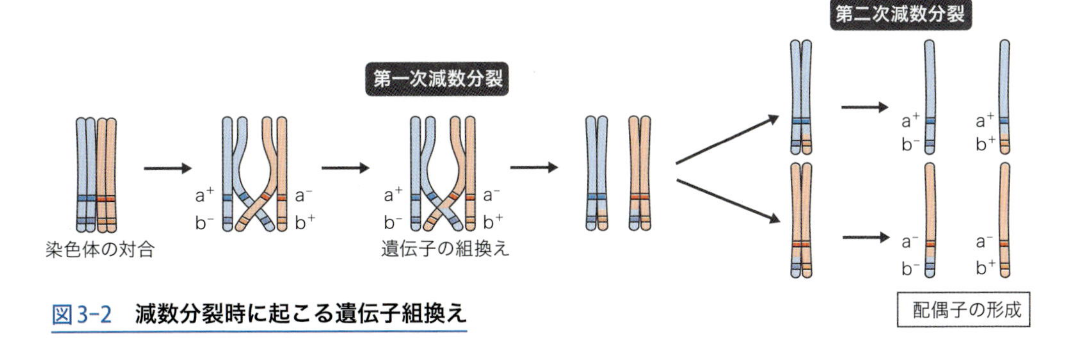

図3-2 減数分裂時に起こる遺伝子組換え

※6 受精を経ない生殖のことで，処女生殖ともいう．
※7 自家受精と呼ばれる．
※8 生殖細胞になる前の細胞という意．

配列の違い（さかのぼると，ある酵素を意味する遺伝子のDNA配列の違い）によって決定されることが知られている．

メンデルの時代から確立されてきた古典的な遺伝学では，このような単一遺伝子による表現型や病気を取り上げることが多かった．しかしこのような例は決して多いわけではなく，一般に身長，体重や太りやすさなどの体質や，いわゆる生活習慣病へのなりやすさには複数の遺伝子が関与していると考えられている．

ここに一例として化学反応を挙げる．生体内で起こる化学反応は，自然環境の温度条件で穏やかに進行することと，最終生成物を得るために多段階の反応を要することを特徴とする．化学反応には生体触媒である酵素（7章④参照）を必要とし，多段階の反応にはその段階数に等しい酵素の種類が必要である．つまり，最終生成物を得るためには複数の遺伝子の機能が必要であり，1つの表現型に複数の遺伝子が関与していると考えるのは合理的なことなのである．

❖生活環境が及ぼす影響

遺伝子のみならず，周囲の環境も個体の表現型に影響を及ぼすことがある．これを環境要因と呼ぶ．同じような遺伝要因を有しているにもかかわらず，異なった環境のもとで異なった表現型を示す例は多い．

例えば，日本人成年男性の平均的な身長は江戸時代には155 cm台だったが，第二次世界大戦頃は160 cm台，現在では170 cm前後と，環境や栄養条件によって大きく変わってきた．また，過去50年の食生活や生活スタイルの変化を受けて胃がんが減り大腸がんが増えるなど，疾患の発生頻度も環境要因によって変化するところが大きい．

マウスの実験によると，母親の胎内にいる時期（胎生期）に飢餓にさらされた子どもに対して脂肪分の多い食事を与えると，脂肪が増加して肥満と生活習慣病になりやすくなる．また，オランダでは第二次世界大戦中にナチスドイツの占領下で多くの妊婦が飢餓にさらされたが，そのときに母親のお腹にあった子が生まれて成人したとき，糖尿病や生活習慣病の頻度が増加したことが報告されている．このように，成人の生活習慣病には生まれる前の生活習慣も関係していると考えられている（図3-3）．

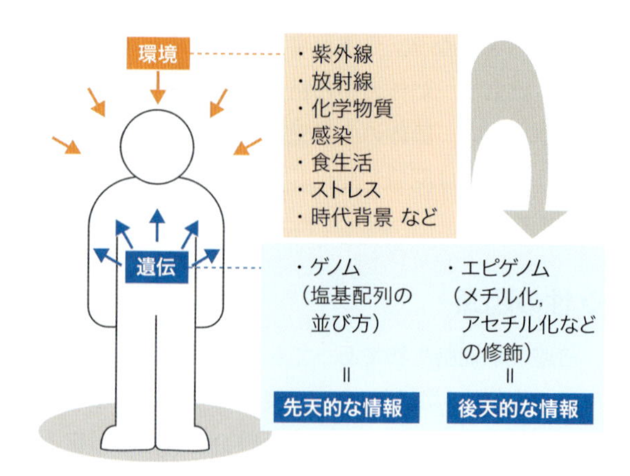

図3-3　遺伝と環境の相互作用

生物は青で示した遺伝要因と，オレンジで示した環境因子の相互作用を通じて生きているが，2つの因子はエピゲノム変化（後述）を通して結びついている．

5 遺伝子の発現を調節するもの

前項で述べた事柄は，環境からの刺激によって遺伝子の発現に影響が出ると考えればよい．生物は刺激に対して応答するという特徴があるが（1章参照），応答という言葉の中には遺伝子の発現という現象も含まれるのである．

ヒトゲノムには約2万遺伝子の情報が書き込まれている（p43 Column参照）．しかし，多細胞生物としてのヒトを構成する細胞は，組織や器官によって異なる構造や機能を有している．つまり，すべての遺伝情報がいつも同じように使われているわけではなくて，時と場合に応じて必要な遺伝子が必要な分だけ使われている．

このように時と場合に応じた遺伝子発現調節のしくみも，基本的にはゲノムのDNA配列情報に書き込まれている．DNA配列からなる遺伝情報には，タンパク質のアミノ酸配列を意味するものだけでなく，その遺伝子の発現時期や発現量を指示する役割に特化したDNA配列も存在しているのである．このよ

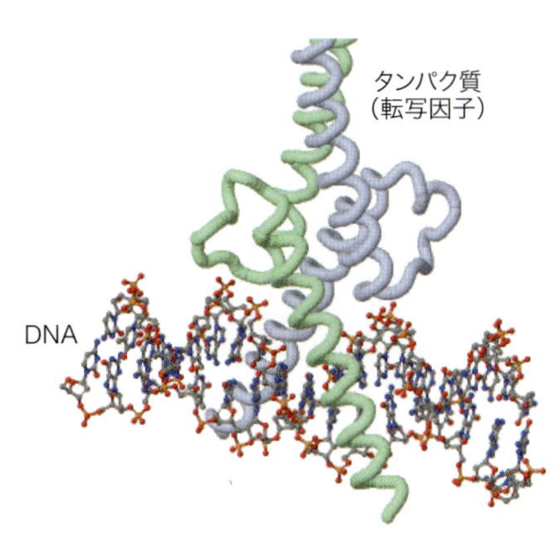

図3-4　DNAと，それに結合するタンパク質である転写因子との相互作用の一例

DNAと，それに結合するタンパク質である転写因子との相互作用の一例．この例では2つのタンパク質が四次構造を形成して複合体となり，それがDNAと相互作用している．DNAの溝にタンパク質がうまくはまりこんでいることがわかる．結果として，このタンパク質複合体はDNA配列に書かれた遺伝情報の発現の量や時期を調節している．

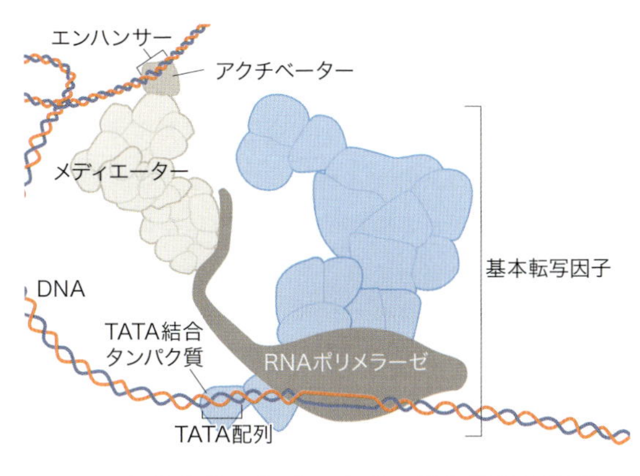

図3-5　真核生物の細胞における遺伝子発現調節の模式図

真核細胞には，特定の塩基配列を認識する基本転写因子と呼ばれるたくさんのタンパク質があり，それらが四次構造を形成したうえでDNAに結合することにより，RNAポリメラーゼの結合を促進する．さらに，この図ではエンハンサーと呼ばれるDNA配列も遺伝子発現の調節に関与していることを示している．図3-4を複雑化し，模式的に描いたものが図3-5と考えればよい．

うに遺伝子発現の調節機能に特化したDNA配列（転写調節領域）はプロモーターなどと呼ばれており[※9]，主としてmRNAとして転写されるDNA配列情報の上流に存在している．

❖生体高分子の相互作用を介した遺伝子転写調節のしくみ

ゲノムに存在する転写調節領域（を構成するDNA配列）を実際に認識し，結果として遺伝子発現の調節を行なう実体はタンパク質である．このようなタンパク質は転写因子と呼ばれる．転写因子は転写領域中のDNA配列に結合し，遺伝子の発現（mRNAへの転写）を促進する場合もあれば，逆に抑制する場合もある．つまり，転写因子と呼ばれるタンパク質が遺伝子発現調節スイッチの役割を果たし，そのオンとオフをつかさどっているのである（図3-4）．

転写因子とDNA配列の関係に限らず，生命を構成する生体高分子は単独で機能するだけではなく，互いに結合したり離れたりしながら相互作用している[※10]．タンパク質同士が結合することもあれば[※11]，タンパク質とDNAが結合することもあるし，タンパク質とRNAが結合することもある．このような生体高分子同士の相互作用によって，生命というしくみが構築されているのである．

真核生物において，遺伝子の転写のしくみは複雑である．1つの遺伝子の転写調節には非常に多くのタンパク質が関与しており，これらのタンパク質が四次構造を形成して，転写因子として機能していることが多い．また，転写調節領域として機能するDNA配列も複数存在していたり，距離的に離れたDNA配列も転写調節領域として機能している場合がある．

その複雑さゆえに，複合体中の個々のタンパク質の役割は細分化されていると考えられるが，そのタンパク質がRNAポリメラーゼとDNAとの相互作用を助ける機能をもつなら，結果として遺伝子発現は促されるだろうし，DNAに結合するタンパク質によってRNAポリメラーゼの転写反応が邪魔されれば，結果として遺伝子発現は阻害されるであろう．さらに図3-5に示すように，DNA結合タンパク質同

※9　プロモーターという言葉は「遺伝子発現を促すDNA配列」という意味合いだが，さらにその機能を細分化し，遺伝子発現を正に促進するDNA配列をエンハンサー，負に調節するDNA配列をサイレンサーなどと呼ぶ場合がある．

※10　このときの相互作用は主として静電相互作用，疎水的相互作用，ファンデルワールス力や水素結合である．

※11　四次構造と呼ばれる（2章参照）．

士が複合体を形成し，その複合体が全体としてDNA構造を歪めたり，互いの活性を調節することによっても，結果としてDNAから遺伝子が発現するしくみは制御されると考えられる．このように，遺伝子の発現が調節される直接的なしくみは生体高分子同士の相互作用によって成立しているのである．

❖DNAやタンパク質に対する化学修飾

DNAやタンパク質といった生体高分子は，もとをただせば有機化合物である．したがって，この有機化合物を構成する側鎖がさらに化学反応を起こし，新たな官能基が付加・置換されることがある．この現象を修飾（もしくは化学修飾）と呼ぶ（Column：化学修飾あれこれ 参照）．このような修飾が起こると生体高分子全体の表面電荷や立体構造などの性質変化が起こり，その生体高分子の機能に影響があらわれる．結果として，これらDNAやタンパク質に対する化学修飾が遺伝子の発現調節に寄与する場合がある．

Column 化学修飾あれこれ

生体高分子であるタンパク質やDNAでは，以下の官能基が化学反応によって置換されることがある．これらの修飾によって，生体高分子としての機能に影響が出る場合がある．

リン酸化：タンパク質を構成するアミノ酸がリン酸基PO_4^{3-}による修飾を受けると，タンパク質の立体構造が大きく変化する場合がある．細胞内のシグナル伝達に関与する例など，この修飾による多くの機能が知られている．

アセチル化：タンパク質を構成するアミノ酸がアセチル基$-COCH_3$による修飾を受ける場合がある．このとき，アミノ酸中のアミノ基$-NH_2$とアセチル基が反応するのでアミノ基の塩基性が打ち消され，結果としてタンパク質の性質が変化することが考えられる．

メチル化：DNAやタンパク質がメチル化による修飾を受けると全体としての形に影響を与え，それが相互作用する生体高分子との結合能に影響を及ぼすことが考えられる．

糖鎖修飾：細胞表面にあるタンパク質に糖鎖が結合することがある．このような場合，糖鎖は細胞間の認識分子などとして機能する場合がある．

脂質修飾：タンパク質が脂質によって修飾されると，細胞膜に対するタンパク質の親和性が上昇する．膜に埋め込まれたタンパク質は脂質修飾によって安定性が増すと考えられる．

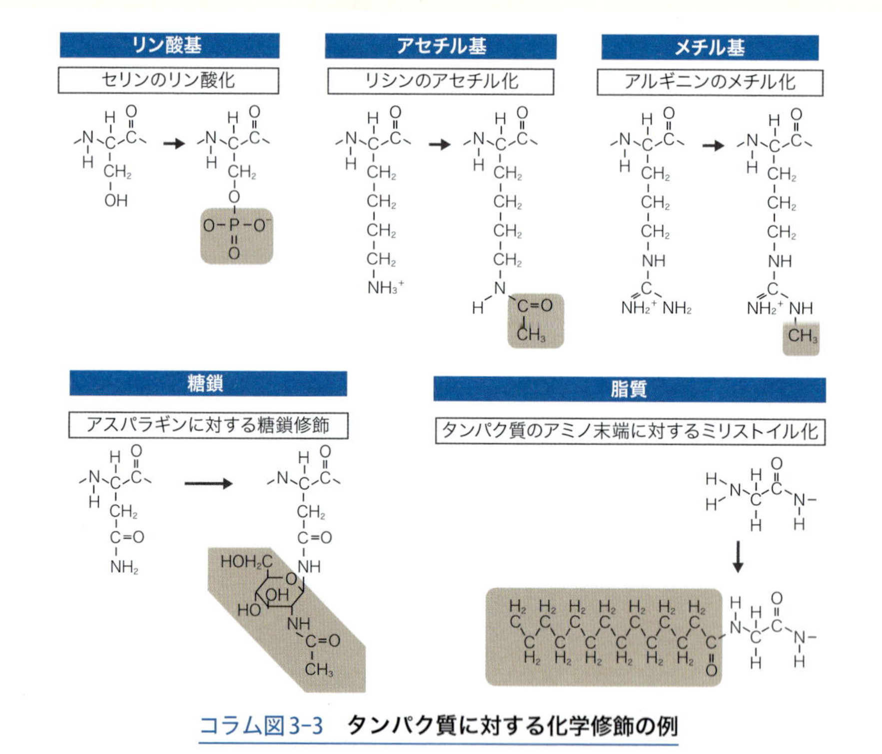

コラム図3-3　**タンパク質に対する化学修飾の例**

6 エピゲノム
ゲノムに対する後天的修飾

生体高分子に対する化学修飾が，結果として遺伝子の発現調節に関与している例が見つかってきた．これら化学修飾はゲノムのDNA配列情報自体を変えるものではないが，ゲノム情報の発現調節に重要な役割を果たしていることが明らかになってきている．

一般に，DNA配列の変化を伴わないにもかかわらず，親細胞と娘細胞の世代間で引き継がれる遺伝子発現状態や表現型のことをエピジェネティックな変化[※12]と呼ぶが，現在ではその多くが，DNAやDNA結合タンパク質への化学修飾が原因であることがわかり，遺伝子発現調節の目印となっている．つまり，細胞に保持されるゲノムDNA情報は変わることがないが，その使いみちは環境による後天的な修飾，すなわち「エピ（＝後の）ゲノム情報」によって働きが決められていると考えられる．各々の役割に分化した細胞は，それぞれ独自のエピゲノム情報をもっているのである．

❖染色体DNAの構造が遺伝子発現調節に関与する

ゲノムの後天的修飾（エピゲノム）の実体は，遺伝子発現に関与するDNA配列やタンパク質に対する化学的な修飾である．これを理解するためには，真核生物の核内に存在する染色体DNAの構造を知る必要がある．以下図3-6とともに説明する．

●ヌクレオソーム構造

真核生物の染色体DNAは核の中に存在するが，同時に核内にはDNAと結合する**ヒストン**と呼ばれる一群のタンパク質が存在している．ヒストンタンパク質は塩基性であり，DNAに結合しやすい性質をもつ．その結果としてDNAはヒストンに規則的に巻き付いた構造をとる．これを**ヌクレオソーム構造**と呼び，核内のDNAはヌクレオソーム構造によって規則的に折りたたまれ，収納されている．

●クロマチン構造

ヌクレオソーム構造がさらに寄り集まると，図3-6に示すようなDNAの高次構造をつくる．この高次構造を**クロマチン構造**と呼ぶ．ヒストンに巻き付いてしっかり折りたたまれ，凝縮した状態（ヘテロクロマチン）にあるDNA配列からはRNAへの転写が起こりにくい．つまり，この状態にあるDNA配列からは遺伝子発現が起こりにくい（p28 図2-4 参照）．

一方，少ない数のヒストンに，緩く結合している状態にあるクロマチン構造（ユークロマチン）には，RNAポリメラーゼが結合しやすい．その結果，そこに含まれる遺伝子からはmRNAが転写され，タンパク質が合成されやすくなっている．つまり，この状態

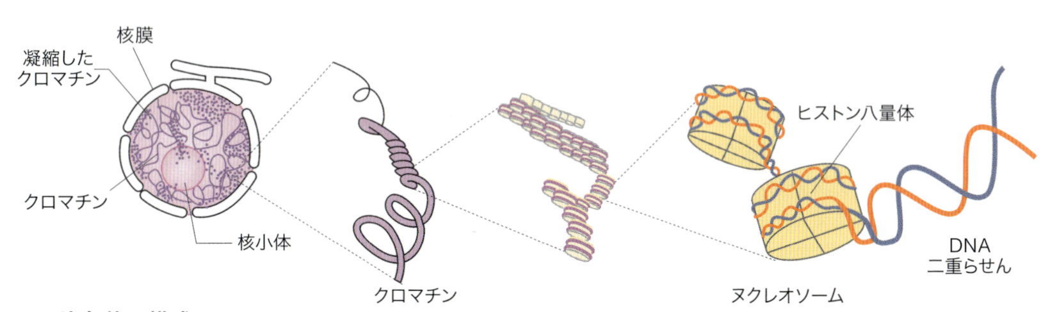

図3-6 染色体の構成

DNAは生命の糸と呼ばれる長い二重らせん構造をしたひも状の分子である．ヒトの細胞では46本の染色体となっているひも状のDNA分子があり，全長は1 mにもなる．染色体のDNAは，147塩基ごとにヒストンというタンパク質に巻き付いて，ヌクレオソームという構造単位をつくる．このヌクレオソームが集まって，クロマチンという構造をつくる．

※12 「エピ」とは，「後の」を示す接頭語である．

にあるDNA配列からは遺伝子発現が起こりやすい．

分化した細胞の種類ごとに，ヘテロクロマチンの部分とユークロマチンの部分が異なっており，これが細胞ごとに異なる遺伝子発現につながっていると考えられる．それに加え，外部からの刺激に応答して必要な遺伝子が発現する過程でクロマチン構造が動的に変動していくことも知られている．

❖エピゲノムに寄与する化学修飾

ゲノムの後天的修飾（エピゲノム）に寄与する化学修飾には，大きく分けてDNAそのものに対する修飾と，DNA結合タンパク質に対する修飾がある．

●DNAのメチル化

DNAの配列で，シトシン（C）のあとにグアニン（G）が続く配列があると，シトシンがメチル化されることがある．遺伝子の転写調節領域でDNAのシトシンが多数メチル化されると，転写を進めるタンパク質が結合しにくくなるために，遺伝子発現の不活性化が引き起こされる．このようなゲノムDNAのメチル化はエピゲノム修飾の代表例の1つである（図3-7）．

Column 三毛猫のまだら模様を決めるX染色体の不活性化

エピゲノムの変化が，動物の表現型に大きく影響する場合がある．その代表的な例として，三毛猫の毛の色が挙げられる．

ヒトの細胞には父親由来の染色体が1本，母親由来の染色体が1本ずつあり，あわせて2本の同じ染色体が備わっているというのが教科書的な知識である（p38 図2-16参照）．しかしダウン症の場合，通常2本である21番染色体の一部が3本目として余計に存在していることが知られている．つまり，21番染色体にある特定の遺伝子の発現量が通常の1.5倍になることが発症の原因と考えられている．

哺乳動物では，性染色体の組み合わせはメスの場合XX（X染色体が2本）で，オスはXY（X染色体とY染色体が1本ずつ）である．このため，メスではX染色体の延べ遺伝子数がオスに比べて2倍になる．しかし上記のように，遺伝子によっては発現量の微小な変化が表現型に大きな影響を及ぼす可能性があるので，実はX染色体が2本あるというのは考えようによっては危険な側面をはらんでいるのである．そこでヒトやネコのメスに備わる2本のX染色体のうち1本は発生の比較的初期の段階で必ずエピジェネティックに不活性化され，X染色体上の遺伝子の発現量が過剰にならないようにうまく調節されている[※13]．

コラム図3-4に示すように，三毛猫では，メスの2本のX染色体の上に茶色い毛となる遺伝子がコードされている（茶色が優性で，劣性は結果として黒色の毛となる）．発生途上でどちらかがエピジェネティックに不活性化されると，その不活性化状態が生後も維持されるために，その部分の毛の色が茶色くなるか，黒色になるかが決まる．白斑の部分の多さは別の染色体に存在する別の遺伝子によって決定される．

さて，ここまで説明すると，そもそも三毛猫には圧倒的にメスが多く，三毛猫のオスはきわめて珍しいことがわかる．あらためて，その理由を考えてみよう．

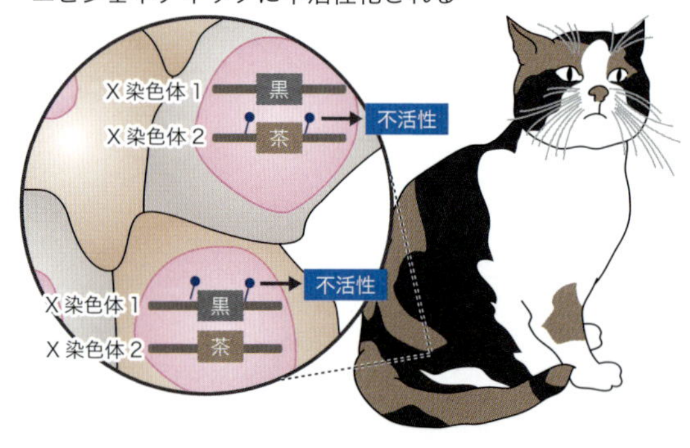

コラム図3-4　エピゲノムが決める三毛猫の毛の色

三毛猫になるメスは，2つのX染色体の片方に毛色を茶色にする優性遺伝子をもち，もう一方に茶色くならない劣性遺伝子（結果として黒色となる）をもっている．どちらのX染色体が不活性化されるかで毛の色が決まる．白斑の部分の多さは別の遺伝子によって決定される．

※13　不活性化されるX染色体自身から特殊なRNAが転写され，この特殊なRNAがX染色体自身に結合することでヘテロクロマチン化およびX染色体の不活性化が進行する．

メチル化

シトシン(C)　　5-メチルシトシン

図3-7　シトシンのメチル化

●ヒストンに対する化学修飾

DNAが巻き付くヒストンにも化学修飾が起こる．主な修飾はメチル化とアセチル化である．ヒストンにメチル化が起こると遺伝子発現が抑制され，アセチル化が起こると遺伝子発現が促進される．1つのヒストンタンパク質にメチル化部位とアセチル化部位が存在し，しかもそれらの部位が複数あるので，その組み合わせは複雑である（**Column：ヒストンコード** 参照）．

❖細胞は記憶する：エピゲノム情報の維持

細胞分裂のときに，メチル化されたDNAも他の通常のDNAと同じように複製される．DNAが複製された直後は，新しく複製された鎖のDNAはメチル化されていない（図3-8A）．しかし，この複製された方のDNAに対して後からメチル化が起こり，結果としてDNAメチル化は2つの娘細胞に同じように伝えられて維持される．このような修飾は，DNAメチル化を複製する酵素によって行なわれる．

DNAのメチル化と同様に，ヒストンの化学修飾も細胞分裂の後でも維持されるしくみが存在すると考えられている（図3-8B）．このように，エピゲノム情報は細胞が分裂しても維持される．その意味では，細胞が受けた刺激をそのまま娘細胞に伝えているという点で“細胞の記憶”ということができる．

発生初期の細胞は，全身のどんな細胞にもなることができる多能性をもつ．発生過程で細胞分裂が進み，体が形成されていくにつれ，個々の細胞のゲノムは修飾されて独自のエピゲノム情報を蓄えていく．

未分化の細胞では，エピゲノムによる遺伝子発現のスイッチが完全には確定していない．これはアクセルとブレーキの両方を踏み込んで平衡状態を保っ

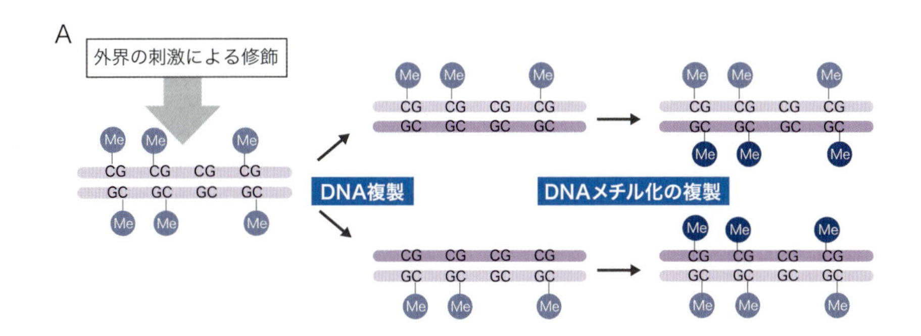

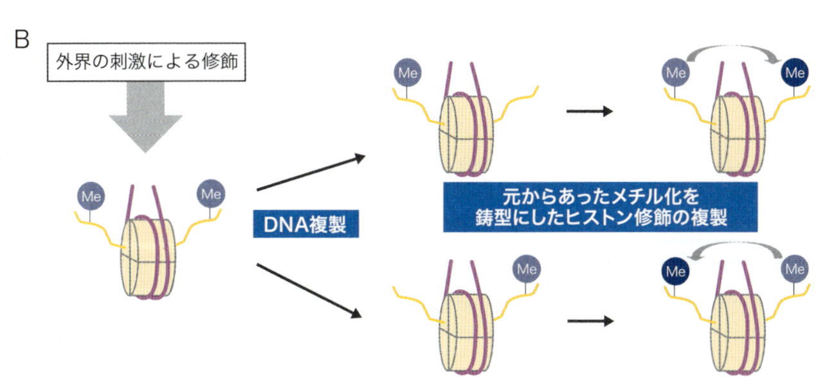

図3-8　細胞分裂におけるDNAメチル化，ヒストンコードの伝播

ゲノム情報は種の記憶，エピゲノム情報は個体の記憶である．A）外界の刺激によって加わったDNAメチル化のパターンは，DNA複製に続いて，新しくつくられたDNA鎖上に複製される．B）ヒストンテールのメチル化も，DNA複製に続き，新しくできたヒストンの上に複製される．

Column ヒストンコード

本章扉絵をよく見てほしい．真核生物でみられるヌクレオソーム構造を外からよくみると，ヒストンタンパク質の端がDNAの合い間から外に飛び出していることがわかる．この飛び出した部分は，しっぽのような形状をもじってヒストンテールと呼ばれている．細胞が外部からさまざまな刺激を受けると，このヒストンテールを構成する多くのアミノ酸が化学修飾を受け，結果としてクロマチン構造変化の原因となることがわかってきた．

例えば，コラム図3-5Aに示すヒストン3（H3）のヒストンテールの4番目のリシン（H3K4，●で示した）がメチル化されると，RNAポリメラーゼがDNAと結合しやすくなる．一方で，9番目のリシン（H3K9）がメチル化されるとヌクレオソームが凝集してヘテロクロマチンとなり，RNAポリメラーゼがそのDNAに近寄ることができなくなる（コラム図3-5B左）．また，27番目のリシン（H3K27）がメチル化されると，クロマチンの高次構造に影響を与えるタンパク質※14が動員され，関連するDNA領域がヘテロクロマチン化される（コラム図3-5B右）．RNAポリメラーゼがDNAに近寄ることができなければ，そもそもDNAからRNAへの転写が起こらず，遺伝子の発現は不活性化される．

また，遺伝子発現が活性化されるときには，メチル化に加えて，ヒストンテールのいくつかのアミノ酸がアセチル化されることが必要である．ヒストンがアセチル化されると，ヌクレオソームの構造が緩み，DNA領域に対して効率的に寄り付きやすくなるというのが，その理由である．

以上述べたように，ヒストンに対するメチル化やアセチル化といった化学修飾は，そのパターンに基づいてクロマチン構造を変化させ，結果として遺伝子発現調節の重要な要素となっている．したがって，その化学修飾のパターンは一種の暗号情報とみなすことができ，ヒストンコードと呼ばれている．

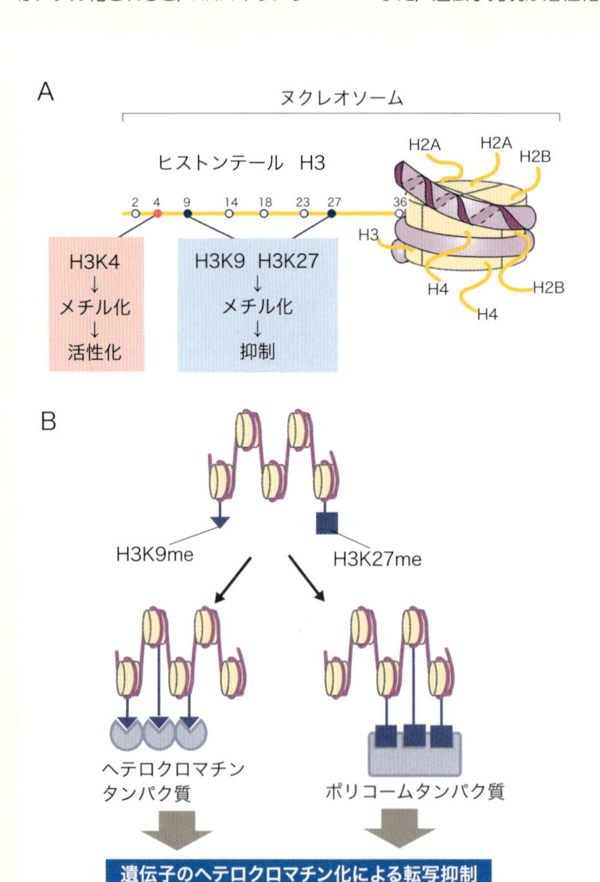

コラム図3-5 ヒストンコードは遺伝子発現を制御している

A）ヒストンテールに対する化学修飾．ヌクレオソームでは，8個のヒストンタンパク質によって構成されるタンパク質複合体※15にDNAが巻き付いている．この構造のうちタンパク質が飛び出ている箇所があり（ヒストンテールと呼ぶ），この箇所に対する化学修飾のパターンにより（図の●，●，○），ヒストンコードが記録されている．例えば，ヒストン3のヒストンテールの4番目のリシンがメチル化されると，遺伝子は活性化されやすくなる．B）9番目と27番目のリシンがメチル化されるとクロマチンが凝集して遺伝子の転写が抑制される．H3K9me：ヒストン3のヒストンテールの9番目のリシンがメチル化．H3K27me：ヒストン3のヒストンテールの27番目のリシンがメチル化．

※14 このタンパク質はポリコームと呼ばれる．

※15 まぎらわしいが，このタンパク質複合体もヒストンと呼ぶ場合がある．正確には「ヒストン8量体」である．

ている坂道発進のような状態と考えるとよい．分化に伴ってアクセルの機能を果たす後天的修飾が確定すると，ある機能に特化した細胞へと変化が進み，ブレーキの機能を果たす後天的修飾が確定すると，他の機能に特化した細胞へ分化していくというようなことが起こっている．このようにしてエピゲノム情報が確定していくに従い，多能性が失われていくのである（図3-9）．

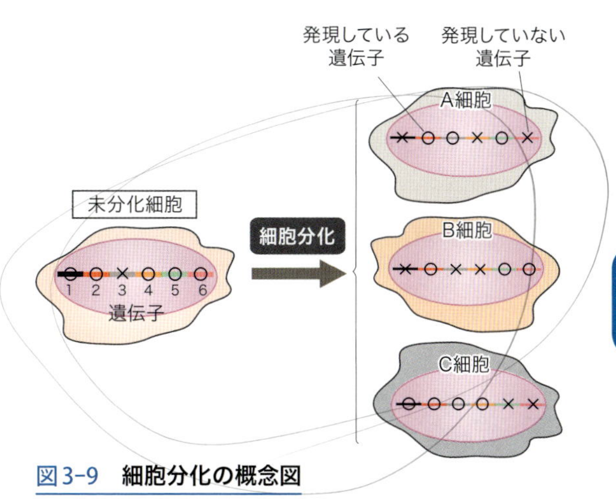

図3-9　細胞分化の概念図

分化した細胞は，もとの細胞とは異なる遺伝子の発現パターンを示す．そして，分化した細胞同士の間でも，発現している遺伝子のパターンが異なっている．それは，分化した細胞のそれぞれが異なる機能を果たすために，異なるパターンの遺伝子を発現しているからである．

エピゲノム情報が初期化されるとき

体細胞が分裂する際，DNA配列情報のみならずエピゲノム情報も娘細胞に伝えられる．基本的に体細胞分裂のときにはエピゲノム情報は維持されるのである．しかし受精の際，これらエピゲノム情報は消去される．つまり，一部の例外（Column：ゲノムの化学修

Column　ゲノムの化学修飾が病気につながる例

体細胞で維持されていたエピゲノム情報は，受精卵ではリセットされている．しかし，このときすべてのリセットが進行せず，母親（卵子）由来の遺伝子のDNAのメチル化だけが保存される場合がある．この場合，父親（精子）由来の遺伝子しか子どもでははたらかない，つまり，DNAレベルでの「刷り込み」が起こることになる（コラム図3-6）．

15番染色体のある遺伝子では，母親由来のDNAだけがメチル化されて不活性化されている．したがって，通常は父親由来の遺伝子だけがはたらく状態になる．ここで父親由来DNAのこの領域に遺伝子変異が存在すると，子どもは筋力低下，性腺発育不全，精神発達障害や肥満を特徴とするプラダー・ウィリー症候群を起こす（コラム図3-6）．一方，子どもがもつ母親由来のDNAに変異があっても病気にはならない．この現象は，対立遺伝子の存在を前提としたメンデル遺伝の形式（優性の法則）とは全く相容れないものである．

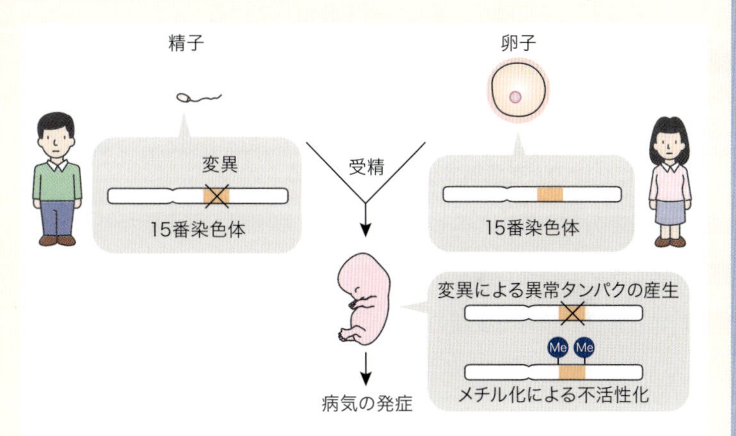

コラム図3-6　DNAの刷り込み（インプリンティング）による病気

受精卵ではDNAの大半のメチル化はリセットされるが，一部はリセットされずに，父親または母親由来のDNAで特異的なメチル化が維持されている．例えば15番染色体上のある遺伝子のうち，母親由来のDNAは卵子になるときにメチル化を受けて不活性化されており，ふつうは，精子由来の父親の遺伝子だけがはたらく．図に示すプラダー・ウィリー症候群と呼ばれる病気では，父親由来DNAのこの領域に変異があると子どもに精神発達障害などが現れるが，母親由来のDNAに変異があっても，子どもではその遺伝子が不活性化されているので病気にはならない．しかし，その子どもが父親となったときには，生まれてくる次の世代の子どもには症状がでてしまう．このような受精卵におけるDNAのメチル化はDNAの刷り込みと呼ばれて，体細胞におけるDNAのメチル化とは異なった意味をもっている．

飾が病気につながる例 参照）を除くと，精子と卵子が受精してから卵割を開始し，8細胞に分裂するまでの段階で大半のDNAやヒストンの修飾は消去され，エピゲノム情報は初期化される．そして受精卵が発生していくなかで，ゲノムDNAは再びメチル化されるなどして，新たなエピゲノム情報の蓄積が起こっていくのである．

このようにして考えると，親から引き継ぐゲノム配列は遺伝的に決まっているが，それが実際にどのように使われるかは，環境によるエピゲノム情報の変化によって変わっていくという見方ができる．個体の一生の間では細胞のエピゲノム情報は記憶されているが，受精卵で初期化されるので，基本的に世代間の遺伝には関与しない．生まれ（ゲノム配列）は育ち（エピゲノム修飾）により使われ方が決まるといえるだろう．

まとめ

- ゲノムの配列情報を生物の分類に用いることができる
- 人はそれぞれヒトという生物を規定するゲノム配列を保持している．その意味ではすべての人間がヒトゲノムという共通配列をもっているといえる．しかし個人同士では異なる箇所が多数存在する
- 性の存在意義の1つに，減数分裂を経て遺伝子の組換えが起こるということが挙げられる
- 生物の表現型には遺伝要因と環境要因の両方が関与している
- 生物が保持する遺伝子はいつもすべてがいちどきに発現しているわけではない．時と場合に応じて，必要な遺伝子だけが必要な場所で発現している
- 生体高分子は互いに相互作用をしている．生体高分子の相互作用を通じて，遺伝子の発現調節が行なわれる
- DNAやヒストンの化学修飾を，後天的な遺伝情報という意味で「エピゲノム情報」と呼ぶ．「エピ」とは，「後の」を意味する接頭語である
- 体細胞分裂の際に，エピゲノム情報は娘細胞へ引き継がれる
- エピゲノム情報が細胞の分化能に関与している
- エピゲノム情報は受精の段階で初期化される

おすすめ書籍

- 『1000ドルゲノム―10万円でわかる自分の設計図』K. デイヴィーズ／著，創元社，2014
- 『遺伝子医療革命―ゲノム科学がわたしたちを変える』F. S. コリンズ／著，NHK出版，2011
- 『バイオパンク―DIY科学者たちのDNAハック！』M. ウォールセン／著，NHK出版，2012
- 『驚異のエピジェネティクス―遺伝子がすべてではない!? 生命のプログラムの秘密』中尾光善／著，羊土社，2014
- 『エピゲノムと生命―DNAだけでない「遺伝」のしくみ［ブルーバックス］』太田邦史／著，講談社，2013

第4章 複雑な体はどのようにしてつくられるか

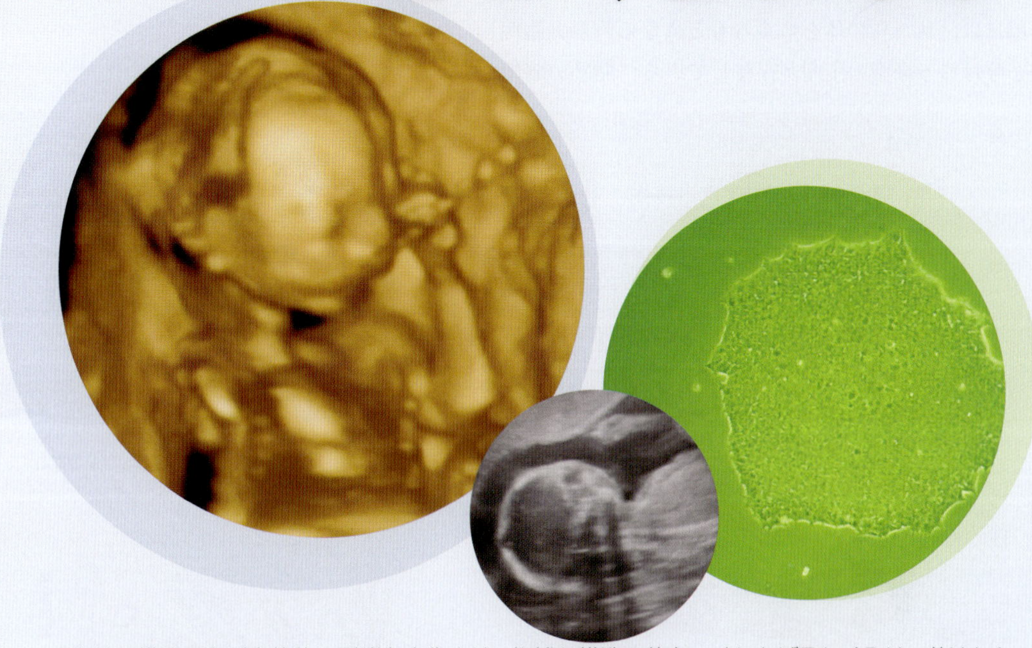

単純な構造の卵が自律的に形態を変化させ，複雑な構造の体をつくりあげるしくみは，昔はもちろん，今なお「不思議」だと直感的に感じることができる．発生学という学問の勃興は紀元前４世紀にさかのぼる．アリストテレスは『動物誌』や『動物発生論』で，すでに胚発生の観察的記述を行なっている．アリストテレス後衰退した発生学だが，20世紀に入り，再び発生のメカニズムを解明するための研究がさかんに行なわれるようになる．

さて，私たち生物は受精後，卵割により細胞数を増加させながら体の基本構造を形成する．その過程では，大がかりな細胞の移動運動や，細胞同士の相互作用が行なわれ，細胞の運命が次第に決定づけられる．運命が決定づけられる前の発生初期の細胞はさまざまな種類の細胞になりうる能力をもつが，発生が進むにつれ，生殖細胞を除いてその能力は失われる．そして，運命が決定された細胞から，体の組織や器官（脳，心臓，消化管など）が形成される．出産後は生殖年齢に至るまで成長を続け，さまざまな体の機能を発達させる．やがて，生殖年齢を過ぎると，徐々に体の機能が衰えて老化が進み，最後は死に至る．本章では，私たちの体が形成される基本的なしくみを理解し，発生生物学の知見が，病気の治療に応用されつつある現状について学ぶ．

ヒト胎児の超音波画像（18週，左・中央）とヒトiPS細胞（右）

第4章 複雑な体はどのようにしてつくられるか

1 発生の初期過程

卵割と三胚葉形成

発生とは一般に，多細胞生物の受精卵（1つの細胞）が細胞数を増やし，組織や器官を形成して1つの個体を形づくる過程をいう．ヒトを含めた動物の卵は，受精するとまもなく細胞分裂を開始する．この時期の細胞分裂は卵割と呼ばれる．卵割が進むと，やがて胚の内部に広い隙間がつくられ，胞胚となる．哺乳類の胞胚は胚盤胞と呼ばれ，上皮組織である栄養膜に囲まれた中空のボール状構造をとる．その内部には，私たちの体をつくるもとになる内部細胞塊と呼ばれる細胞の集団が存在している．胞胚の時期を過ぎると，体をつくるための作業が開始される．まず内部細胞塊から，胚盤葉外層と胚盤葉内層と呼ばれる二層の細胞層からなる胚盤を形成する．やがて，胚盤葉外層から遊離した細胞が胚盤の二層の間に入り込み，細胞層は三層となる．これらの細胞層は**三胚葉**※1と呼ばれる（図4-1A）．三胚葉が形成される時期の胚は原腸胚と呼ばれ，やがてこの三胚葉から，私たちの体を構成するさまざまな組織や器官が形成されていく．三胚葉は，高校生物においてカエルやウニの発生で学習する三胚葉と同じであることからもわかるように，多くの動物で共通してみられる．

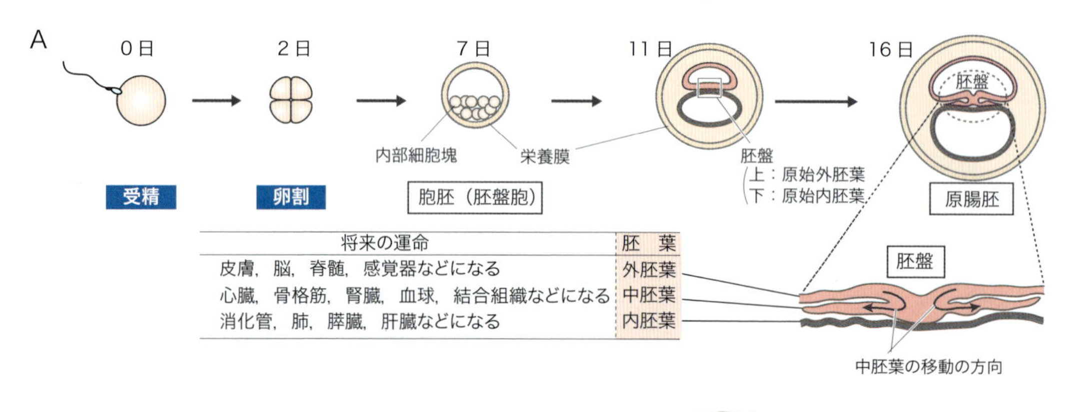

将来の運命	胚葉
皮膚，脳，脊髄，感覚器などになる	外胚葉
心臓，骨格筋，腎臓，血球，結合組織などになる	中胚葉
消化管，肺，膵臓，肝臓などになる	内胚葉

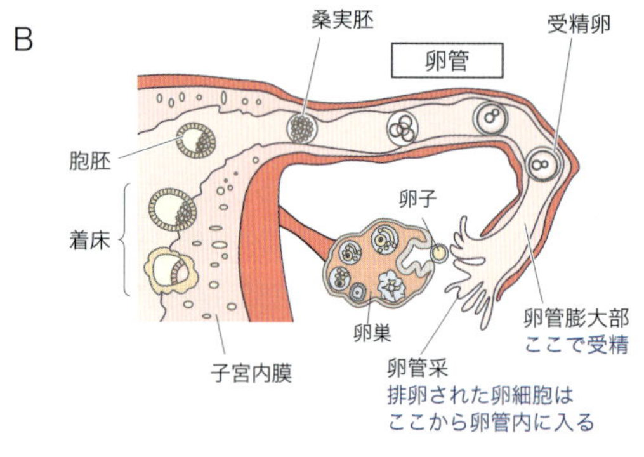

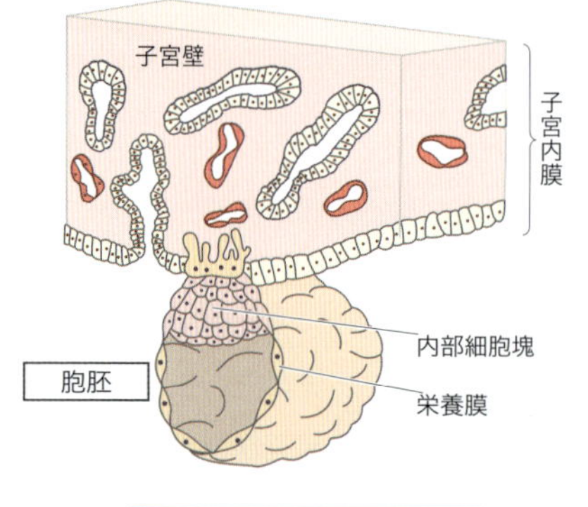

図4-1 ヒトの受精と初期発生

A）ヒトの卵は，受精すると細胞分裂を繰り返して胞胚を形成する．やがて，その内部に存在する内部細胞塊から原始外胚葉と原始内胚葉が形成され，両者が接着した部分に胚盤が形成される．そして，原始外胚葉から遊離した細胞が，原始外胚葉と原始内胚葉の間に移動して中胚葉となることにより三胚葉構造（外胚葉，中胚葉，内胚葉）が形成される．その三胚葉から体の各部の構造が形成される．なお，栄養膜は栄養外胚葉ともいわれる．B）卵巣から排卵された卵は卵管内に移動し，卵管内で受精した後，発生しながら子宮まで移動する．子宮に達した胚は子宮内膜に着床し，その中に潜り込んで発生を続ける．やがて，胚は胎盤を形成して母体から養分やO_2の補給を受ける．

※1　外胚葉，中胚葉，内胚葉．

2 体の基本形の構築
体軸形成と神経誘導

胚は受精後，卵割によって細胞数を増やし，三胚葉を形成するが，それだけで体の形を間違いなくつくり上げるに充分だろうか？ 胚発生の概念の中で重要なのは，胚のどこが何になるか，あるいはどちらが何になるか，という，いわゆる胚の「基本パターン」をつくることである．体は，前後軸・背腹軸・左右軸という3つの体軸によって形が決められており，どのような分子メカニズムでそれが決められるかも理解されてきた．例えば胚の前後方向（つまり前後軸）を決めるしくみはショウジョウバエ胚でよく研究され，ビコイド遺伝子のmRNAあるいはタンパク質が多くある方が胚の前方となることがわかっている．このように胚の方向は，胚内の物質の偏りによって決められることが多い※2．

体軸が決められると，その「位置情報」に従って，体のいわば「細部のつくり込み」が行なわれる．中枢神経系は脊椎動物の中心的な器官であるとともに，その形成が発生の初期に起きるということから，動物の胚パターン決定における最も重要なイベントの1つである．中枢神経系が形成される最初のステップは，中胚葉から外胚葉に向けて行なわれる**誘導作用**（神経誘導）である．神経誘導作用を受けた外胚葉の一部は，胚の内部に陥入して神経管と呼ばれる管状の構造を形成する．やがて，神経管の前方部は肥大化して脳となり，後方部は脊髄となる（図4-2）．このように，体の基本構造が形成される際には，胚葉間の相互作用が重要である．この作用は，中胚葉から分泌される誘導物質や，胚葉間における細胞同士の接着などを介して行なわれている．

また，無脊椎動物からヒトに至るまで共通してはたらくしくみがある．それは，ホメオティック遺伝子群と呼ばれる複数の遺伝子（**Column：ホメオティック遺伝子の役割** 参照）のはたらきである．ホメオティック遺伝子は，体軸といった位置情報に従って，胚のある決められた領域だけで発現し，その部分につくられる組織や器官の種類を決定する重要な役割を果たす．

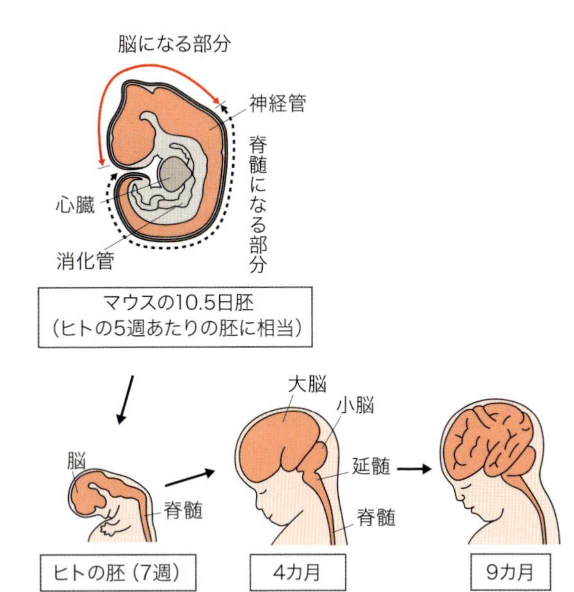

図4-2　脳の発達
神経管から脳と脊髄が発達する過程を示す．神経管の前方部が成長して脳が形成され，残りの部分からは脊髄が形成される．

3 細胞分化と器官形成

形成された三胚葉が胚内に適切に配置された後，発生が進むにつれ，外胚葉からは前述の中枢神経や感覚器，皮膚などが，中胚葉からは筋組織，骨，泌尿・生殖器官などが，そして内胚葉からは消化管の上皮，肺，肝臓などが形成されていく．胚を構成するそれぞれの細胞が，独自の形態・機能を有する細胞になることを**細胞分化**と呼ぶ．人間がもつ細胞の種類は200種類ともいわれるが，分化した細胞に発現している遺伝子を比較すると，種類の異なる細胞では発現している遺伝子のパターンが異なっている．例えば，筋細胞では収縮機能に必要なタンパク質の遺伝子が発現し，神経細胞では興奮や刺激伝達に必要なタンパク質の遺伝子が発現している．もちろん，細胞機能の維持に必要な基本的な遺伝子は，両者に共通して発現している．なお，細胞分化は細胞外か

※2　ニワトリ胚の前後軸決定のように，重力が要因となることもある．

Column ホメオティック遺伝子の役割

全く違った生物のようにみえる昆虫とヒトの間でも，実は，その体が形成される過程の分子メカニズムには多くの共通点がある．その1つが，ホメオティック遺伝子と呼ばれる遺伝子の発生における役割である．

ショウジョウバエを用いた研究から，頭に足が形成されたハエや，本来は二枚翅のハエに四枚翅が形成されたハエ（コラム図4-1A）など，体の構造に異常が引き起こされた突然変異体が数多く知られていた．近年になり，分子遺伝学的研究によりそれらの突然変異体が調べられた結果，突然変異を引き起こしているのは，ホメオティック遺伝子複合体（*HOM-C*）と呼ばれる遺伝子の異変であることがわかった．

ホメオティック遺伝子は発生過程の胚に一定のパターンで発現することにより，胚の各領域が将来どのような組織や器官になるのかを決定する役割を果たしている遺伝子である．それゆえ，このホメオティック遺伝子に突然変異が生じると，前述したように，ハエの体の構造に大きな異常が引き起こされてしまう．

その後の研究から，ショウジョウバエのホメオティック遺伝子複合体と類似した遺伝子がヒトを含めた多くの動物にも共通して存在していることが明らかになった．そして，ハエの*HOM-C*に相当する遺伝子群として，*Hox*と呼ばれる4セットの遺伝子複合体（*HoxA*～*D*）が脊椎動物にも存在していることが明らかになった．*HOM-C*と*Hox*遺伝子群には構造上の類似のみならず，発生でみられる発現パターンや，それらが体の構造の形成に果たす役割など，多くの類似点が知られている（コラム図4-1B）．このことは，ホメオティック遺伝子が進化の過程で保存され，動物の体を形づくるための共通した遺伝子として重要な役割を果たしていることを示している．

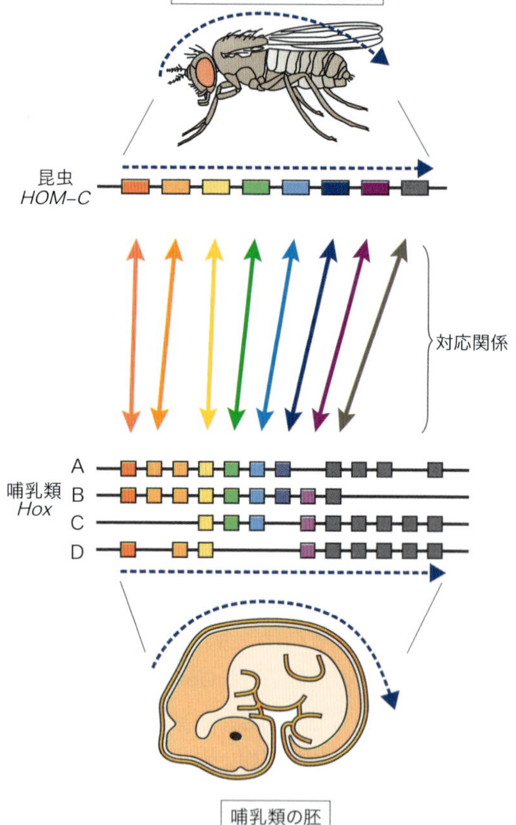

コラム図4-1 ホメオティック遺伝子の発現パターンとその役割

A）突然変異によりショウジョウバエに引き起こされた翅の過剰形成．突然変異のハエでは，正常のハエの平衡棍（飛翔する際のバランサー）の代わりに翅が形成され，トンボやチョウなどと同じように四枚翅になる．B）ショウジョウバエの*HOM-C*と脊椎動物の*Hox*は類似した遺伝子グループにより構成されている．*HOM-C*と*Hox*遺伝子群は，ハエや脊椎動物の発生において，胚の頭部から尾部にかけて同じようなパターンで発現する．ショウジョウバエの体の基本構造の形成が*HOM-C*の発現パターンにより決められているように，哺乳類の場合でも，例えば，脳や脊髄，消化管などの基本構造の形成が*Hox*遺伝子群の発現パターンにより決められている．このように，ホメオティック遺伝子は動物の体の基本構造の形成において，重要な役割を果たしている．---▶は胚に発現する遺伝子グループの向きや位置関係を示す．

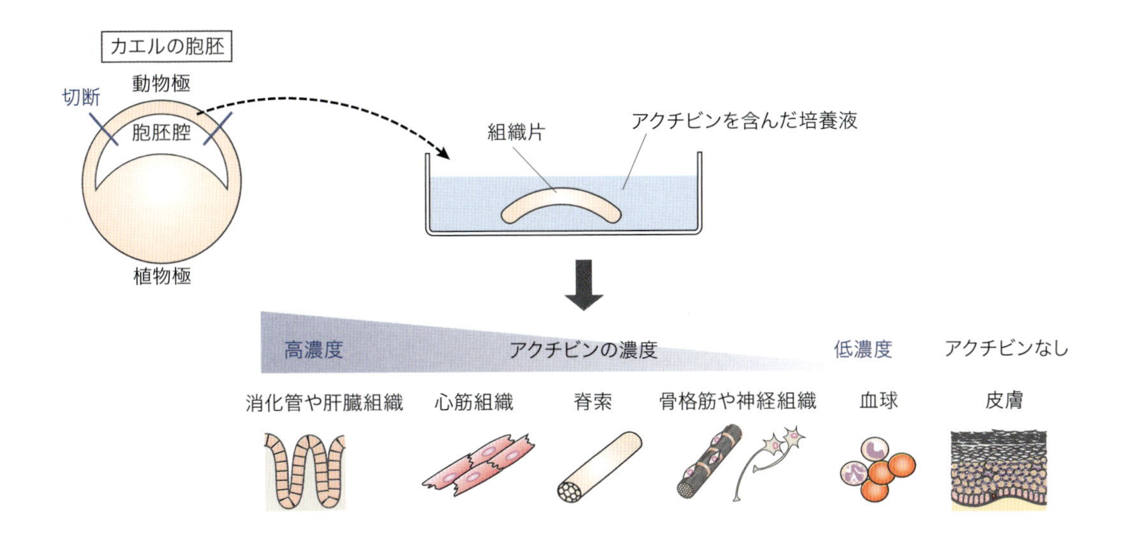

図4-3 誘導物質の作用による組織や器官の形成
カエルの胞胚から組織片を切り取り，誘導物質の一種であるアクチビンを含んだ培養液で培養すると，アクチビンの濃度に依存して，さまざまな組織の形成が誘導される.

らの誘導物質によって引き起こされる場合も多い．実際，このような誘導物質によって，さまざまな組織や器官の形成が誘導される例を実験的に示すことができる．例えば，中胚葉誘導活性をもつタンパク質として知られているアクチビンをカエルの組織片（特に動物極側の表皮で，アニマルキャップと呼ばれる部分）に作用させると，濃度に応じてさまざまな組織や器官を誘導することができる（図4-3）．アクチビンは，幹細胞（7参照）を用いた細胞分化実験にも頻用される．

このように，発生において細胞分化はきわめて重要な過程であるが，細胞分化だけで複雑な構造の器官（例えば肺を想像してほしい）をつくり出すことは一般的に難しい．多様な組織や器官が形成されることを**器官形成**というが，器官形成においては細胞分化に加え，細胞の運動と再配置，すなわち**形態形成運動**が重要である．1つの細胞，あるいは細胞群の協調的な運動※3によって，分化細胞が複雑な形に再配置され，私たちの体を構成する複雑な形態が生み出される．

4 動物の発生と進化

発生のしくみについて分子生物学的な研究が進み，動物の体を形成する共通の分子メカニズムが明らかになると，その知識が動物の進化のしくみの説明にも適用されるようになった．つまり，長い時間の流れとともに動物の体の構造が変化してきた進化の過程でも，動物の発生ではたらく分子メカニズムが関与しているのではないかと考えられた．そこで注目されたのが，前述のホメオティック遺伝子である．

現存する動物のホメオティック遺伝子の発現パターンと古代の化石から得られる情報が比較され，ホメオティック遺伝子の発現と動物の進化との関係が検討された．その結果，興味深いことがいくつも明らかになった．例えば，現存する魚の鰭（ひれ）と鳥の翼※4の原基に発現するホメオティック遺伝子の発現パターンの違いと，古代魚の鰭や古代両生類の手足の骨格構造の違いとを比較検討した結果，魚の鰭から両生類の手足が進化した際に，ホメオティック遺伝子の発現パターンの変化が関与した可能性のある

※3 例えば原腸の陥入や神経管がつくられるときの細胞層の湾曲.

※4 両生類の手足と同じ構造である．鰭の原基は鰭芽（きが），翼の原基は肢芽（しが）とそれぞれ呼ばれている.

ことがわかった（図4-4）．つまり，動物の進化の過程でホメオティック遺伝子の発現パターンに変化が起こり，その変化が動物の体の構造を大きく変化させた可能性が考えられる．そして，その構造変化が環境に適していて，動物の生存にとって有利にはたらいたために，その変化が進化の過程で引き継がれてきたと考えられる．このような例は，ホメオティック遺伝子だけでなく，発生にかかわる多くの遺伝子

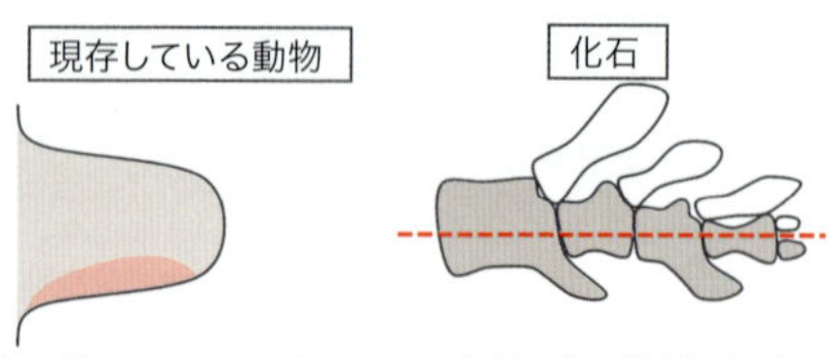

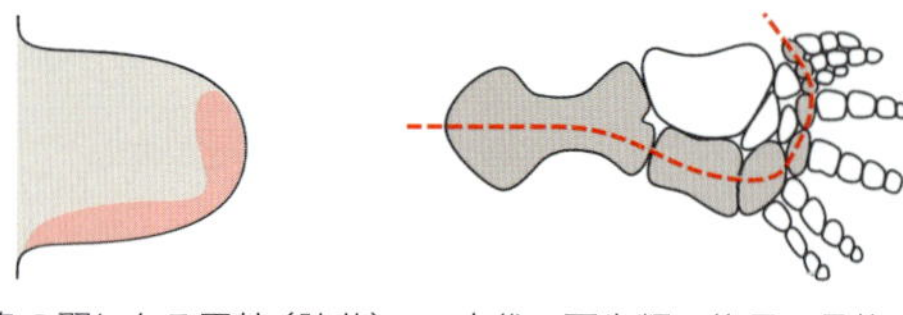

図4-4　ホメオティック遺伝子の発現パターンと進化

魚の鰭が四足動物の手足へと進化する過程では，ホメオティック遺伝子の発現パターンの変化が重要な役割を果たしたと考えられている．現存する魚の鰭とニワトリの肢芽に発現するホメオティック遺伝子の発現パターンをみると，それらが化石にみられる鰭と足の骨格の中軸構造のパターンとよく一致する．

Column　植物の発生―花器官形成のしくみ

植物の器官形成も，動物と同じようにさまざまな遺伝子により制御されている．ここでは，花器官の形成を，ホメオティック遺伝子と関連づけながらみてみよう．植物の花は一般に，がく，花弁，おしべ，めしべ（心皮）の4つの器官からなる（コラム図4-2A）．これらの器官は，4つの同心円状構造（ホール）として表すことができる（コラム図4-2B）．この器官の決定が3グループのホメオティック遺伝子，A，B，Cの組み合わせで制御されていることがわかってきた（ABCモデル，コラム図4-2C）．第1ホールではA遺伝子だけが発現し，がくができる．第2ホールではAとB遺伝子が発現し，花弁が形成される．第3ホールではBとC遺伝子が発現し，おしべができる．第4ホールではC遺伝子のみが発現し，めしべ（心皮）が形成される．また，AとC遺伝子の間には拮抗作用があり，A遺伝子の機能が失われるとC遺伝子の機能が花の全域に及び，C遺伝子の機能が失われるとA遺伝子の機能が花の全域に及ぶ．したがって，もしB遺伝子の機能が失われると，第1，第2ホールはA遺伝子のみ，第3，第4ホールはC遺伝子のみの影響が及ぶので，がく，がく，心皮，心皮の花が（コラム図4-2D），もしC遺伝子が失われると，第1ホールではA遺伝子のみ，第2，第3ホールではAとB遺伝子，第4ホールではA遺伝子のみの影響が及ぶので，がく，花弁，花弁，がくからなる花ができる（コラム図4-2E）．

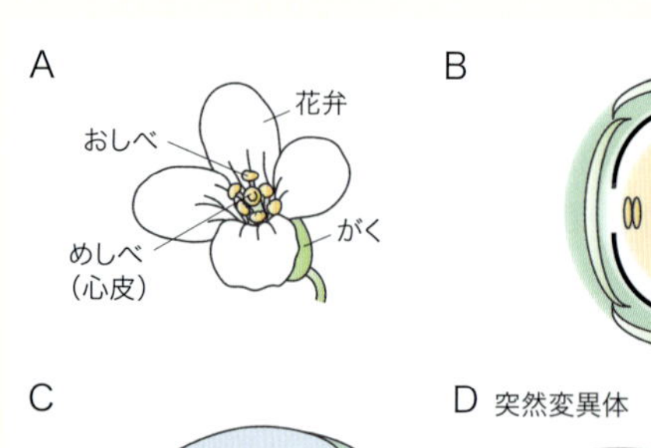

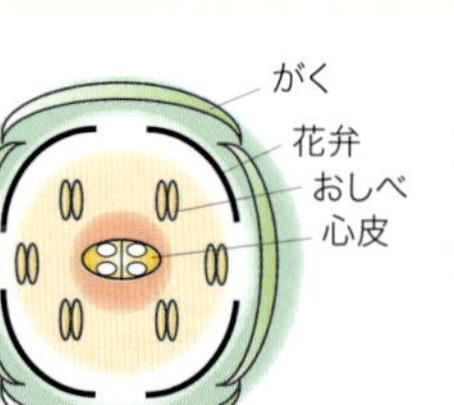

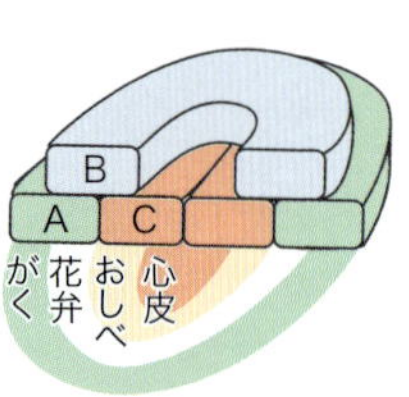

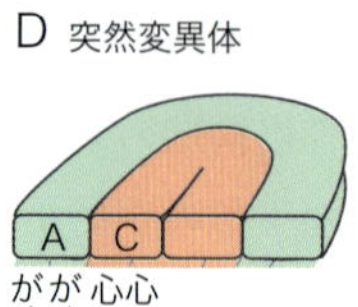

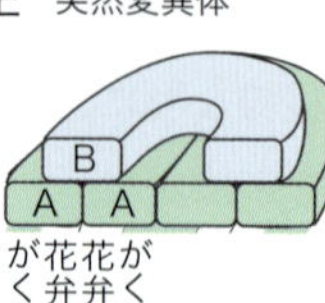

コラム図4-2　花のABCモデル

A）シロイヌナズナの花．B）シロイヌナズナの花式図．4枚のがく，4枚の花弁，6本のおしべ，2枚の心皮からなる．C）A，B，C 3グループの遺伝子の組合わせにより異なる器官ができる．D）B遺伝子機能を失った突然変異体．E）C遺伝子機能を失った突然変異体．

についても知られている．これらのことは，発生にかかわっている多くの遺伝子が動物の進化の過程でも重要な役割を果たしたことを示唆している．

5 生殖細胞の形成と哺乳類の発生

有性生殖を行なう動物は，生殖細胞と呼ばれる細胞系列を通して，遺伝情報を次の世代へと引き継いでいく（図4-5）．生殖細胞は，体のさまざまな構造をつくる体細胞とは別の運命をたどる．生殖細胞と体細胞への運命の分かれ道は，受精後の卵割とともに始まる．例えば，ショウジョウバエ，カエルなどでは，卵細胞の細胞質に蓄えられている特殊な物質[※5]が，生殖細胞系列への運命を決めている．つま

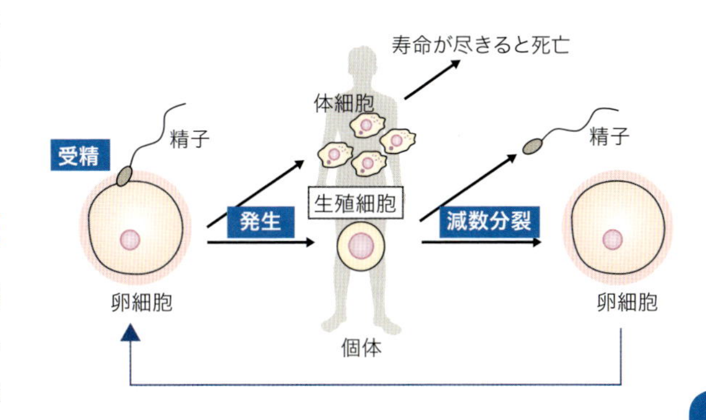

図4-5 生殖細胞の連続性

生殖細胞は体細胞とは別の運命をたどり，やがて精子や卵になる．精子は雄の染色体の半数を卵に運ぶ役割を果たし，雌の卵は次の世代を形成するためのもとになる細胞としての役割を果たす．

Column 線虫の細胞系譜

多細胞生物の受精卵1個から出発した細胞がどのような振る舞いをして多様なはたらきをもつ細胞がつくられていくのであろうか．これを探るための方法の1つは，受精卵から体ができるまで，細胞の運命を1個1個たどることである．しかし，ヒトの60兆の細胞の発生過程をたどるのは不可能である．

これまでに，受精卵から成体までの細胞の履歴をたどることに成功した唯一の生物が線虫（*C. elegans*）である．この線虫を用いた研究の業績により，ブレンナーが2002年にノーベル生理学医学賞を受賞している．線虫は全長1mm程度の土壌生物で，卵や体が透明なため，生きたまま細胞を観察できる利点がある．また，線虫は神経系や消化器系などをもちながら，非常に単純な体のつくりをしている．実際，わずか959個の細胞（生殖細胞を除く）からできている．この多様な細胞に至るまでの道のりを，1個の受精卵から1個1個丹念に追った記録（細胞系譜）がコラム図4-3である．体がつくられる過程で131個の細胞は死んでしまうので，実際には1,090個の細胞がつくられることになる．すなわち，1,089回の分裂が起こったことになる．このうち，約3割が神経系の細胞である．情報の伝達の重要さがよくわかる結果である．線虫では，ほとんどの細胞の性格は7回程度の分裂で，最も多いもので14回の分裂で決定される．

この系譜の解析からわかったことは，線虫の多様な細胞は，決まった遺伝プログラムのもとにつくり出されているということである．言い換えると，線虫の体をいかにつくるかは，遺伝子のなかに書き込まれているということである．これはヒトにも当てはまるが，一卵性双生児が全く同じにならないように，ヒトでは後天的な要素もかなり多いことがわかっている．

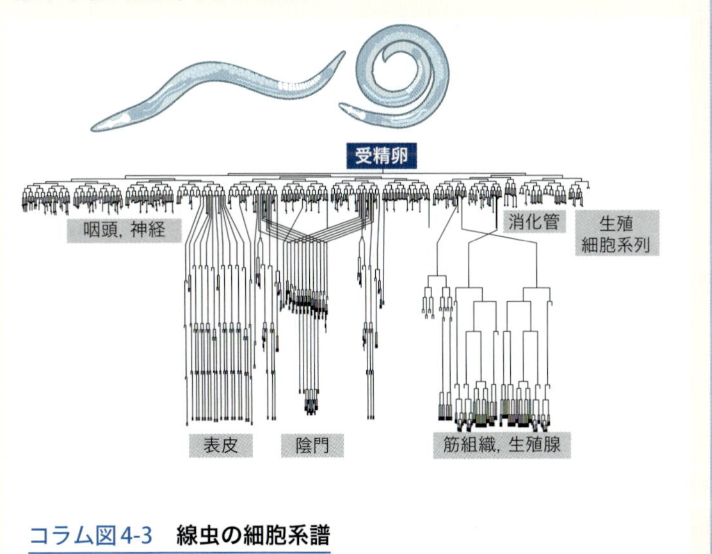

コラム図4-3 線虫の細胞系譜

※5 生殖細胞質と呼ばれている．

り，卵割の過程で生殖細胞質を取り込んだ細胞だけが生殖細胞となり，それ以外はすべて体細胞となる．同様のしくみは多くの動物で知られている．私たち哺乳類の場合は，ハエやカエルなどとは少し異なるが，生殖細胞が体細胞と分かれた運命をたどる際の基本的なしくみはよく似ている．生殖細胞質のように，生殖細胞の運命を決めている因子の役割は，それを取り込んだ細胞が体細胞にならないようにするとともに，細胞の全能性（7参照）を維持していると考えられている．

こうしてつくられた生殖細胞は胚の内部を移動し，生殖巣（卵巣や精巣）が形成される領域に達すると，そこに定着して卵や精子を形成する．

❖ヒトの生殖細胞と発生

ヒトの場合，生殖細胞は卵のもとになる一次卵母細胞まで成長すると，その段階で成長をいったん停止する．出生後，体が成長して第二次性徴期を迎えて性周期が始まると，成長を停止していた卵母細胞は，性周期に伴い，その一部が定期的に成熟した卵へと成長して排卵される．哺乳類の雌の性周期は脳下垂体前葉から分泌される卵胞刺激ホルモンと黄体形成ホルモンによって制御されており，成長を停止していた卵母細胞は生殖年齢になるとホルモンの作用で卵の成長が開始され，成熟が完了すると排卵されて受精が行なわれる．ヒトの場合は，約1カ月ごとに一部の卵母細胞が成熟して排卵される．そして，受精が達成されると，卵細胞の核と精子の核が融合して1つになり，発生を開始する（図4-1B）．

ヒトの場合，受精後8週目までを「胚」と呼び，それ以降から出産されるまでの時期を「胎児」と呼んでいる．着床後の胚は約10カ月間で出産可能な段階にまで成長する．この間には，胎盤を介して母体から胎児に養分やO_2が供給される．胎盤を介して接している母体と胎児の間にはバリア機構があり，母体から胎児への細菌感染などを防ぐとともに，母体の免疫機構によって胎児が攻撃されないようになっている．アルコールや薬物などはこのバリアを越えてしまうので，それらを母体が大量に摂取すると，胎児の発生にきわめて重大な影響を及ぼす可能性がある．とりわけ，器官形成期と呼ばれ，体のさまざまな構造が形成される4～8週の時期は，外部からのさまざまな因子※6の影響による奇形が起きやすい時期である．

6 成長と老化

母体内で発生を続けた胎児は，肺呼吸，養分の摂取と消化吸収，運動能力などが充分に備わり，その生命を独自で維持できるようになってから出産を迎える．出産後の新生児は体のサイズが急速に増大し，体の各器官の機能も顕著に発達する．一般に動物は，生殖年齢に至るまで体の発達が続き，生殖年齢が過ぎると体の各機能が徐々に衰え，やがて死に至る．このような生殖年齢以降の変化は老化（エイジング）と呼ばれる．ヒトの場合，その変化は比較的にゆっくりと進行する．一方，サケやセミなどのように，生殖年齢以降の変化と死が急激に引き起こされる動物もいる．このような老化の期間の長短は，繁殖期間の長さ，次世代の成長に要する期間（子育て期間）などと関連している．しかし，体が衰えて死に至るという老化の現象は，動物に共通してみられる現象である．

ところで，老化による変化は病気と区別して考えられている．老化は，遺伝要因，あるいはさまざまな環境因子によって引き起こされ，動物はこの老化のために死に至る．動物の寿命は種間で違いがあるが，いずれにせよ寿命には一定の限界があり，それを超えて無制限に生存することはできない．

遺伝要因としては，分子生物学的な研究によりさまざまな動物の老化や寿命のしくみが調べられ，老化や寿命に影響を及ぼすいくつかの分子機構が明らかになった．その1つが，染色体の両端に分布する**テロメア**と呼ばれる特別なDNA配列の存在である．環状構造をとらない真核細胞の染色体では，開放された染色体の両末端にテロメアと呼ばれる特殊な塩基配列が存在し，染色体の構造を保護している．テロメアは細胞の分裂回数を決める要因の1つとなっ

※6　薬物やウイルスの感染など．

ており，老化にも大きな影響を及ぼしている（**Column：細胞の寿命を決めるテロメアとエピゲノム修飾** 参照）．

環境因子もまた老化に関与していると考えられている．例えば，紫外線や化学物質などによるDNAの損傷がある．さらに，細胞内で発生する活性酸素が細胞に及ぼす損傷もある．このような傷害をそのままにしておくと，細胞は異常になってしまうので，動物の細胞には，本来の機能として，細胞を構成する分子に生じた異常を修復するしくみが備わっている．しかし，老化に伴いその機能が低下するため，異

Column 細胞の寿命を決めるテロメアとエピゲノム修飾

私たちの体を構成する体細胞には明確な寿命がある．その寿命を決めている原因の1つが，細胞の染色体の末端に存在するテロメアであり，その構造によって細胞の寿命（細胞分裂できる回数の限界＝ヘイフリック限界）が決められている．テロメアは，すべての染色体の両端に存在している特別な塩基配列をもったDNAで，染色体の構造の保持と機能の安定化のためにはたらいている．しかし，テロメアの一部は，DNAの複製が行なわれるたびに失われていき（**コラム図4-4A**），細胞分裂の回数が50～60回に達すると，テロメアは短くなってしまう．こうなると染色体の異常が引き起こされる可能性があるため，それを避けるために細胞内の制御機構がはたらき，細胞分裂は抑制される．細胞分裂ができなくなった細胞はやがてその寿命を終える．

実際には，テロメアが決めている寿命の限界（おおよそ110～120歳，**コラム図4-4B**）まで私たちが生存できることは非常に稀であるが，それはテロメアのほかにも動物の寿命に大きな影響を及ぼすさまざまな要因があるからである．例えば，動物の体内で常に発生している活性酸素のような反応性の高い分子は，DNA，タンパク質，脂質などの構造を変化させ，遺伝子の突然変異，細胞の機能障害，そして，ミトコンドリアの異常などを引き起こして私たちの寿命を短くする．一方，通常の体細胞よりも長く分裂し続けることのできる細胞も存在する．その代表的な例が，生殖細胞である．生殖細胞が限界のない細胞分裂を続けることができるのは，それらの細胞にだけテロメラーゼと呼ばれる特別な酵素がはたらいているからである．この酵素は，DNA複製の際に消失した部分のテロメアを複製して，もとの状態に戻す役割を果たしている（**コラム図4-4A**）．

さらに，ヒトの老化にはエピゲノムも深くかかわっている．年齢を重ねると，さまざまな外因によるエピゲノムの蓄積が生じる．逆に，iPS細胞の誘導においては，ある程度老化した細胞でもエピゲノム修飾をリセットすることで細胞が初期化されることから，加齢とエピゲノムの変化には関連があると考えられる．なお，エピゲノム変化は，がんや生活習慣病にも関与することがわかってきている．

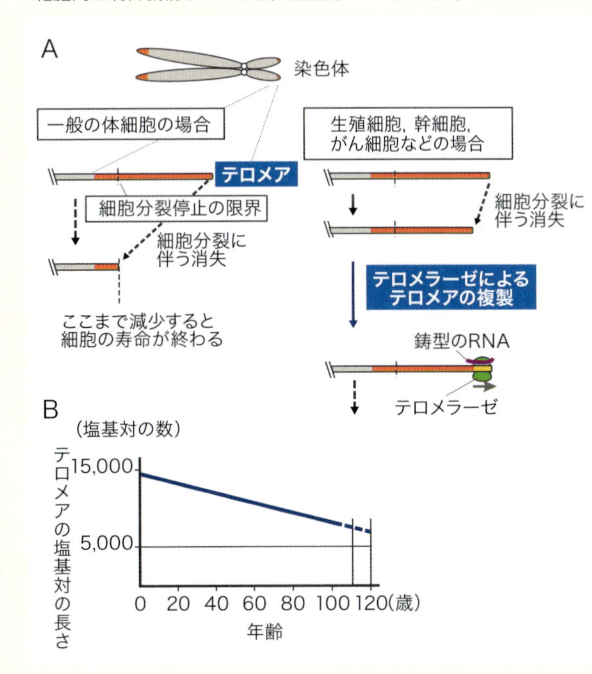

コラム図4-4　テロメアの減少と細胞の寿命

A）一般の体細胞では，細胞増殖に伴うDNAの複製の際に，テロメアが少しずつ減少していく．そして，一定の長さにまで減少すると，それ以上に細胞分裂をできなくされてしまう．一方，生殖細胞やがん細胞では，減少した部分のテロメアを複製することによりもとの状態に戻すテロメラーゼと呼ばれる酵素が存在する．そのために，DNAの複製に伴うテロメアの減少は起きない．テロメラーゼはテロメアの鋳型となるRNAをもっており，その鋳型をもとに減少した部分のテロメアを複製して追加している．そのために，生殖細胞やがん細胞は無制限に細胞分裂を続けることができる．B）実測値をもとにして，ヒトのテロメアの長さと年齢の間の関係（青い実線）を示したグラフ．青い破線は実線で示した結果をもとに推定したものである．正確な記録が残っているなかで世界で最も長生きしたヒトは122歳のフランス人である．

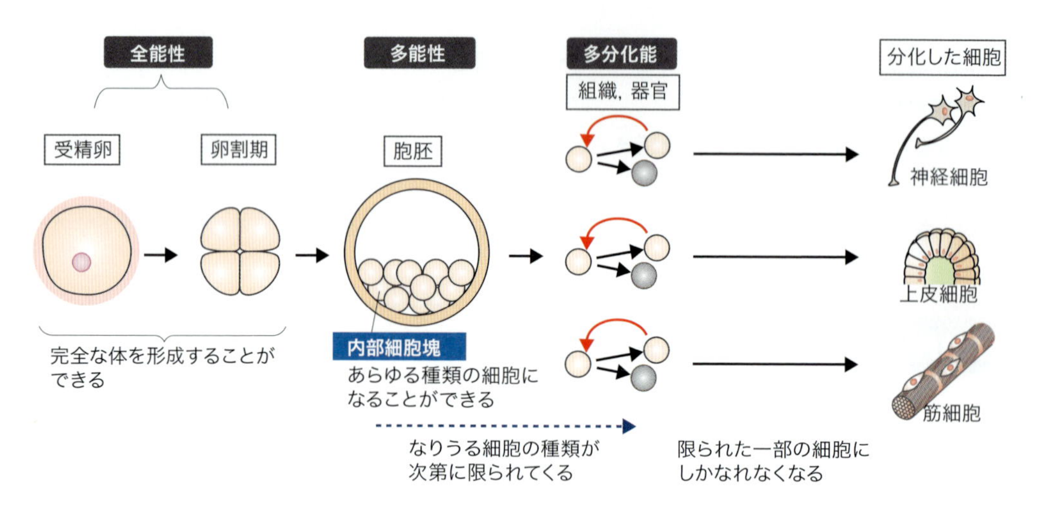

図4-6　哺乳類の発生過程と分化能力

発生初期の胚細胞はさまざまな種類の細胞になりうる能力をもっている．しかしながら，発生が進むにつれ，その能力は次第に限られてくる．そして，最終的には，限られた１種類の細胞にしかなれなくなる．

常が蓄積して病気を引き起こしやすくなる．そのほかにも，免疫機能や内分泌機能の衰え，環境からのストレス，過食によるカロリーの過剰摂取など，さまざまな要因が私たちの寿命を短くしている．

7 細胞分化の全能性・多能性・多分化能と幹細胞

私たちの体を構成する体細胞の遺伝子は，受精卵と同じ遺伝情報をもっている．クローン動物の作製実験により，体細胞由来の核でも，依然として体全体をつくり出す能力をもっていることが証明された．つまり，さまざまな組織や器官を構成する細胞に，受精卵と同じ遺伝情報が残っているということになる．

発生の初期の胚細胞は，さまざまな種類の組織や器官の細胞になりうる能力をもっている．このような性質は，なりうる組織や器官の種類の多様性によって，全能性，多能性，多分化能などと呼ばれている．例えば，ヒトの二細胞胚では，それぞれの胚細胞から完全なヒトの体の形成が可能なので，このときの胚細胞は「**全能性**がある」という．一方，胞胚の内部細胞塊は完全な個体を形成することはできないものの，あらゆる種類の組織になりうる能力，すなわち**多能性**をもつ．一般に，このような能力は発生が進むにつれ，次第に限定されていく．そして，最終的に分化した多くの細胞は分化能だけでなく増殖能も失い，一定の期間機能を果たすと細胞はその寿命を終える．しかし，成体の組織や器官の中をよく見ると，増殖能を維持し，いくつかの種類の組織や器官の細胞になりうる能力[※7]をもつ細胞が存在している（図4-6）．このような細胞が組織中に存在するのは，血球や上皮細胞のように，早いペースで新陳代謝が求められる細胞の補充や，傷ついた組織・器官の修復のために必要だからである．

このような性質をもった細胞は**幹細胞**と呼ばれ，胞胚の内部細胞塊から取り出した細胞は胚性幹細胞（**ES細胞**）[※8]，そして，前述したような，成体の組織中に存在する幹細胞は成体幹細胞あるいは**体性幹細胞**と呼ばれる．最近の研究から，胚や組織から取り出した幹細胞と同じような性質の細胞を，分化した体細胞から人工的につくれることがわかった（図4-7）．その細胞は**iPS細胞**（人工多能性幹細胞）と呼ばれ，分化した体細胞に３～４種類の遺伝子を導

※7　これを**多分化能**と呼ぶ．

※8　胚性幹細胞：embryonic stem cell，成体幹細胞：adult stem cell，体性幹細胞：somatic stem cell，iPS細胞：induced pluripotent stem cell

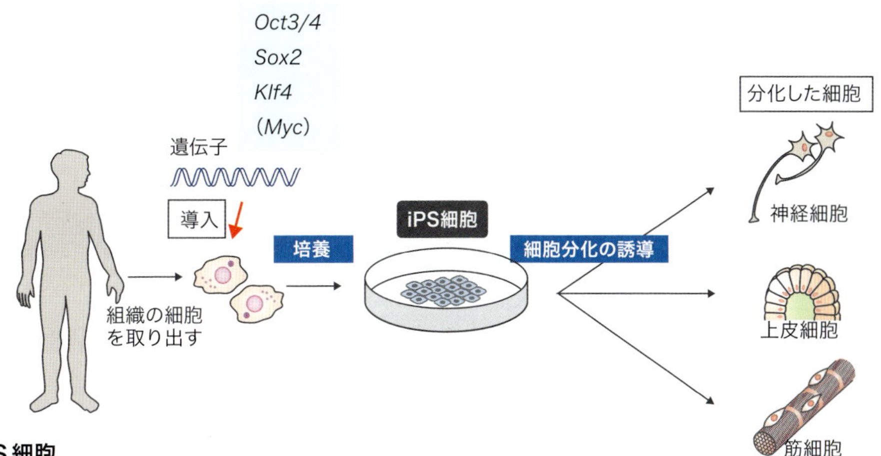

図4-7　iPS細胞

ヒトの体の組織から分化した細胞を取り出し，その細胞に4種類（*Myc*を除いた3種類でも可）の遺伝子を導入して強制発現させると，ES細胞とよく似た多能性と細胞増殖能をもった細胞に変化する．

入し発現させることによりつくられた幹細胞である．この技術は，体細胞の核でも発生初期の核の状態に戻せるという，クローン動物の作製で証明された事実をシャーレの中で人工的に再現させたものである．

8 再生医療

病気には細菌の感染や骨折などのように，薬や手術で治せるものもあるが，臓器や器官の不全・喪失の治療には，新しい臓器・器官を準備する必要がある．この場合，他人の組織や臓器を移植して治療することがしばしば行なわれている．例えば，腎臓，心臓，肝臓，角膜，骨髄などの移植治療は，すでに一般的に行なわれているが，移植臓器の確保が大きな問題となっている．そこで，幹細胞から，さまざまな種類の細胞を新たにつくり出し，移植するという再生医療に関する研究が進められている（図4-8）．

例えば，未分化状態のES細胞にさまざまな薬剤を添加することで再分化を促して分化細胞，あるいは組織・器官を再生し，それらを患者に移植することにより，喪失機能を回復させることができる．基本的には，従来の移植治療と同じ方法であるが，人為的に作製した組織や臓器を移植する点が異なる．試

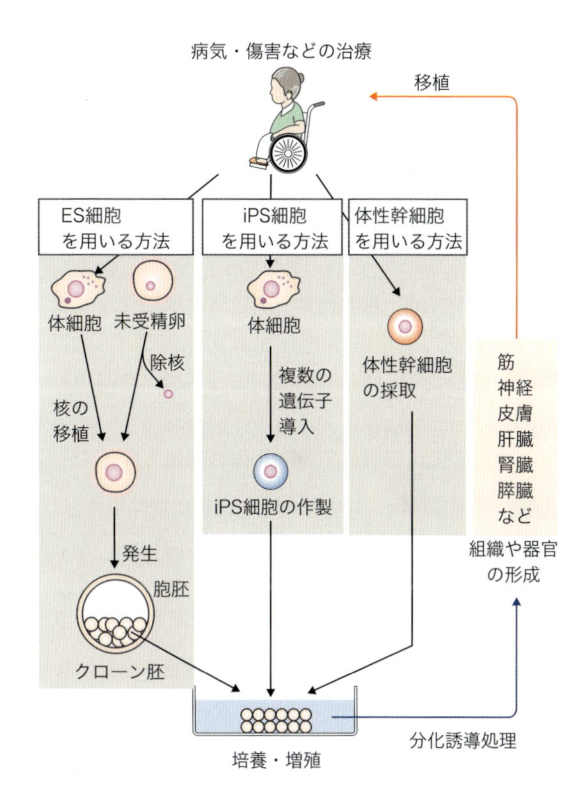

図4-8　再生医療の方法

再生医療にはいくつかの方法がある．その1つはES細胞を用いる方法で，他人の胚由来のES細胞や，本人の体細胞から採取した核を移植したES細胞を使う場合などがある．この方法ではヒトの胚を用いるので倫理的な問題が生じる．2つ目の方法は，患者本人から取り出した体性幹細胞を用いる方法である．この方法では，前者のような倫理的な問題は生じない．そして，3つ目の方法は，患者本人から取り出した体細胞をiPS細胞に変えて，それを幹細胞として用いる方法である．

験管内で組織や臓器を大量に生産することができるようになれば，現在のように，移植する組織や臓器の不足に悩まされることもなくなる．ただし他人由来の細胞を用いると免疫拒絶（p118 Column参照）の問題が生じる．これを避けるには，核移植によってつくられたクローン胚からES細胞を採取する，または患者本人の細胞からiPS細胞を作製する，といった方法が考えられる．しかし，前者はクローン人間をつくる操作と同じであること，また本来一人のヒトに成長する可能性のある胚を壊す，という倫理的な問題が生じる．実際，クローン胚作製については多くの規制がかけられている（p163 Column参照）．後者についても，再分化に必要な細胞は多く必要であり，患者の細胞から採取してiPS細胞を誘導するステップを加えると非常に時間がかかるため，現在では，免疫〔ヒト白血球型抗原（HLA）〕が適合する細胞をあらかじめ準備しておき※9，それらを利用することが考えられている．さらに，患者から採取した体性幹細胞を用いて治療に必要な組織や器官をつくり出し，それを本人に移植するという方法も考えられる．この方法がうまくいけば，倫理的な問題と拒絶反応の両方を同時に解決することが可能になる．

いずれの方法を用いるにしても，解決しなければならない技術的な問題や倫理的な問題がまだ数多く残されている．そのために，これらの方法がヒトの治療に幅広く利用されるまでにはまだだいぶ時間がかかりそうである．しかしながら，すでに再生医療が実際の治療に用いられている例もいくつかあるので，それらの方法が病気の一般的な治療法として用いられる日もそれほど遠くないであろう．

※9　実は，もっとも多い抗原型の細胞をわずか50種類準備しただけで，日本人の約90％がカバーされる．

まとめ

- 私たちの体の基本構造は三胚葉（外胚葉，中胚葉，内胚葉）をもとに形成される
- 体の形は，まず体軸のような基本パターンをつくり，その後細部のつくり込みを行なうことで形成される
- 体の形成には，胚葉間の相互作用（誘導作用）が重要である
- 胚の各領域からどのような組織や器官が形成されるのかを決めているホメオティック遺伝子は，動物の進化の過程で起きた体の構造の変化にも関与したと考えられている
- 生殖細胞は一般の体細胞とは別の運命をたどり，次の世代に遺伝情報を引き継ぐ役割を果たしている
- 動物の体は生殖年齢になるまで成長し，体の機能も発達する．しかし，生殖年齢を過ぎると老化が引き起こされ，やがて，死に至る．老化は動物にみられる普遍的な現象で，その変化を引き起こしている因子には，遺伝要因と環境因子がある
- 発生初期の胚細胞は，多くの種類の細胞になりうる能力をもっているが，発生の進行とともに，その能力は次第に失われていく
- 体細胞の中には，依然として，多くの種類の細胞になりうる能力をもった体性幹細胞が存在している
- iPS細胞は，人為的な操作により体細胞をES細胞と同じように変えた細胞である

おすすめ書籍

- 『エッセンシャル発生生物学 改訂第2版』J.スラック／著，羊土社，2007
- 『動物誌（上/下）［岩波文庫］』アリストテレース／著，岩波書店，1998/1999
- 『新しい発生生物学―生命の神秘が集約された「発生」の驚異［ブルーバックス］』木下圭・浅島誠／著，講談社，2003
- 『発生生物学［サイエンス・パレット］』R.ウォルパート／著，丸善出版，2013

第5章 脳はどこまでわかったか

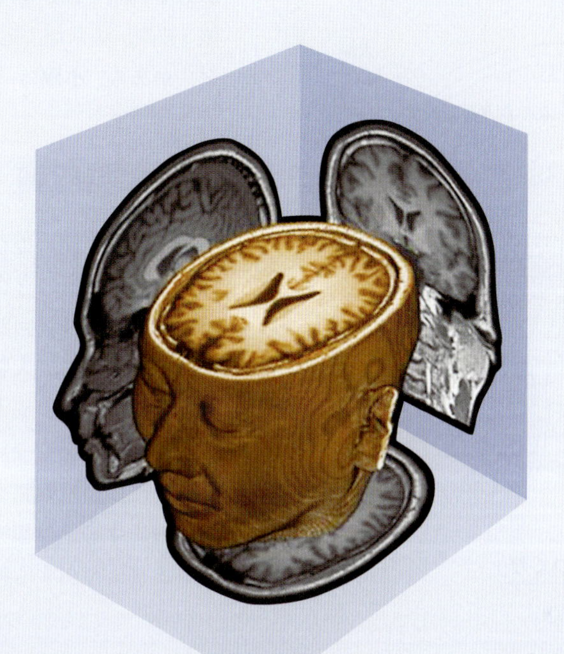

私たちヒトの脳は生命科学の最後の聖域であり，意識や自我という究極の問題に向かって多方面から研究が行なわれている．例えば，大脳の表面直下2～3 mmのところにある大脳皮質では，私たちの精神機能が営まれていると考えられているが，見る，聞く，話すときに興奮する箇所は，全く異なっている．

本章では，脳の構造からみた機能の分担が見つかった話から始め，神経細胞の興奮のメカニズム，記憶の話，最新の機器を使った各種脳機能の計測，分子生物学的手法を用いた遺伝子と行動の関係，認知症などの話をまとめる．特に今日，脳が注目されているのは，私たちヒトのすべてが脳によって支配されていることが明らかとなり，脳機能の解明こそが私たちヒトのことを知る近道であることが認識されてきたからである．

ヒトの頭部MRI画像．画像：門田宏博士のご厚意による．

1 ヒトの脳の構造

図5-1に，ヒトの脳の構造を示す．ヒトの脳は，大きく分けて7つの領域に分類される．脊髄，延髄，橋，小脳，中脳，間脳，大脳である．**脊髄**は脊椎骨の中を通っており，体の感覚を脳に伝え，脳からの指令を体の動き（運動）に翻訳する．延髄，橋，中脳は脳幹と呼ばれ，脊髄と大脳・小脳をつなぐ部分である．**延髄**には呼吸，心拍，血圧などの中枢がある．**橋**には，ノルアドレナリンやセロトニンを伝達物質にもつ神経の集まり（青斑核と縫線核）がある．**中脳**には，ドーパミンを伝達物質とする神経の集まりである黒質や腹側被蓋という部分があり，それぞれ大脳基底核と前頭前野に軸索（後述）を伸ばしており（投射する），運動ならびに常習行動に関与する．特にパーキンソン病では，黒質の神経細胞が少なくなることが症状の原因となる．**間脳**には，感覚情報を皮質に中継する視床や，ホルモン分泌の機能がある視床下部がある．視床の周囲には，大脳基底核（被殻，淡蒼球，尾状核），辺縁系（海馬，扁桃など）がある．**小脳**は，運動の調節にかかわっている．

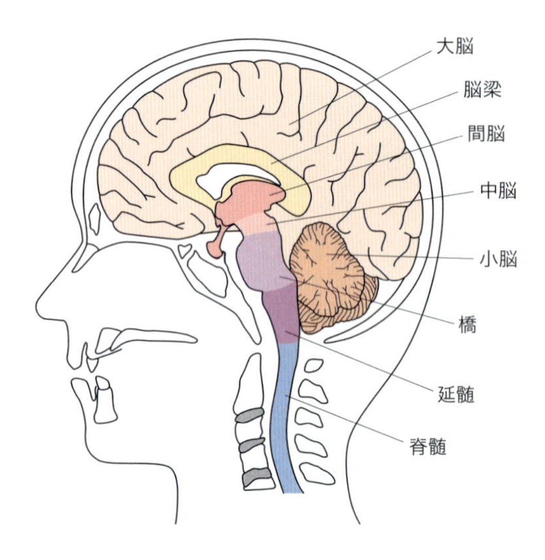

図5-1　ヒトの脳のつくり

2 大脳皮質

脳全体の1,000億個の神経細胞のうち，140億個程度が大脳皮質に存在している．神経細胞は複雑に接続しあって神経回路を形成し，電気的活動を互いに伝達している．大脳皮質の断面を見ると，神経細胞の形状や分布が異なる6層の構造をとっていることがわかる（図5-2）．一次運動野で顕著なように，第2層には顆粒細胞や小型の錐体細胞，第5層には大型の錐体細胞が観察される．ブロードマン※1は，大脳皮質に存在する神経細胞や層構造の特徴の違い

Column 植物状態からの脳機能の回復

脳幹が機能せず，自発呼吸や心臓の拍動を行なうことができないのが脳死である．一方，大脳皮質の機能が戻らないが脳幹は正常で，意識はないものの自発呼吸や心拍が正常なのが植物状態である．植物状態は死ではない．

体を一切動かすことができない植物状態の人に声をかけたら，脳の一部に血流の変化がみられたという報告がある．テニスをすることと家の中を歩き回ることを想像することで（この2つの試行で脳の違う部分が活性化される），イエス，ノーの返答ができるようになったというものである．また，脳の深部を電気刺激することで，数年間途絶えていた意識が回復した例もある．

また，筋肉がほとんど動かず意思を表すことが困難なALS（筋萎縮性側索硬化症）などの患者の脳内に電極を埋め込んで，考えるだけで意思を伝えることができるようなインターフェイスをつくることも可能になっている．将来的には，もっと鋭敏な非侵襲的方法の開発により，簡便に意思の疎通ができるようになると思われる．

しかし，同時にこのような機器の開発には危険もある．例えば，コイルからパルス磁界を発生させて脳内に電界を誘導し，脳の神経細胞を刺激する経頭蓋磁気刺激（TMS）法は，パーキンソン病や脊髄小脳失調症の治療に用いられているのだが，刺激部位によっては逆行性健忘を引き起こしたり，てんかんを誘発する可能性もある．また健忘を起こすことによりマインドコントロールも可能になるので，使用については厳密な制限を課すことが必要になる．

※1　Korbinian Brodmann（1868-1918）

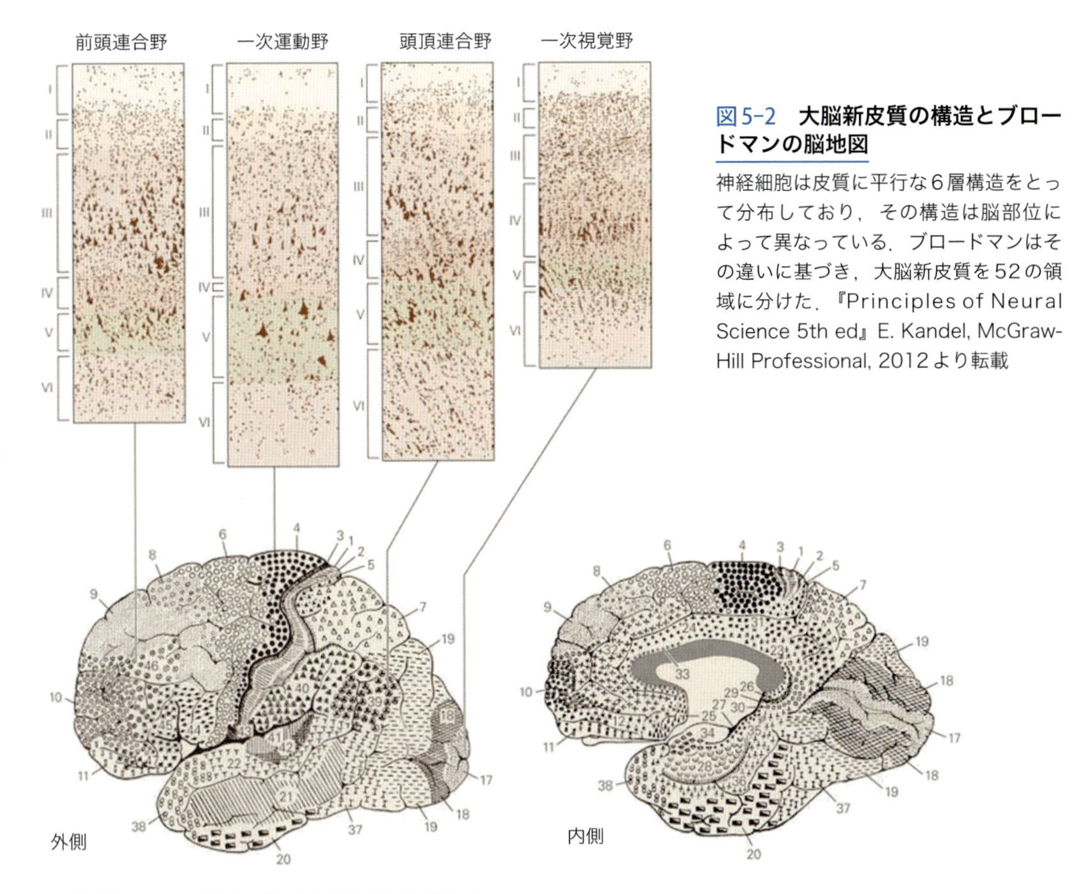

図5-2　大脳新皮質の構造とブロードマンの脳地図

神経細胞は皮質に平行な6層構造をとって分布しており，その構造は脳部位によって異なっている．ブロードマンはその違いに基づき，大脳新皮質を52の領域に分けた．『Principles of Neural Science 5th ed』E. Kandel, McGraw-Hill Professional, 2012より転載

から，大脳皮質を51の領域に分けた地図を作成した（図5-2）．神経科学者は，大脳皮質の領域を特定するとき例えば，「ブロードマンの4野」のように呼んで，この地図を活用している．

大脳皮質の重要な特徴は，領域ごとに異なった機能を担っていることである（機能局在）．大脳皮質は，前頭葉，側頭葉，頭頂葉，後頭葉の4つの部分に分けられる（図5-3）．**後頭葉**には物体を見ているときに活動する一次視覚野が存在する．ヒトが腕や足などを動かすときには，前頭葉中心溝の前にある一次運動野が活動する．**頭頂葉**の中心溝の後ろ側には，身体の皮膚感覚などの体性感覚情報を受けとる感覚野（一次体性感覚野）が存在する．**側頭葉**は，聴覚情報の処理を行なう一次聴覚野が存在する領域であるとともに，ヒトの顔の認知などにもかかわっていることが知られている．**前頭葉**はヒトで最も発達している領域であり，短期的な記憶や，運動の計画，意思決定など高次な脳機能に関連している．

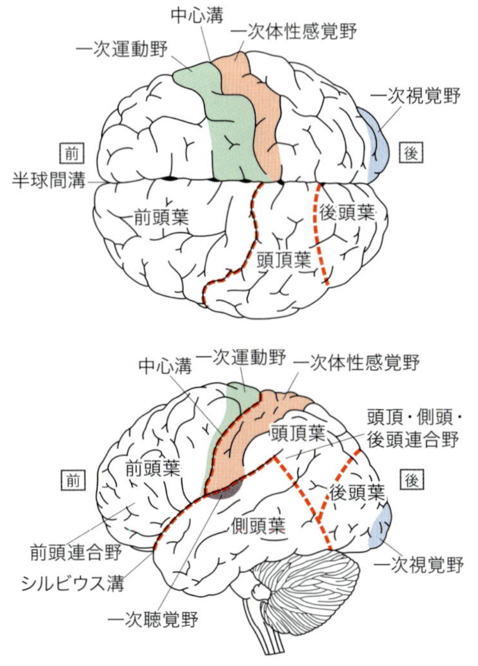

図5-3　大脳皮質

上から見た図と左横から見た図．

このように大脳皮質の各部位に機能差があることが明らかになったのは，19世紀後半のブローカ[※2]とウェルニッケ[※3]による失語症患者の研究からであった．ブローカは1861年に，脳血管障害の後遺症で何年間も「タン，タン」としかしゃべることのできない患者を報告した．この患者は，他人の言うことは理解できたが，自分からは「タン」としか話せなかった．患者の死後，脳を解剖したブローカは，左の前頭葉に欠損[※4]があることを見つけた．現在では，この部位は**ブローカの運動言語中枢**（ブローカ野）と呼ばれている．

次に1876年，ウェルニッケは別の失語症の患者に注目した．1人の患者は，言葉の意味がわからなかった（聴覚性失語）．また別の患者は，書かれた文字を見ても理解できなかった（視覚性失語）．ウェルニッケは，前者がブロードマンの40野（左）に，後者は39野（左）に欠損があることを発見した．このウェルニッケの見つけた部位は，感覚言語中枢（ウェルニッケ野）と呼ばれている．この2つの研究は，人間の一番大切な言語能力が，左脳の特定部位で規定されていることを意味している．

大脳皮質の活動を調べるためには，かつては頭蓋骨を取り外すなどして，脳の神経細胞や脳の表面に記録するための電極を取り付ける必要があった．現在では，後述するfMRIなどの方法の進歩により，このような手術を行なうことなく脳の活動を調べることが可能になった．言葉を見ているとき，聞いているとき，話しているとき，考えているときに活動する脳領域を図5-4に示す．それぞれ，視覚野，聴覚野，ブローカ野，ブローカ野とウェルニッケ野の両方が活動していることが見て取れる．

A 言葉を見ているとき

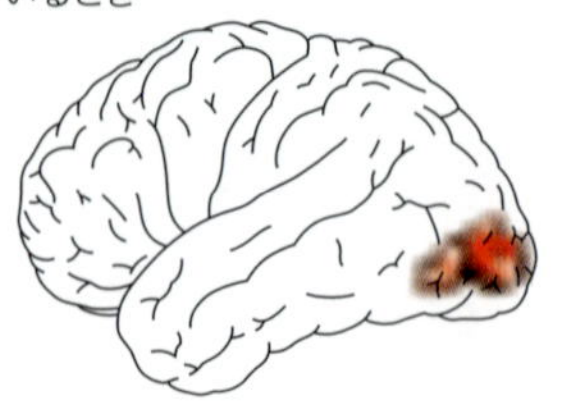

B 言葉を聴いているとき

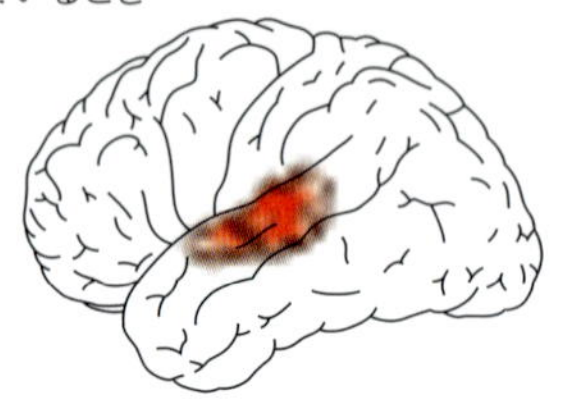

C 言葉を話しているとき

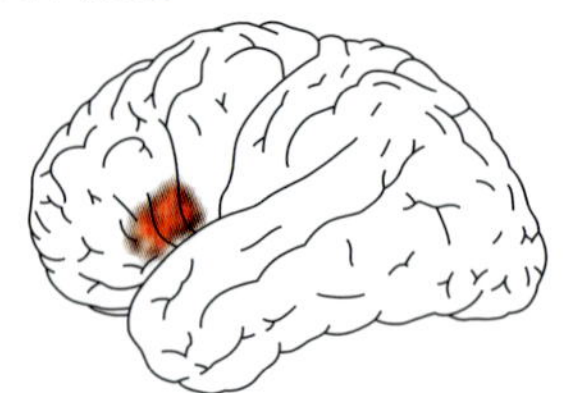

D 言葉のことを考えているとき

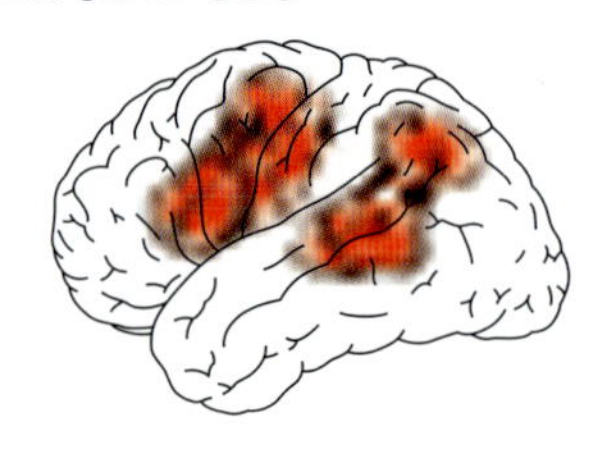

図5-4　言葉に関連して活動する脳領域

3 神経細胞

それでは，回路をつくる神経細胞（ニューロン）とは，どのようなものだろうか．図5-5に記憶を司る**海馬**の錐体細胞，小脳のプルキンエ細胞，筋肉を支配している脊髄運動神経細胞を示す．神経細胞の形態はこのように多様であるが，その構成要素は**神経細胞体**，**軸索**，**樹状突起**の3つに大別できる．樹状突起は他の神経細胞からの信号を受け取る入力部位である．この入力の総和が十分に大きい場合には，神経細胞体で電気的パルス（活動電位）が発生し，軸索を下降し他の神経細胞に伝わり影響を及ぼす．活動電位の生成，伝達が神経細胞のネットワークで生じることで，コンピュータのようにさまざまな演算を行なったり，筋肉などの効果器を動かすことが可能になるのである．

※2　Pierre Paul Broca（1824-1880）
※3　Carl Wernicke（1848-1905）
※4　ブロードマンの44野，45野に脳梗塞の跡があった．

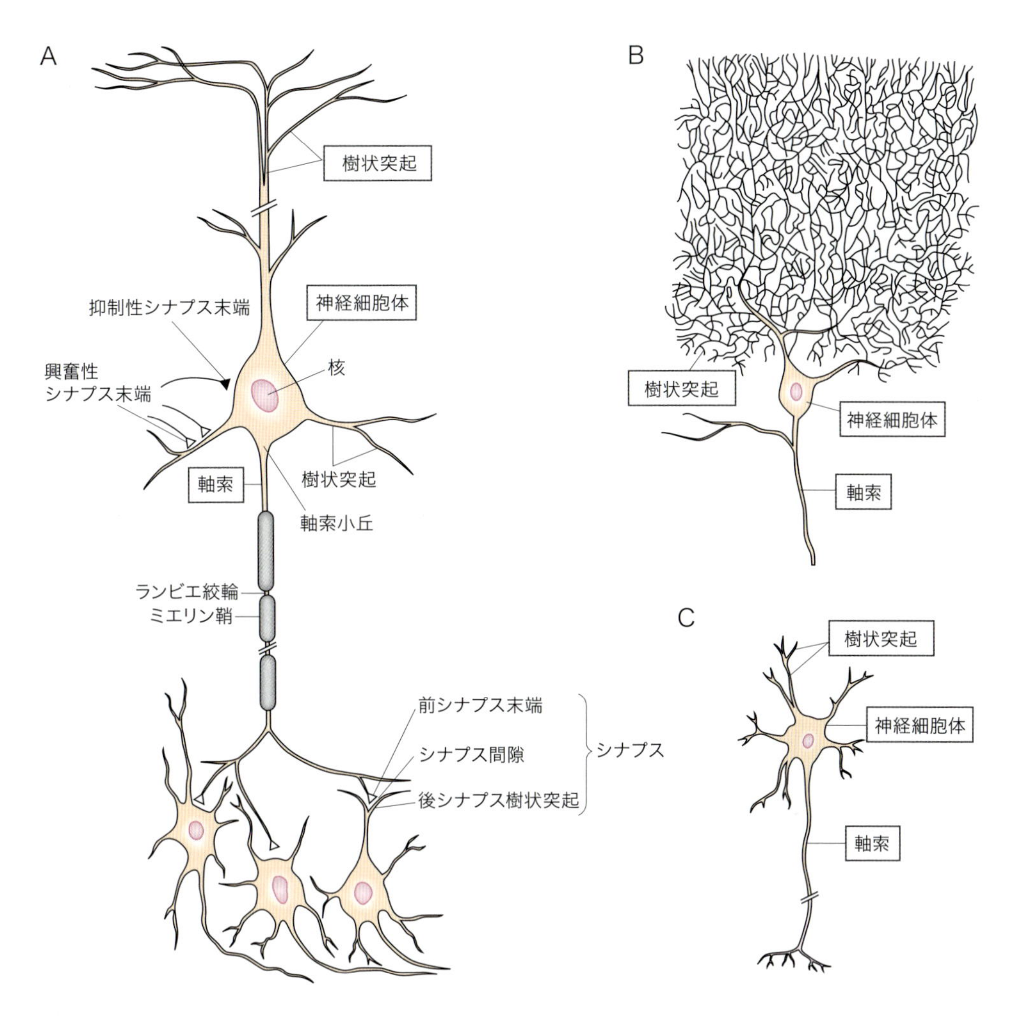

図5-5　神経細胞

A）錐体細胞（海馬），B）プルキンエ細胞（小脳），C）脊髄運動神経細胞．

Column　ガルの骨相学

19世紀にドイツの医師ガルは骨相学を広めた．これは，いろいろな人の頭蓋骨の形を測定し，使えば使うほどその部分が大きくなる，という仮定のもとに，攻撃性や慎重さなどの性格や行動特性が脳の形に現れると考えた．コラム図5-1はその結果である．頭のてっぺんがとんがっている人は頑固さを表し，その後ろは自尊心，まぶたの外側は計算力，などと地図をつくった．ガルは，人間の精神特性が脳全体ではなく，その一部に局在すると初めて考えた人間であった．ガルの骨相学は，欧米の上流階級で一時大変なブームを呼んだが，医学の発展とともに次第に廃れていった．現代では，最新の機器（fMRIやPETなど，❻参照）を使って脳内の血流を測ったりO_2消費量を測ったりしているが，本当にその部分でものを考えているのか，血流が流れていないところで考えているのではないのか，という批判をかわすことはできず，「fMRIもPETも現代の骨相学」という厳しい見方もある．

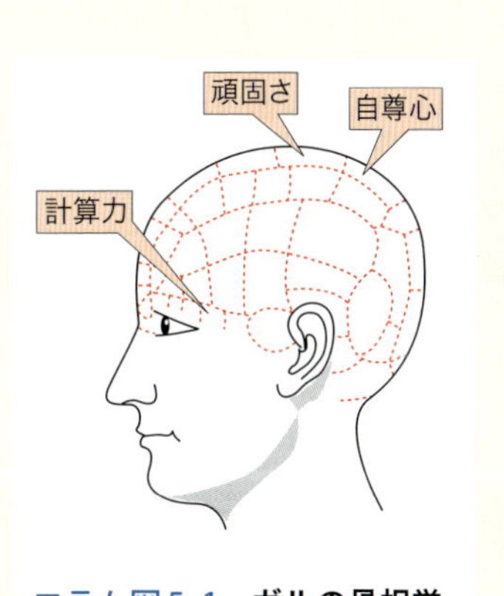

コラム図5-1　ガルの骨相学

神経細胞は単独では生きていくことはできず，周囲にある**グリア細胞**から栄養を受け取っている．グリア細胞には，栄養分を産生するアストログリア，ミエリン鞘をつくるオリゴデンドログリア，マクロファージ様の大食細胞であるミクログリアなど機能の異なるものが存在する．数は圧倒的にグリア細胞の方が多い．また，軸索部分では，タンパク質や神経伝達物質の合成などは行なわれないため，細胞体で生成されたさまざまな物質は軸索を通じて輸送される（図5-6）．

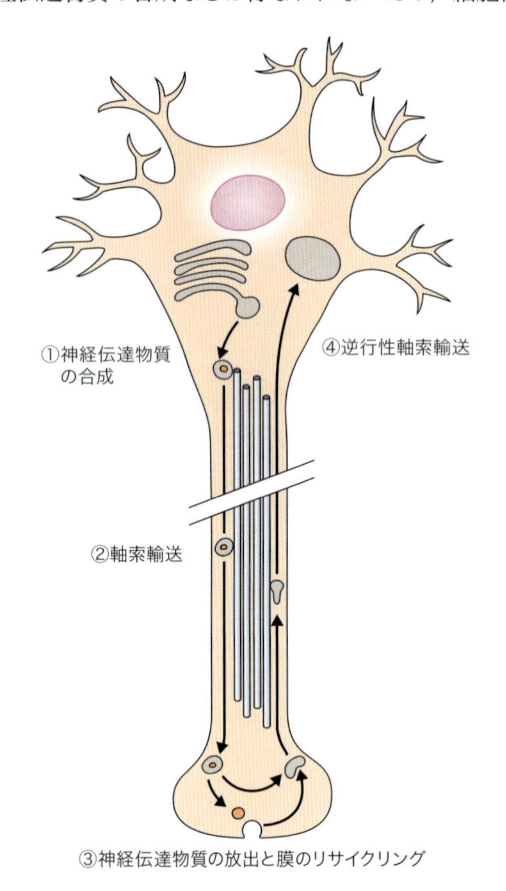

図5-6　**軸索輸送**

4 神経伝達

神経ネットワークの信号伝達の担い手である活動電位の発生には，細胞内外に存在するK^+，Na^+などのイオンが大きな役割を演じている．表5-1に示すとおり，イオン組成は細胞内外で大きく異なっている．細胞膜にはそれぞれのイオンを特異的に通過させる**イオンチャネル**が存在するが，通常の状態ではK^+チャネルのみが開いている．K^+は細胞内に多く存在しているため，その濃度勾配に従って外向きに出ていこうとする．濃度の差が解消されないのは，細胞内の膜電位が負に帯電し（**静止膜電位**），電位勾配が濃度勾配と拮抗するようにはたらくからである．

神経細胞に電気的な信号が伝わり，膜電位がある程度プラス側に振れる（**脱分極**する）と，Na^+チャネルが開く．濃度勾配，電位勾配ともにNa^+を細胞内に流入させる．このNa^+の流入に伴い，細胞内の電位が上昇する．Na^+チャネルの開き具合は電位の上昇に依存しているため，Na^+の細胞内への流入がさらに加速し，膜電位が短時間のうちに正に変化す

表5-1　**細胞内外のイオン組成**

イオン	細胞内（mM）	細胞外（mM）
Na^+	14	145
K^+	155	5
Mg^{2+}	26	3
Ca^{2+}	～0	5
Cl^-	4	105

Column 言語と遺伝子

2001年に言葉の発音を間違えたり言語理解ができないという症状をもつ難読症の大きな家系の遺伝子解析が行なわれ，*FOXP2*という遺伝子の点突然変異（715アミノ酸のうち1個に変異）が見つかった．この遺伝子は，脳に強く発現する転写にかかわる因子であり，「文法遺伝子」と呼ばれるようになった．

この発見から，*FOXP2*が左脳の言語野の発達にかかわっているのではないかとか，サルからヒトに進化した時点で*FOXP2*の変異が起こりヒトが言語能力を獲得したのではないか，ネアンデルタール人には*FOXP2*の変異はないのか，言語をもっていたのか，などいろいろな論争が起こった．詳細な検討の結果，*FOXP2*は哺乳類の種間でよく保存されている遺伝子で，ネアンデルタール人のDNA中にも存在し，配列は現存人類と同じであることがわかった（p15 Column 参照）．

る．その後，遅れてK^+チャネルの開き具合が増加し，K^+が細胞外に流出しようとするため，膜電位は再び負に戻る．この一過性の電位の変化が**活動電位**である（図5-7）．このとき細胞内に流入したNa^+，細胞外に流出したK^+は代謝エネルギー（ATP）を使ってそれぞれ細胞外，細胞内へと戻され（ナトリウム－カリウムポンプ），イオン濃度勾配，電圧勾配が維持される．

神経細胞体で局所的に発生した活動電位は，隣接部分の脱分極を促し，これが波のように次々と伝播

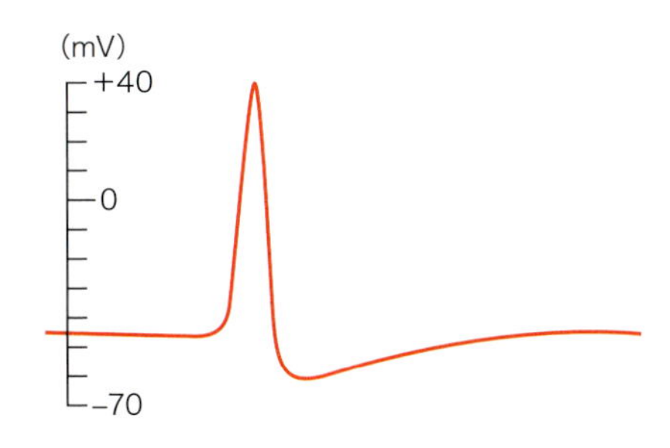

図5-7　**活動電位**

Column 「臨界期」にご注意

ヒューベルとウィーゼルは，生後3・4週～15週の間に子ネコの片眼を一時的に縫って閉じてしまうと，大脳の視覚野のニューロンはその眼からの刺激に対する反応性を失ってしまい，結果としてその眼でものが見えなくなることを発見した．特に，両眼で立体的にものを見る能力がおかされやすい．

私たち哺乳類の眼球からの神経は，コラム図5-2のように一部は同じ側の大脳に情報を伝えるが，大半は視交叉という部分で反対側に移り，反対側の大脳に情報を伝える．脳の機能は生まれてしばらくの時期（臨界期）の環境から強い影響を受けるが，視覚においてはこの臨界期に眼球からの神経の突起が大脳皮質にのびて視覚野でネットワークを形成すると考えられている．そして，この時期に視神経が正しい神経ネットワークをつくるには，眼が光を受けて刺激されていることが重要なのである．子どもの片眼に弱視がある場合，健康な眼に「海賊スタイル」のような片眼の眼帯をかけさせ，弱視の眼を強制的に使わせる治療が行なわれることもある．

ところが，最近，この臨界期というのが，それほど運命的でもないことがわかってきた．神経の細胞にタンパク質分解酵素を作用させたり特定の遺伝子をはたらかせたりすると，刺激に対する感受性が回復して突起をのばしたり神経同士の結合を強めたりする．また，目の遮蔽実験でも，抑制性の反応はそれ以後も続くことが発見されている．これには，神経ネットワークが形成されたあとも脳神経には幹細胞があるため，ゆっくり細胞がおきかわり，ネットワークがつくり変わっていく可能性が示されている．視覚などの高次の機能の場合には，刺激の開始だけでなく，刺激の維持も大事と思われる．

さて，外国語のヒアリングなどで，小さい頃から外国語を使っているほうが有利ということをしばしば耳にする．最近では，幼児向けの塾の宣伝で臨界期という言葉がよく使われる．しかし，日本人が言葉を覚えるには，まず母語としての日本語を覚え，それから外国語を学習するのが一般的である．アメリカの学校でのバイリンガルの研究では，単に英語漬けにするより，まず母語で基本的なことを教えるほうが，基本的なことでつまずきにくく，学習が確実であったという．早くスタートするだけではうまくいかない場合も多いことを知っておくのが大事であろう．

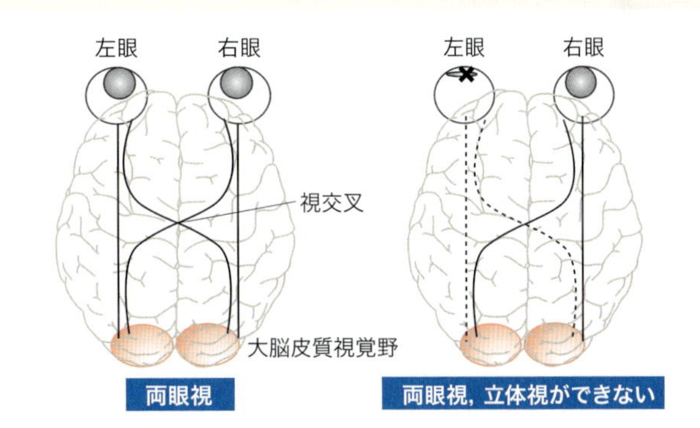

コラム図5-2　**視覚刺激が神経ネットワーク形成に影響する**

正常に発生すると，大脳皮質視覚野には両側の眼からの神経の突起によるネットワークがつくられ，ものを立体的に見ることを学習する．臨界期に眼が遮蔽されていると，あとで開眼させても，そちらからの刺激を伝えるネットワークが機能しなくなる．

5章　脳はどこまでわかったか

していく．活動電位は伝播途中で決して減衰しない．活動電位は軸索にそって神経細胞の末端まで伝わると，神経伝達物質が蓄えられた小胞から**神経伝達物質**が放出される．放出された物質は，隣接の神経細胞にある受容体に結合し（図5-8），そこから新たな活動電位が発生する．神経伝達物質には，気分・摂食などに関係するセロトニン，意欲・常習などに関係するドーパミン，そしてノルアドレナリンなどのモノアミンのほかに，GABA[※5]，グリシン，グルタミン酸などのアミノ酸，ATPなどのヌクレオチド，一酸化窒素，一酸化炭素などの気体，オキシトシンやサブスタンスPなどのペプチドなどいろいろある．グルタミン酸は促進性神経伝達物質であり，グリシンやGABAは抑制性神経伝達物質である．

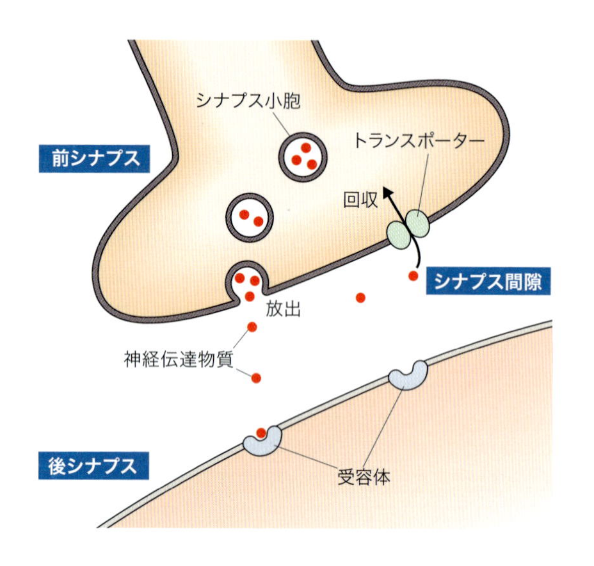

図5-8　神経伝達物質の放出とリサイクル

❖受容体とリガンド

受容体に結合する生体内物質（ここでは神経伝達物質）を**リガンド**という（図5-9）．また，リガンドと同様に受容体を活性化させる機能のある物質を**アゴニスト**と呼ぶ．逆に，受容体に結合して受容体を不活性化させてしまう物質を**アンタゴニスト**という．例えば，脳内に存在するニコチン性アセチルコリン受容体（nAchR）は思考と密接な関係をもつが，ニコチンがアゴニストとなる．タバコを吸うと意識がはっきりして集中力が増すのはこのためである．また，矢毒であるクラーレがアンタゴニストとなる．矢に当たった動物が動かなくなるのは，筋肉にあるnAchRにクラーレが結合して筋肉の収縮を止める（弛緩させる）ためである．

薬剤の効きも，この受容体との親和性で説明される．例えば，統合失調症の薬であるクロルプロマジ

Column　運動が脳に及ぼす影響

身体運動を制御しているのは他ならぬ脳であるが，逆に，運動を行なうことが脳に大きな影響を及ぼすことがわかってきた．例えば，ジョギングなどの有酸素的な身体運動を行なうと，神経細胞・回路の維持や発達にかかわる脳由来神経栄養因子（BDNF）やインスリン様成長因子（IGF-1）などの分泌が促される．実際，ラットが運動できる環境で育てられた場合，海馬における神経細胞の新生がより促され，さらに神経細胞同士の結合の強さが強固になること，そして実際にさまざまな記憶テストの成績が向上することが報告されている．同様に，ヒトにおいても，身体運動によって高齢者や認知症患者の記憶機能が改善することがわかっている．また，安易に基礎的な研究結果と結びつけることは慎まないといけないが，有酸素性身体作業能力（持久力）と数学やリーディングの成績の間には相関関係があること，またシカゴ郊外のネーパービル・セントラル高校で行なわれた授業前に有酸素運動を行なう試み（0時限体育）は，同校の数学・理科の成績をイリノイ州上位に押し上げたとして脚光を浴びた．

こうした報告に並行して，近年，MRIを使った脳画像解析を用いることにより，身体運動を行なうとそれにかかわる脳部位の灰白質（神経細胞体が存在する部分）の容積増加など脳に構造的な変化が生じることが明らかになってきた．また，発育・発達期の脳構造の変化パターンが縦断的に分析され，知能との関連についての研究も進んでいる．子どもたちの身体不活動が社会的な問題になっている現在，身体活動量が脳の構造・機能にどのような影響を及ぼしているのかについて，さらなる研究結果が待たれる．

※5　GABA：γ-aminobutyric acid（γアミノ酪酸）

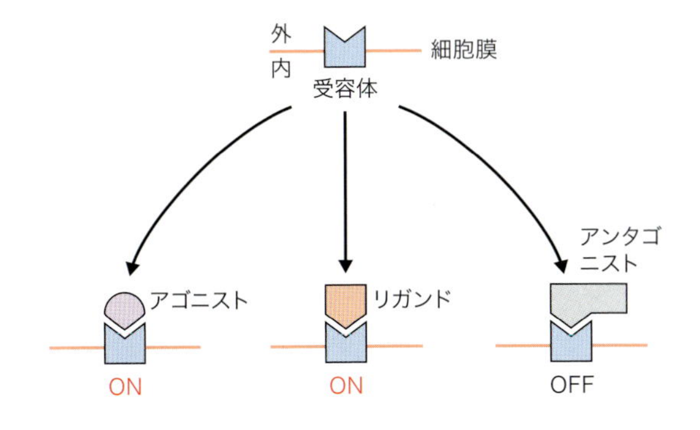

図5-9 アゴニストとアンタゴニスト

生体内で受容体と親和性をもち，結合したあと細胞内で生理作用をもつものをリガンド，同等の作用をする外来物質をアゴニスト，リガンドの作用を抑える外来物質をアンタゴニストと呼ぶ．

ンは，ドーパミンD2受容体のアンタゴニストである．すなわち，クロルプロマジンが症状を軽減するということは，統合失調症の陽性症状はドーパミンの機能亢進ではないか，という説が生まれた．

シナプス間隙に放出された神経伝達物質は，その場で分解されるか，細胞膜を通過して拡散していくか，または，積極的に前シナプスに回収される．例えば，アセチルコリンはエステラーゼという酵素によって分解されるが，この酵素の阻害剤がアルツハイマー病の治療薬になっている．また，一酸化窒素という気体の伝達物質は拡散によって伝わるが，その範囲は狭い．神経伝達物質は前シナプス膜上のトランスポーターというタンパク質によって積極的に回収される．トランスポーターはセロトニンやドーパミンなどの特定な物質のみを通し，しかも，脳のどこにでも存在するのではなく，ドーパミントランスポーターなら神経伝達物質としてドーパミンを使っている神経細胞（ドーパミン神経細胞）だけに存在する．例えば，人工的な麻薬によく似たMPTPという物質は，ドーパミントランスポーターから神経に取り込まれ，ドーパミン神経細胞だけを殺すため，この物質の中毒になった人は，ドーパミン神経細胞が死ぬパーキンソン病のような症状になることが報告されている．

5 記憶と長期増強

大脳の辺縁系にある海馬という部分が記憶に関係することがわかったのは，あるてんかん患者の手術がきっかけであった．病気の症状が重いため，海馬を切り取ってしまったのである．この患者は，古いことは覚えているが，新しく記憶することができないという症状が出現し，海馬は新しい記憶に重要な場所であることがわかった．記憶には，自転車に乗るなど体で覚えるもの（**手続き記憶**）と，概念が必要なもの（**陳述記憶**）がある．海馬は陳述記憶に欠かせない場所である．

海馬の神経細胞を高頻度に何度も刺激すると，受け取る側の神経細胞の反応が大きくなる．いったん大きくなると，それが数週間も続くが，この現象を**長期増強（LTP）**[※6]と呼ぶ．このとき，シナプス後膜から棘のようなもの（スパイン）が出てくることが観察されている．これは，短時間に高頻度で神経細胞を刺激すると神経伝達の効率がよくなったことを示している．これは記憶のプロトタイプではないかと考えられている（図5-10）．

このとき，神経細胞に存在するグルタミン酸受容体をブロックすると長期増強が出なくなることがわかり，記憶にはグルタミン酸神経伝達が重要であることがわかった．ヒトには3種類のグルタミン酸受容体があり，特に，NMDA[※7]という物質に感受性の高い受容体が記憶にはたらいていることがわかった（Column：NMDA受容体と記憶力の関係 参照）．

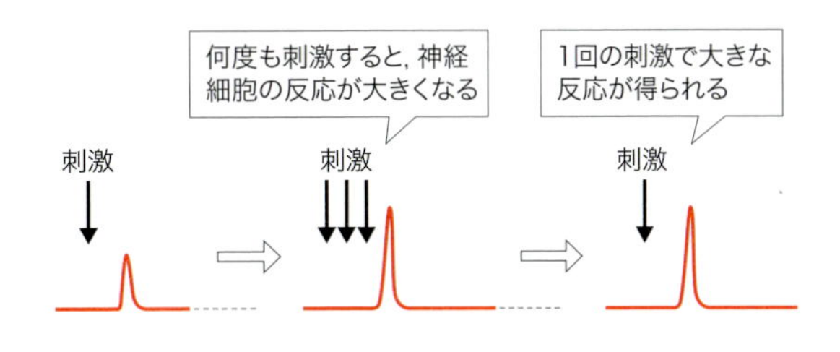

図5-10 長期増強（LTP）

※6 LTP：Long term potentiation

※7 NMDA：*N*-methyl-D-aspartate（*N*メチルDアスパラギン酸）

5章 脳はどこまでわかったか

6 脳機能の計測

脳機能の解明には，脳のはたらきをリアルタイムで見ることが必要となる．はたらいている脳の箇所を調べることは，最近では，教育学や心理学などの新しい分野でも行なわれるようになった．

fMRI

脳の内部をリアルタイムに測定するものとして，磁気を使う**fMRI**[※8]が開発された．私たちの体は主に水分子やタンパク質からできている．そのなかには水素が多く含まれているが，水素の原子核（プロトン）は強い磁場の中に置かれると，高周波の電波

Column NMDA受容体と記憶力の関係

NMDA受容体は，NR1とNR2という2種類の分子からなる膜タンパク質である．NR2は発生に従って，NR2B（胎児型）からNR2A（成人型）に変化していくが，受容体の効率（チャネルの機能）としてはNR2Bをもつものの方がよい．すなわち，私たち高等動物は大人になるにつれて記憶力が減退するように遺伝子に書かれているのである．

そこで，NR2Bを過剰発現するマウスがつくられたが，このマウスの記憶力は通常のものの数倍あり，NR2Bはsmart geneと呼ばれた．一方，NR1遺伝子をはたらかなくしたマウスは，記憶力が正常よりも悪かった．しかし，このマウスをケージに1匹で置くのではなく，広く遊べる環境で同腹のマウスと一緒に育てると記憶力が著しく改善し，遺伝子だけでなく環境条件も記憶力の増加に必要であることがわかった．

しかし，記憶は1種類の遺伝子で決まるものではなく，これ以外にも遺伝子の機能を壊すことで記憶障害を引き起こす遺伝子がいくつも発見されている．

Column うつ病はなぜ起こるのか？

うつ病の原因は，歴史的に，薬剤を用いた研究で明らかになってきた．抗生物質として開発され結核の治療薬として用いられたイプロニアジドを投与すると，結核患者の気分が一変して明るくなり，食欲が増してエネルギッシュになることが観察された．この薬はすでに医薬品として開発されていたため，すぐに臨床試験を行なったところ，気分の落ち込みに効果があることがわかり，うつ病に効くことがわかった．イプロニアジドの標的は，脳内にあるセロトニン，ドーパミン，ノルアドレナリンなどモノアミンと呼ばれる一連の物質を代謝するモノアミン酸化酵素（MAO）で，これを阻害することで効果が現れた．ここから，うつ状態というのは，脳内でモノアミンが足りないことであり，モノアミンの分解を阻害して効果を長引かせればうつ病が治る，というモノアミン仮説が登場した．

もう1つ1950年代に興味深い薬の効果が発表された．統合失調症の薬として有名なクロルプロマジンに似た構造をもつ薬として開発されたイミプラミンに強い抗うつ作用があることが発見されたことである．神経の伝達は，神経末端から伝達物質が分泌されることで始まるのだが，この分泌された物質の一部はリサイクルされる．その再吸収の取り込み口であるトランスポーターは前シナプス膜に存在するが，イミプラミンはこのモノアミントランスポーターを阻害することがわかったのである．このモノアミンの再取り込みが阻害されれば，シナプス間隙のモノアミン量が増えると考えられる．これらの事実から，うつ病というのはモノアミン神経伝達に異常がある状態ではないかと考えられるに至った．

そこで，シナプス間隙のセロトニン濃度を特異的に上昇させる薬がスクリーニングされ，セロトニントランスポーターを阻害することによってセロトニンの再吸収を抑えるSSRI（選択的セロトニン再吸収阻害薬）が薬として開発された．しかしSSRIは数週間飲み続けないと効果が現れないことが多く，これには転写・翻訳が関係するらしい．例えば，SSRIの長期投与によってCREB（cAMP応答配列結合タンパク質）と呼ばれる転写因子が活性化され，これによって下流にあるセロトニン受容体などのGタンパク質共役型受容体の活性化が海馬で起こり，効果が現れると考えられている．この他に，ノルアドレナリンの再吸収も抑えるSNRI（セロトニン・ノルアドレナリン再吸収阻害薬）も，うつ病の治療に用いられている．

※8 fMRI：functional magnetic resonance imaging（機能的核磁気共鳴イメージング）

パルスに共鳴し照射が終わるともとに戻る．神経が活動すると，局所の血流が20～40％増加する．O_2はヘモグロビンによって供給されるので，活動部位にはO_2ヘモグロビンの割合が多くなる．O_2を手放したデオキシヘモグロビンは，周囲との間で磁場の不均一性を生じfMRIの信号を低下させているが，神経活動によってO_2ヘモグロビンが相対的に増加するとfMRIの信号強度が増す．

しかし，fMRIではリアルタイムで脳のはたらきを見ているわけではなく，神経細胞が興奮してから数秒後の反応を見ていることになるという欠点がある．最近の技術の発達で，このタイムラグはだんだん小さくなっている．fMRIのもう1つの欠点は，シグナルが小さいために何度も加算されたデータ（および多くの人の平均化されたデータ）が実際に表示されることになり，特別な人の特別な脳の反応を見逃している可能性もあるという点である．

❖PET

もう1つ最近よく使われるのがPET※9である．これはfMRIとは違って，特定の物質量を測定するものである．検査したい物質をサイクロトロンという装置でつくり，静脈内に注射して，脳に拡散で入ったものを撮影する．放射性核種は，半減期が非常に短いものを使うため，人体には影響はほとんどない．この方法で，脳内のドーパミンの分布やグルコース（ブドウ糖）の分布など，特定物質の量の変化を追うことが可能になる．例えば，パーキンソン病は脳の中の黒質というところの神経細胞が死ぬ病気だが，L-ドーパという物質を静脈内に投与すると，脳に行き，黒質の細胞に取り込まれ，細胞内でドーパミンになる．PETで見ると，黒質だけが光る．その大きさを見て，パーキンソン病になりやすいかどうかの判定も可能になる．なお図5-4はPETで撮影された画像をもとにしている．

❖X線CT

X線CT※10はX線コンピュータ断層撮影の略で，人体の内部構造をX線を使って調べるものである．絞ったX線の束を頭に通過させ，反対側で吸収値を測定するが，実際には角度をずらしてスキャンするため，正確に内部構造がわかることになる．これによって，内出血や梗塞がわかり，腫瘍の有無も判定できる．感度はよいが，人体の中での物質の動きをリアルタイムで見ることはできない．また，X線は被曝する危険もある．

❖その他の方法

このほかにも，脳波※11や光トポグラフィー※12という手法がある．脳波は，脳のどこの部分が活動しているかという空間的解像度では劣っているが，時間的な解像度に優れている．脳波には，アルファ波（8～13 Hz），ベータ波（13～30 Hz）などの特徴的な周波数をもつ電気的活動がみられ，脳の覚醒状態などと関連することが知られている．光トポグラフィーもfMRIほどの空間的解像度は得られないが，fMRI内での測定ができない乳児などの脳機能計測や，脳の活動を利用してさまざまな機器やコンピュータを操作する技術（BMIあるいはBCI※13）のような応用技術面で威力を発揮している．

7 認知症

認知症は，温和だった人が急に怒りっぽくなったりする性格の変化，「ものを盗られた」などと言い出したり，同じ話をする，同じものを買うなどの行動の変化によって発覚する病気で，神経細胞の急激な減少がその原因となり，知能が低下する．認知症には，脳血管障害の後遺症，頭部外傷などによるものと，それ以外のものに分類されるが，後者の大部分をアルツハイマー病が占める．

アルツハイマー病は，1907年神経学者アルツハイマー※14が初めて報告した病気で，50歳代前半に急

※9　PET：positron emission tomography〔ポジトロン（陽電子）断層撮影〕
※10　X線CT：X ray computer tomography
※11　神経細胞の活動時に流れる微量電流を検出する．
※12　光を頭蓋骨の外から当てて頭蓋骨直下数mmのところの血流を調べる．
※13　BMI：brain machine interface．BCI：brain computer interface
※14　Aloysius Alzheimer（1864-1915）ドイツ

激に認知症（痴呆）症状を呈した女性の脳に特徴的な病理所見を認めたものである（図5-11）．その特徴とは，銀で染色すると神経細胞外に粟粒状の斑点[※15]がみられ，そのほかに神経細胞内にねじれたフィラメント[※16]が認められることである．このアルツハイマー病の前段階として軽度認知障害があり，これらは脳の萎縮を伴う．すべての認知症のうち，5％ほどが家族性のものであり，それ以外は長寿に伴う孤発例である．

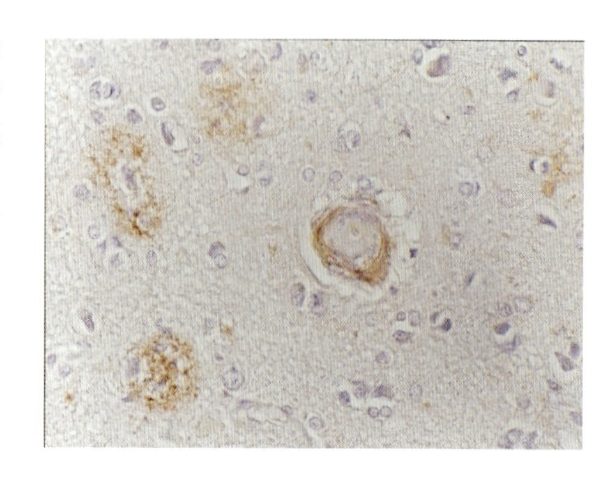

図5-11　アルツハイマー病の脳にみられる老人斑
茶色が老人斑，紫色は神経細胞の核である．

老人斑の主成分Aβは，アミロイド前駆体（APP）から切り出される（図5-12）．Aβには，40アミノ酸からなる易溶性Aβ40と42アミノ酸からなる難溶性Aβ42の主に2つの分子種が存在し，Aβ40のまわりにAβ42が大量に蓄積して老人斑を形成する．

APPはほぼすべての臓器で発現しているが，体内でAβが蓄積しないのは，APP代謝のメイン経路は非アミロイド蓄積経路と呼ばれているものだからである．この切断点はAβの真ん中であるため，Aβは蓄積しない．しかしながらアルツハイマー病の脳では，まずβセクレターゼがはたらき，Aβを含む約99アミノ酸の膜結合ペプチドをつくる．次に，膜の中でγセクレターゼという別の酵素[※17]が作用し，Aβがつくられる．アルツハイマー病は非常に長期間かかって脳にアミロイドが蓄積するが，この蓄積経路

Column 頭のよくなる薬？

薬は，私たちの生活になくてはならないものだが，いろいろな問題も引き起こしている．薬によって集中力が増すとされているものには，グルコースやニコチンがある．甘いものを食べると疲れがとれ元気になるのは，グルコースのおかげである．タバコを吸うとスッと頭がはたらくのは，ニコチンのせいである．コーヒーに含まれているカフェインにも，集中力増強作用がある．

ところが，記憶力を改善するという目的の薬もすでにヒトに応用されている．その例として有名なものには，もともとはADHD（注意欠陥・多動性障害）の治療薬として知られていたメチルフェニデートがあげられる．この薬は，神経末端のドーパミントランスポーターという分子に強く結合することがわかっており，ドーパミンの機能を変えることによって集中力を増すと考えられている．うつ病の人に用いられて，常習作用が問題になったものである．

このほかにも，アルツハイマー病の治療薬であるドネペジルや，昼間でも自然に眠ってしまうナルコレプシーという病気の治療薬であるモダフィニルなどが集中力改善薬として認可されている．問題は，これらの薬は患者に許可されたものであって，健康な人が飲んで効くかどうか，副作用はないか，という点である．

皆さんのなかには，記憶をよくする薬なら認めてもいいが，記憶を悪くする薬は認められない，という人も多いはずである．なぜなら，記憶力を悪くする薬を悪用すると，大事な記憶を消してしまい，自分の思うがままにマインドコントロールできるからである．ところが，このような薬も心的外傷後ストレス障害（PTSD）を治療することができる．しかし，嫌な記憶だけを薬で消し去ることは可能だろうか．関係のない記憶やよい記憶も消えてしまうことがあっては困る．所詮，薬によって頭をよくしようという試み自体がおかしい，と考えるのも当然の話である．また，どんな薬にも副作用が出現する可能性があるということを知ることも重要で，知的機能を変化させる目的で使用する薬はあくまでも対症療法でしかなく，適用範囲に限界があることも知っておくべきだろう．

※15　老人斑，主成分がアミロイドβタンパク質（Aβ）．
※16　神経原線維変化，主成分がリン酸化された微小管結合タンパク質タウ．
※17　本体は，プレセニリン，ニカストリン，Pen2，Aph 1という4種類のタンパク質複合体．

へ傾くバランスが少し多めにはたらいてAβ産生が高まり，脳にAβが沈着するものと考えられている．また，家族性アルツハイマー病の原因遺伝子は現在までに，APP，プレセニリン1，プレセニリン2，と明らかになってきており，これは上の経路にかかわる酵素と基質である．

一方，世の中の大多数を占める長寿に伴う認知症の原因として大きくクローズアップされているのが，アポリポタンパク質E（アポE）の多型である．このタンパク質は，血液中に存在し脂質を輸送する機能をもっている．アポEは299アミノ酸でできており，112番目と158番目のアミノ酸に違いがある．両方ともシステインであるのがE2，システインとアルギニンであるのがE3，両方ともアルギニンなのがE4

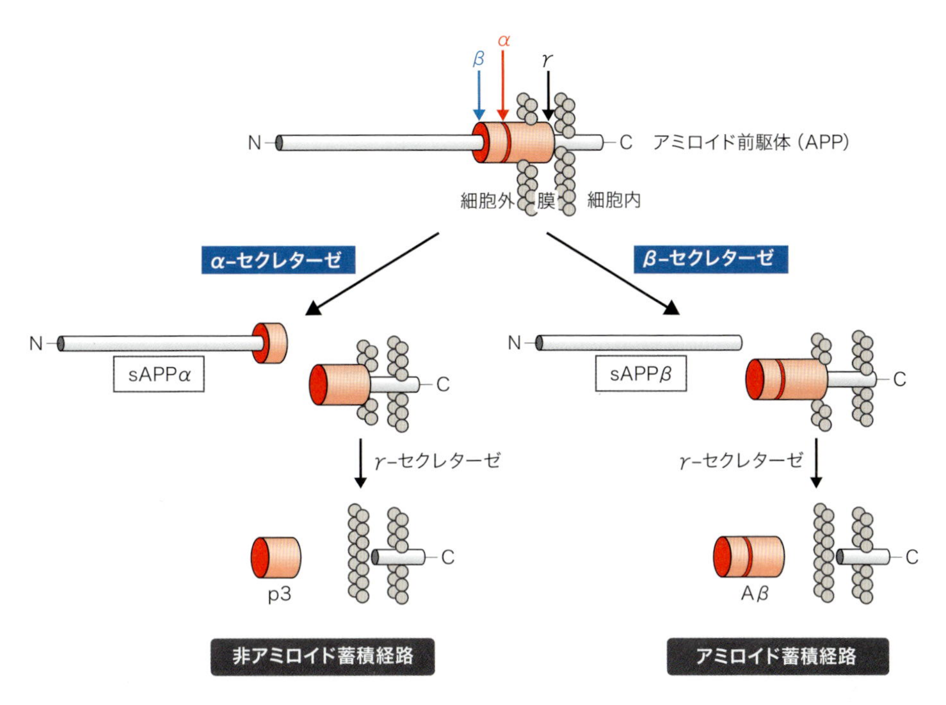

図5-12　アミロイドβタンパク質（Aβ）のでき方

Column 脳のGPSシステム

2014年のノーベル生理学・医学賞は「位置把握にかかわる脳神経細胞の発見」により，オキーフとモーザー夫妻の3氏に授与された．1971年，オキーフは行動中のラットの海馬の神経細胞から活動を記録し，ラットが平面内の特定の場所を通過するときに活動する神経細胞（場所細胞）を発見した．場所細胞があれば，ラットはその活動を頼りに，自分が空間内のどこにいるのかを把握することができることになる．海馬が陳述記憶（❺参照）の形成だけでなく，空間位置の把握に寄与していることは，認知症患者（❼参照）の視空間認知に障害が起こるという臨床的所見とも合致している．ロンドン市内のさまざまな場所を記憶する必要のあるタクシードライバーの海馬容積が大きいという報告も，位置把握に海馬が貢献していることを示していると考えられる．その後，2005年になってモーザー夫妻は，嗅内皮質の神経細胞が活動する空間位置を調べたところ，数十cm間隔の見事な三角格子パターンを示すものがあることを見出した（グリッド細胞）．空間内にこのような座標系のようなものが実装されていることは驚くべきことである．多数のグリッド細胞からの情報が海馬で統合され，ランドマークなどの視覚情報や自分が動いた方向の情報などと照合されることで，場所細胞の場所特異的な活動パターンが形成されていくらしい．

と呼ばれている．大多数の人がこの3種類のどれかをもっており，ヒトの遺伝子型はE2/E2，E2/E3，E3/E3，E2/E4，E3/E4，E4/E4の6通りに分類できる．そのなかで，E4/E4がアルツハイマー病になるリスクが高く，E3/E4がそれに続くことが明らかになった．

日本人のE4の遺伝子頻度は0.08と考えられている．この場合，E2＋E3の頻度は0.92であるから，E4のホモの確率は$0.08^2 = 0.0064$，E4をヘテロにもつ割合は，$2 \times 0.92 \times 0.08 = 0.147$で，約7人に1人と計算される．また，白人ではE4頻度が東洋人に比べて高く，0.13程度である．

2012年の時点での，私たち日本の人口構成は，14歳以下，15～64歳，65歳以上の割合が，13.0，62.9，24.1％であるが，2060年にはそれぞれ9.1，51.0，39.9％になると推定されている（『人口統計資料集2014』より）．この意味するところは，15～64歳の生産年齢人口が，2060年にはほぼ1人が1人の老人を扶養しなければならなくなることを意味している（現在は約3人が1人の老人を扶養している）．また，85歳以上の老人の4人に1人が認知症というデータがある．その意味で，認知症の原因の解明と治療は，私たちにとって21世紀の最大の課題といってよい．

まとめ

- 大脳皮質には機能分担がある
- 脳には，1,000億個の神経細胞が存在する．神経細胞は，シナプスを介して隣接する神経細胞へ信号を伝える
- 神経の機能は，分泌する伝達物質によって決定されており，促進性神経伝達物質と抑制性神経伝達物質がある
- 神経伝達物質と同等の作用を起こす物質をアゴニスト，相反する作用を起こす物質をアンタゴニストと呼ぶ
- 記憶とは，神経伝達が効率よく起こって回路がスムーズに形成されていることであり，形態的にはスパインがつくられている
- 脳機能をリアルタイムに測定するには，fMRI，PET，脳波，光トポグラフィーなどの方法があり，X線CTは脳の構造を調べるのに適している
- 認知症は，脳内にアミロイドが蓄積することが原因で起こる病気で，大脳皮質の神経細胞が死滅するために知能が後天的に低下し，行動に異常が起こる

おすすめ書籍

- 『つぎはぎだらけの脳と心―脳の進化は、いかに愛、記憶、夢、神をもたらしたのか？』D. J. リンデン／著，インターシフト，2009
- 『脳と運動 第2版―アクションを実行させる脳［ブレインサイエンス・シリーズ］』丹治順／著，共立出版，2009
- 『進化しすぎた脳―中高生と語る「大脳生理学」の最前線［ブルーバックス］』池谷裕二／著，講談社，2007
- 『脳科学の真実―脳研究者は何を考えているか［河出ブックス］』坂井克之／著，河出書房新社，2009
- 『脳科学の最前線（上/下）［ブルーバックス］』理化学研究所脳科学総合研究センター／編，講談社，2007
- 『カンデル神経科学』E. R. カンデルほか／編，メディカル・サイエンス・インターナショナル，2014

第6章 がんとはどのような現象か

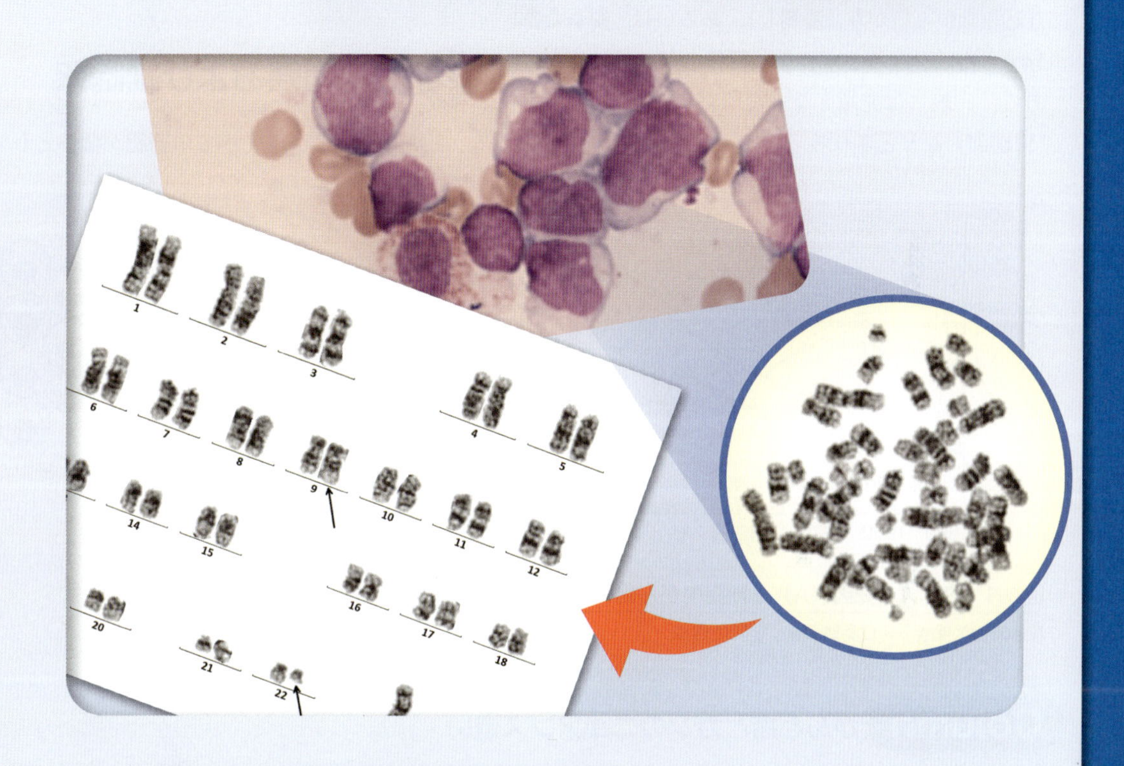

今日の日本において死亡原因の第1位を占める疾患はがんである．がんとは，本来は正常であった細胞が自律的に増殖する能力を獲得し，周囲の組織を侵し，また，遠く離れた部分に転移して増殖していく疾患である．医学の進歩に伴いさまざまな診断・治療法が開発され，医療の現場においても，全くの不治の病と考えられた時代とはその捉え方も大きく変わってきた．こうした進歩の背景には，細胞の機能維持や増殖に重要な役割を果たすシグナル伝達といわれるメカニズムの解明や，細胞のがん化のしくみ，これに関与するがん遺伝子，がん抑制遺伝子などについての生物学的理解が深まっていることがある．こうした知識の蓄積は，現代の人にがんをどのように克服するかだけではなく，どのようにがんと付き合うのか，という新たな問題を提示している．

がん細胞（急性骨髄性白血病）にみられる染色体異常の一例．9番染色体と，22番染色体で転座がおきている．

第6章 がんとはどのような現象か

1 がんとは

戦後の日本人の死亡原因の推移をみると，**がん**[※1]は一貫して増え続けている（図6-1A）．がんのなかで肺がん，乳がんなどは増加傾向にあるが，胃がん，子宮がんなどはこのところ横ばいで推移している．こうした傾向の背景には，社会の高齢化とライフスタイルの欧米化があるのではないかといわれている．

がんとは，ある組織の細胞が周囲の調節を受けずに自律的に増殖を続け，単に病変が大きくなるばかりでなく，増殖するがん組織が周囲の正常部分に入り込みながら広がり（**浸潤**し），あるいは，離れた部分でも増殖を起こしていく（**転移**を起こす）疾患である．一般には発端となった器官により「肺がん」「胃がん」などとされる．

病変としてのがんの塊は，もとをただせば1つの細胞ががん化して増殖することによってできあがっていると考えられている（図6-1B）．細胞のがん化は後述するようなさまざまな要因によって生じることがわかってきているが，細胞に生じる遺伝子の変異は細胞がもともともっている性質を鑑みると，長い時間経過のうちにはその発生は避けがたいものである．また，生命活動を続けるなかで環境中のさまざまな発がん物質の影響も蓄積されていく．ヒトの寿命が延びていくなかでがんと向き合うことになるのは必然のことといえる．

2 細胞増殖および細胞死

正常な組織では，すべての細胞が個体としての調

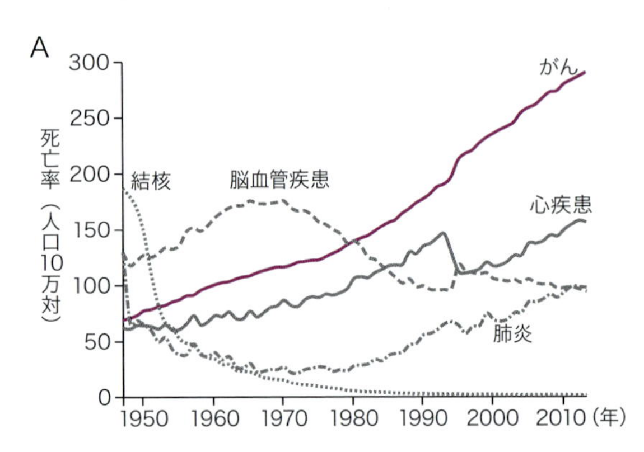

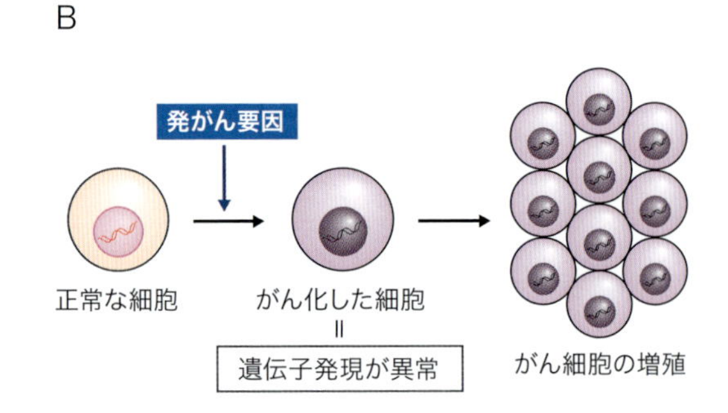

図6-1　日本人の死因（A）と細胞のがん化のプロセス（B）

Aは厚生労働省「人口動態調査」を元に作成．

Column がんと癌とガンのニュアンス違い

この3つの言葉は，実は明らかに異なった使われ方をしている[※2]．「癌」は腫瘍のこと，特に悪性のそれのことであり，異常な増殖性をもつ細胞を含む組織の塊という意味で使われる．文字の由来は本来柔らかな乳腺に生じた固いできものである乳癌のことであったといわれる．「がん」はしばしば病気を指す．つまり「癌またはそれと同等なもの」をもってしまった状態のことを示し，白血病のような腫瘍を形成しない異常増殖細胞によって引き起こされる病気も含んで使われる．「ガン」は，忌み嫌うべき不治の病というニュアンスないしは偏見を含んで使われることが多い言葉である．本来科学用語に使われるべきカタカナにこのような意味が込められた背景には，従来がんという病気に対する科学的な理解が遅れていた，また正確な知識の普及が十分でなかったという事実がある．あえて単純化して述べれば，「癌を完全に除けば，がんが治癒し，ガンを克服できる」となる．

※1　ここでは，悪性腫瘍をまとめて「がん」としている．狭義のがんは，体の表面を被う上皮組織に由来するもののみを指し，それ以外の骨や筋肉などに由来するものは肉腫，血液や骨髄に由来するものは白血病，悪性リンパ腫などとされる．また，特に断らない限りはここではヒトのがんを前提としている．なお腫瘍とは自律的に増殖している細胞集団で，このうち，無制限な増殖や浸潤，転移といった性質を示すものが悪性腫瘍である．

※2　本書では基本的に「がん」とひらがな表記としている．

和を保ちながら必要に応じて増殖し，増殖を止め，あるいは死滅しながらそれぞれが求められた機能を発揮している．例えば，上皮の細胞は周囲の細胞や細胞外基質※3などと接触していることで増殖が維持され，あるいは抑制されている．

がん細胞を研究することから，細胞のがん化のメカニズムが明らかになってきている．細胞のがん化のプロセスを分子レベルで解明することは，正常細胞の増殖などの振る舞いを理解するうえでも重要な情報をもたらしている．

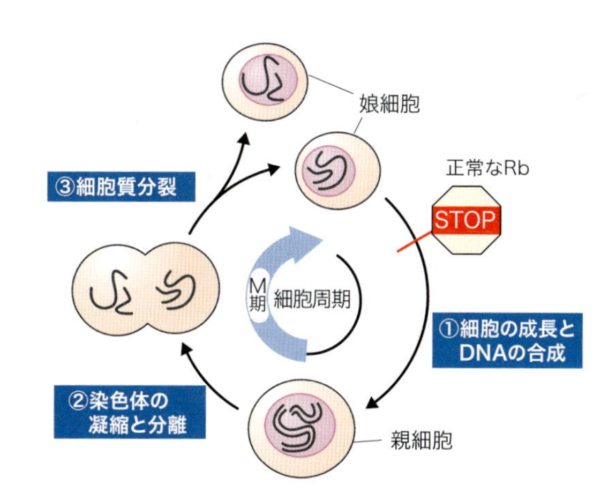

図6-2　**細胞周期とRbタンパク質**

通常，細胞はG0期と呼ばれる分裂しない状態にある．①細胞分裂開始のシグナルを受け取ると細胞が分裂に向けた準備を始める（G1期）．続いてS期に入りこの時期に核の中のDNAが複製される．その後をG2期と呼びここでM期に入る準備が行なわれる．②M期に入ると核や細胞内小器官が2つの細胞に分かれていき細胞分裂が完了して細胞周期が一巡する．

❖細胞増殖の抑制の異常

がんの一種で網膜芽細胞腫という疾患がある．これは主に小児でみられる遺伝性のがんである．このがん細胞を調べていくと，多くのケースである特定の遺伝子に異常が見つかった．この遺伝子からつくられるタンパク質は網膜芽細胞腫（retinoblastoma）にちなんで，Rbと名付けられたが，網膜芽細胞腫のがん細胞ではRbが機能していないのである．研究が進むとRbは**細胞周期**の制御に重要な役割があることがわかってきた．Rbは後に述べるがん抑制遺伝子の一例である．

●細胞周期

細胞の増殖は細胞周期と呼ばれるステップを経て行なわれる（図6-2）．細胞増殖は，1つの細胞が2つに分裂して進むが，適当に2つにちぎれてもそれぞれの細胞は生き続けることができない．そこで，細胞分裂しない時期（G0期※4），複製に必要なタンパク質などの準備をする時期（G1期），核にある染色体DNAを複製する時期（S期），分裂の準備をする時期（G2期），染色体をはじめとする細胞の重要な部品を均等に分ける時期（M期），というような段階を経て2つに分裂し細胞は増えていくのである．

❖細胞増殖因子の機能とその異常

成人の身体の中には，常に増殖を続ける細胞，必要なときのみに増殖する細胞，増殖をしない細胞が共存している．細胞増殖は，外からの刺激によってスイッチが入れられることが知られている．この刺激は，隣接する細胞や，細胞外に存在するタンパク質などの分子によって与えられる．このメカニズムに異常が生じて細胞ががん化する例をあげよう．肺がんやその他のがん細胞の一部ではEGF受容体※5というタンパク質の異常がみられることがある．EGF受容体は細胞膜上に発現している．EGF受容体に上皮増殖因子（EGF）という物質が結合することでその細胞の増殖が促進される．

まず，EGF/EGF受容体の正常なはたらきを説明しよう．EGF受容体は細胞膜を貫通して存在する受容体と呼ばれる一群のタンパク質の1つで，細胞の外界の情報（シグナル）を細胞内に伝達する役割がある．シグナルはさまざまな物質や刺激を介して細胞内に伝えられ，細胞の状態に変化をもたらす．EGF受容体の例では，細胞に増殖すべしという情報が細胞の外から伝えられる際に，EGFがその情報を伝えるシグナル分子として作用して，細胞膜にあるEGF

※3　この場合，細胞周囲のタンパク質などにより形成されている微小環境．
※4　G0期は細胞が組織において機能を発揮する時期である．顕微鏡などで観察して目に見える細胞分裂はM期である．
※5　EGF受容体：epidermal growth factor receptor（上皮増殖因子受容体）

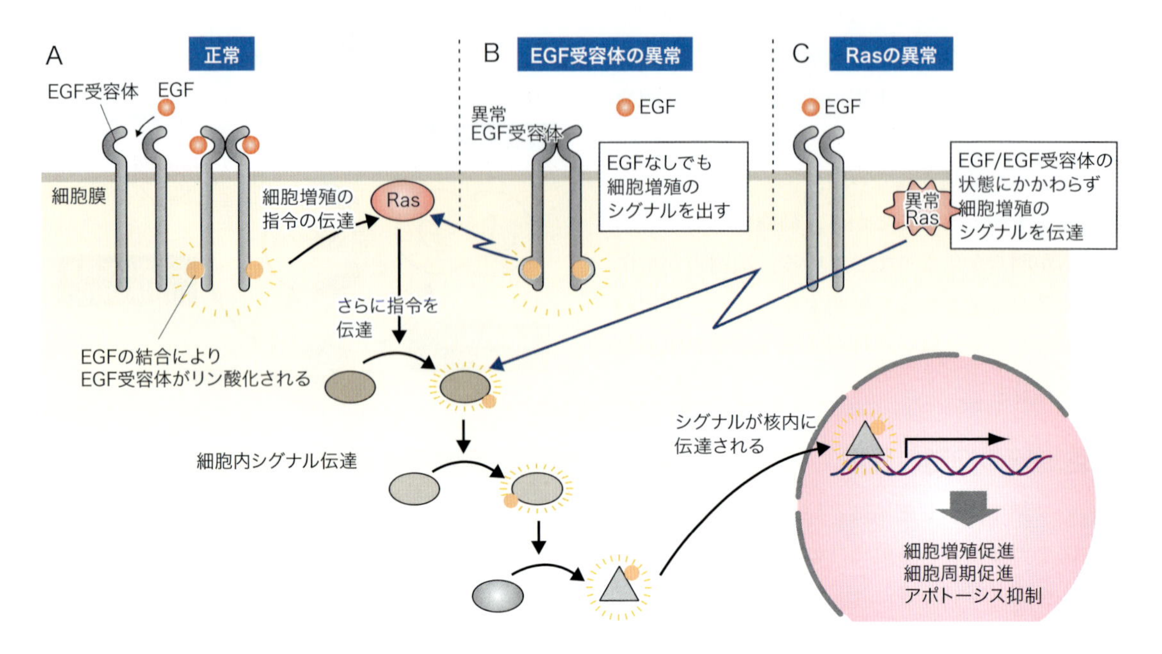

図6-3　細胞増殖の促進の異常

A）EGF/EGF受容体による正常な細胞増殖の制御．B）EGF受容体に異常が生じてEGFに制御されない細胞増殖が起こる．C）EGF/EGF受容体は正常だが，EGF受容体の指令を伝達するタンパク質Rasに異常が生じて異常な細胞増殖が起こる．

受容体に結合する．EGF受容体とEGFの結合は特異的で他の物質（別のシグナル）の影響を受けることはない．EGFが結合したEGF受容体（EGF/EGF受容体複合体）は形状の変化が起こり別のEGF/EGF受容体複合体と二量体を形成する．これによりEGF受容体の細胞膜より内側の部分でリン酸化が起こりEGF受容体が活性化した状態となる．活性化したEGF受容体は細胞内にある別のタンパク質を活性化して細胞内で活性化の伝播が起こる（図6-3A）．活性化のシグナルは最終的には核内に伝えられ，細胞周期促進やアポトーシス（次頁参照）の抑制につながる．EGFによる刺激がなくなるとEGF受容体を介した細胞増殖促進も終息する．こうした一連の情報の流れは**シグナル伝達**と呼ばれ，細胞のはたらきを理解するうえで重要な概念となっている．

がん細胞で見つかる異常EGF受容体ではEGFが結合していないにもかかわらず，あたかもEGFが結合しているかのように，EGF受容体の活性化した状態が持続し，細胞増殖を促す方向で作用し続ける（図6-3B）．

❖細胞増殖因子からのシグナル伝達とその異常

EGF受容体に関連してもう1つ重要なタンパク質がある．Ras（ラス）と呼ばれるタンパク質で，細胞増殖性の異常や周囲の細胞とのコミュニケーションの欠如とタンパク質の異常の関連が最初に解き明かされた例の1つである．RasはEGF受容体からの細胞内シグナル伝達経路上にあるタンパク質である．Rasは多くの細胞増殖のプロセスに関係しており，多様ながん細胞で異常Rasが見出される（図6-3C）．

❖細胞間の対話と細胞増殖

正常な細胞は，増殖を開始するのに必要な刺激を細胞外から受け取り，細胞内の細胞周期を促進する機構に伝達する．さまざまなシグナル伝達経路が巧妙に制御しあって，必要なところで必要な細胞が増殖し，適切なタイミングで増殖をやめる．実際に培養容器内で細胞を増殖させた場合にも，正常な細胞は周囲の細胞と接触すると細胞増殖が止まるが，がん細胞はお互いに接触しても増殖を続けることが知られている．一般的にがん細胞は運動性が高く，また，培養容器の表面に接着しない状態で増殖できるという特徴をもつ．こうしたことからときにがん細胞は社会性を欠如した細胞といわれる．

❖アポトーシスとその異常

細胞が死んでしまう現象は大きく2つに分類できる．1つは**ネクローシス**（壊死）と呼ばれ，細胞に物理的な力が加わったり（例，引きちぎられる），外部から化学物質が作用したりして細胞の構造が受動的に破壊されてしまうものである．もう1つは**アポトーシス**と呼ばれる現象で，正常な個体の生命活動のために能動的に起こる細胞死である．例えば，個体の成長につれてオタマジャクシの尾は消失する．このとき細胞レベルではアポトーシスが起こっている．成長するに従って必要がなくなるものは消え去るようにあらかじめプログラムされているように理解でき，アポトーシスはプログラム細胞死といわれることもある※6．

アポトーシスの開始はシグナル伝達によって制御されている．細胞外からアポトーシスを起こさせるシグナルが入ると，受容体を介してアポトーシスに必要なシグナル伝達経路が活性化される．また，DNAに修復不能な損傷が起こるなど，細胞内に障害が発生したときもアポトーシスが起こる．このとき，その情報が伝わったミトコンドリアからシトクロム*c*が放出される．通常シトクロム*c*は電子伝達系の重要な成分だが，この場合にはシグナルとして働き，カスパーゼと呼ばれる一群のプロテアーゼが次々に活性化される．この経路を**カスパーゼカスケード**と呼ぶ．このようにアポトーシスのシグナルは細胞内に伝達され，最終的にはDNAの破壊，細胞内プロテアーゼの活性化，細胞内小器官の破壊を経て，細胞はアポトーシス小体と呼ばれる小胞になり吸収されてなくなってしまう．発生過程でみられるアポトーシスや免疫系における不適切な細胞の除去でも，適切なタイミングでアポトーシス開始のシグナルが細胞に送り込まれる．受容体を介して細胞死を誘発する経路と，ミトコンドリアを経由する経路（図6-4）は，ともに重要なアポトーシスの経路である．

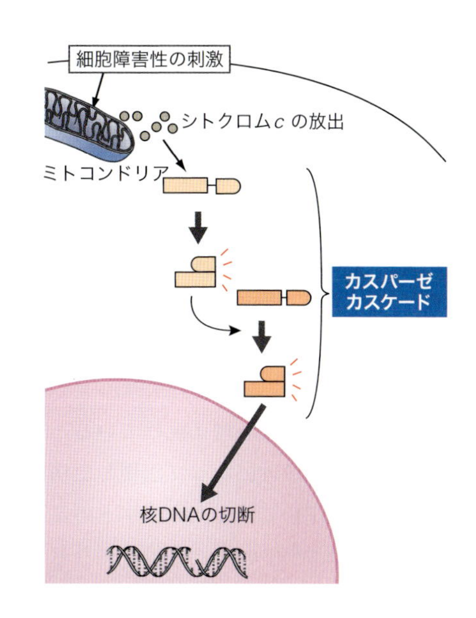

図6-4　アポトーシス

●アポトーシスの異常

前節ではタンパク質の異常と細胞のがん化についていくつかの例を示した．それぞれ非常に重要な要素であることは間違いないが，実際にはこれらの要素が単独あるいは部分的に生じただけでは細胞はがん化しない．通常は異常が生じた細胞はアポトーシスを起こしてしまいそのまま増殖を続けることはできない．細胞ががん細胞となるためには単に増殖するだけでなく，容易には死なずに増殖する必要があり，それにはアポトーシスの異常が必須である．

正常な細胞でも小腸上皮細胞などは増殖が非常に盛んで，その速さは固形がんのがん細胞よりもはるかに速いとされている．それなのにがん細胞が増殖の結果としていずれ個体の生命を脅かすまでに大きくなるのは，がん細胞では増殖だけではなく，アポトーシスの異常も起きているからに他ならない．

※6　説明のために付け加えるが，オタマジャクシの尾が外的な力などで切り離されるとしたら，尾はネクローシスを起こす．

③ 発がんとがん遺伝子，がん抑制遺伝子

前節で正常細胞と異なるがん細胞の特徴を説明した．それでは，なぜそのような細胞が生じるのだろうか．環境や食品の安全に関係して**発がん性**などという言葉を耳にしたことがあるかもしれない．ここでは，そうした「発がん」のメカニズムについて解説する．

本章冒頭にがん死亡者が増え続けていると述べたが，がんそのものは最近になって出現した疾患ではなく，古くから存在していた．エジプトのミイラでもがん病変が確認されている．18世紀になるとイギリスでがんの発生についての疫学的な発見があった．煙突清掃従事者に陰嚢のがんが多いことから，その原因が煙突のすすではないかと考えられた．後の研究ですすに含まれるタールに発がん性があることが明らかになっている．こうした化学物質はがんとの関連から，発がん物質という．発がん物質による発がんは化学発がんといい，放射線による放射線発がん，ウイルス感染による発がんとともに，発がんメカニズムにおいて重要な位置を占めている．

❖遺伝子の傷

発がん物質が細胞に取り込まれると核内のDNAと反応を起こしてゲノムに突然変異を起こす．この突然変異はゲノムのなかでランダムに起こり不可逆である．この細胞にはその時点では自律的な増殖能力はなく，その多くはアポトーシスを起こして死んでしまう．しかし，他の化学物質などで影響を受けた一部の細胞は生き残っていく．これらの細胞が増殖していくなかで新たな遺伝子異常が出現し蓄積していき，蓄積した遺伝子異常により細胞が増殖能，浸潤能，転移能を獲得し，がんとして増殖していく．この段階の細胞では遺伝子が非常に不安定となりさまざまな突然変異が出現し，そのなかでも増殖に有利ながん細胞がさらに増殖を続けていく．

放射線発がんでは，放射線によって化学発がんにおける初期の変化と類似の現象が細胞で生じてDNAの損傷を引き起こすと考えられている．放射線は高いエネルギーをもっており，DNAに当たるとこれを傷つけ，ときには破壊してしまう．

ヒトの細胞の核にある全DNA配列のなかでタンパク質をコードしている部分は1.5％程度とされている．発がん物質や放射線でランダムに発生するDNAの損傷の多くは遺伝子を含んでいない部分に生

Column 細胞のシグナル伝達

本文で説明したシグナル伝達をより一般化すると，細胞への刺激や細胞周囲の環境の情報は，シグナル伝達というしくみで細胞に伝わる，ということができる．受容体とシグナル分子の組み合わせはある程度決まっていて，このことが適切なシグナルが適切な細胞に伝わるためにはきわめて重要である．受容体に伝わったシグナルは細胞内の物質の活性化と呼ばれる変化や細胞内外の物質の移動を引き起こし，これが次の変化への合図となり，最終的には細胞の機能の変化をもたらす．

砂糖を甘いと感じるのは，砂糖（この場合のシグナル分子）が舌の味覚細胞にシグナルを伝えることから始まるシグナル伝達の結果であり，空が青く見えるのは光がシグナル分子のような役割を果たして網膜の細胞のシグナル伝達を開始させることがきっかけとなっているなど，ありとあらゆる生体の反応がシグナル伝達というしくみを利用している．生体のしくみを解明することのかなりの部分はそのシグナル伝達のプロセスを解き明かすことだとしても過言ではない．

また，医療に用いられる薬剤もシグナル伝達のしくみを利用しているものが多い．例えば，胃酸の分泌を抑える薬は，胃酸の分泌を促すシグナル伝達を阻害する．あるシグナル分子をまねてその受容体に結合するものや，受容体をふさいでしまってシグナル分子の結合を邪魔してシグナルを遮るものなど，さまざまな種類がある．以前は薬品の発見が先で，その作用のメカニズムを解明していく過程で関係するシグナル伝達経路が明らかになることが多かった．しかし，現在では分子標的治療薬（⑤参照）のように特定のシグナル伝達経路にねらいを定めてそこに作用する薬品を開発することで目的の効果を得ようという試みが盛んである．

じていると考えられる．このため，細胞の機能に生じる変化がはっきりしない※7．ところが，こうした傷が遺伝子上に生じるとその遺伝子をもとにつくられるタンパク質に異常が生じてしまう．どのような遺伝子に異常が生じるかで，その結果引き起こされる細胞の異常が変わってくる．もっとも，基本的には細胞にはこうした異常を発見，修復する機能が備わっているし，こうした異常が残っている細胞は免疫機構によって排除されてしまう．細胞の増殖や細胞死などの重要な機能を担う遺伝子に異常が生じると細胞のがん化が引き起こされる可能性が高まる．通常1つの遺伝子異常だけでそのままがん化することは稀で，いくつかの重要な遺伝子の異常が積み重なる必要がある．

がん遺伝子，がん抑制遺伝子

これらのうち，異常が起きたことによりそのタンパク質の機能の調節が効かなくなり，常にそのタンパク質が機能を発揮する状態になってしまう（前述のEGF受容体など）ことで細胞のがん化を引き起こす可能性が高まるものを**がん遺伝子**と呼ぶ※8．一般にがん遺伝子はもともと正常な状態では細胞増殖にかかわる遺伝子だったものが多いことがわかっている．これに対して，正常な状態では細胞の増殖を制御したり，異常な細胞の細胞死を引き起こしたりするなど，がん発生に抑制的に作用するタンパク質（前述のRbやP53など）をつくるものを**がん抑制遺伝子**と呼ぶ．がん遺伝子由来の活性化し続けているタンパク質とがん抑制遺伝子の異常によりブレーキがきかなくなった状態が“うまく”組み合わされると細胞ががん化する．

多段階発がんモデル

大腸がんの発がんプロセスは最も研究されているものの1つである（図6-5）．大腸がんの多くは，正常な1個の粘膜細胞の核の中でがん抑制遺伝子の1つである*APC*に異常が生じることから始まると考えられている．実際*APC*の異常は8割以上の大腸がん患者のがん病変から見つかる．*APC*に異常をきたすと粘膜の細胞が過剰に増殖して腺腫と呼ばれる良性※9の増殖性の病変をつくる．加えてがん遺伝子K-*ras*に異常（基本的には点突然変異）が生じると腺腫が大きくなり，個別の細胞の形態の変化が顕著になる．さらに別のがん抑制遺伝子である*p53*に異常が加わることで細胞が無秩序に増殖するようになり，腺腫ががん化する※10．さらにいくつかの遺伝子に異常が

Column タバコによる発がん

タバコとがんの関係が論じられるようになって久しい．疫学的には肺がんだけでなく，胃がん，乳がん，食道がんなどさまざまながんのリスクを高めることが知られている．タバコには発がん物質とされる化学物質が実験的に確認されているものだけでも60種類以上含まれていて，そのうち少なくとも15種類はヒトでの発がん作用が実際に確かめられている．

ところで，タバコの習慣性のもとはニコチンであるが，その代謝はタバコに含まれる発がん物質の1つNNK※11の代謝（発がん物質としての活性化）と同じ酵素に依存している．この酵素の活性には個人差がある．ニコチン依存状態にある喫煙者はタバコに含まれるニコチンが少なかったり，尿へのニコチンの排出が増えたり，ニコチンの代謝が多くて結果的に体内でニコチンが不足気味になると，吸うタバコの量を増やすことでその不足を補おうとするとの観察結果がある．よって，この ニコチンを代謝する酵素の活性が強いと喫煙の量が増えるということがいえる．一方で，この酵素の活性が強いということはNNKを代謝して発がん性を高めることになるのでがんのリスクも高まる．しかも，ただでさえNNKの代謝が盛んなのに，今述べたような理由で喫煙量も増えるわけであるから，発がんの危険性がますます増しているといえる．これは，あたかも，がんがタバコを通して人間集団に蔓延するためにあらかじめ用意されていた罠のようで，少し気味が悪い．

※7 最近，全DNA配列のなかで遺伝子領域以外の部分にもさまざまな役割があることがわかってきている．そういう意味では非遺伝子領域の傷もDNA上の遺伝子領域に生じる変化と同様に細胞の機能に変化をもたらす可能性はある．
※8 がん遺伝子はがんの原因となるような異常をもった状態であるのに対して，異常が生じる前の正常な遺伝子は原がん遺伝子と呼ぶ．
※9 腫瘍性病変のうち無限には増殖せず，浸潤や転移などの性質も示さない，がんの「悪性」に対応する表現．
※10 K-*ras*や*p53*の異常を便から検出することでがんの早期発見をしようという試みも行なわれている．
※11 4-（メチル-ニトロソアミン）-1-（3-ピリジル）-1-ブタン

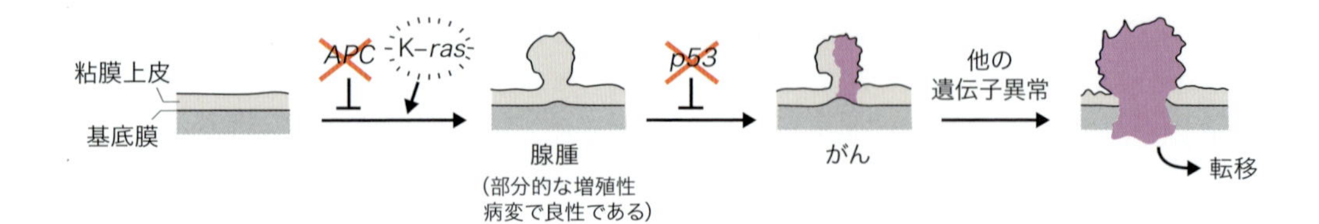

図6-5　大腸がんの多段階発がんモデル

正常組織からがんに進むに従っていくつかの遺伝子の異常が積み重なっていく．*APC*はがん抑制遺伝子で本来細胞の骨格に関係している．K-*ras*はがん遺伝子で*ras*の一種である．これらの異常により大腸粘膜に腺腫が出現する．さらにがん抑制遺伝子で転写制御に関与している*p53*に異常が生じると，がんとなる．さらに遺伝子異常が蓄積し転移などがみられるようになる．

生じ，これらの遺伝子異常が蓄積されてくると，がんが浸潤したり転移したりする能力を獲得すると考えられている（**多段階発がん**モデル）．もっとも，すべての大腸がんでこうした経過をとるわけではなく，他のがんの場合まで含めると，発がんのステップにはさまざまなパターンがあると考えられている．

4 がんの診断と病理学

がん細胞であることの判断

ここまで述べてきたように，がんの原因は遺伝子に生じた傷であるが，遺伝子に傷のある細胞すべてががん細胞であるわけではない．では，がん細胞があるかないかを見極める「がんの診断」は実際の医療ではどのように行なわれるのだろうか．ある臓器に腫瘍があり，これを外科的に切除したとする．この腫瘍が，悪性か，良性か，あるいは感染や炎症応答の一環としての組織の変化なのかは，病理学的に判断される．通常の診断は主に光学顕微鏡を用いた組織形態の観察による．判断の基準は臓器ごとに異なっているが，基本的には，細胞の形，核の形と種々の染色液による染色の様子，細胞の分裂像，周囲の組織との関係などががん細胞の診断の根拠となる．

腫瘍組織

がんはがん細胞だけで成り立っているわけではない．正常の組織がそうであるように，結合組織，血管，リンパ管，免疫系の細胞などが含まれている．がんが増殖するためには栄養の供給が必要であり，血管による血液の供給が必要となる．多くのがん細胞は飢餓状態になると血管の増殖を促すタンパク質を放出し，血管の新生を促す．

がん細胞の不均一性

がんを構成しているがん細胞は1個のがん細胞が増殖したものであるといわれるにもかかわらず，不均一な性質と形態を示すことが多い．同じ臓器由来のがんであっても遺伝子への傷のつき方は千差万別であり，それぞれのがん細胞で性質が不均一になる．こうしたがん細胞の個性の違い（不均一性）が病気の進行や抗がん剤の効きやすさなどの違いとなる（Column：がん幹細胞 参照）．

その一方で，がんの個性がしばしばそのがん細胞が生ずるもととなった細胞の性質に依存していることも事実である．

5 がんの治療

医療としてがんの治療を行なう場合には，患者の状態，がんの種類，がんの進行度などさまざまな条件を加味してどのような治療を選択するかが決定される．複数の治療方法を組み合わせることもあるし，治療の目標もがんの根治以外に，一時的な症状改善をめざして行なわれるものもある．実際に患者に対して行なわれているがんの治療はこのように複雑なものであり，その詳細は専門書に譲ることにする．ここでは，がんを理解するために，少し生物学的な視点に絞ってがんの治療に用いられるさまざまな道

Column がんの遺伝子診断

乳がんや卵巣がんの発症に関係するとされるがん抑制遺伝子に*BRCA1*，*BRCA2*がある．欧米のデータでは全乳がん患者の5～10％，全卵巣がん患者の2～10％でこれらの遺伝子に異常が見つかり，逆に，これらの遺伝子に異常がある人の60～85％で乳がんが，26～54％で卵巣がんが，一生のうちには発症するとされている※12．

アメリカではすでに，*BRCA1*，*BRCA2*の遺伝子検査が実用化されており35万円前後で検査を受けられる．遺伝子検査の実際は1回の採血で終わりである．検査費用をカバーする健康保険が多いが，検査の必要性が特に高いと認められる場合にのみ費用の一部が支払われる．家族に乳がんや卵巣がんの患者がいる場合や，自らがこれらのがんを若くして発症したような場合でも実際に遺伝子異常が見つかる確率は必ずしも高くはない．検査で遺伝子異常がないことがわかれば，これらのがんのリスクは他の人と比べて違いはないと考えてよい．残りの人生を安心して暮らしていける，という人もいるかもしれない．しかし*BRCA*遺伝子の異常がすべての乳がんの原因ではないので引き続き健診は受け続けることが推奨される．

遺伝子異常が見つかった場合の選択肢として，両方の乳房の予防的切除術を受ける，両方の卵巣の切除術を受ける，ホルモン剤による発病予防を継続して行なう（ホルモン補充療法），25歳を過ぎたら年4回以上の検診を受ける，などがあるが，手術療法に関しては特に，身体面，心理的側面の問題が大きい．最近アメリカの有名女優がその手術を受けたことを公表して話題となった．ホルモン補充療法では副作用が知られており，その他の化学予防でも同様である．検診も完璧ではない．当然ながら，乳がんについては予防的切除術を受けた患者は受けなかった場合に比べて乳がん発生のリスクは下がる（それでも1/10程度）．卵巣についてもリスクの低下が認められる．なお，遺伝子診断に際しては専門のカウンセリングを受けることが推奨されている．

細胞周期を司るRbタンパク質の遺伝子に変異がある場合やアポトーシスを司るP53タンパク質の遺伝子に変異がある場合は，それぞれ網膜芽細胞腫，リーフラウメニ症候群（骨肉腫，白血病，大腸がんなどを若年で発症）を高頻度に発症する．このように，遺伝的背景をもつがんが明らかに存在し，その他にも遺伝的な素因が特定のがんへのかかりやすさに影響することは間違いない．がん体質，がん家系などと呼ばれていた遺伝的な背景が，徐々に明らかにされつつあるといえる．

がんの遺伝子診断と呼ばれるもう1つの重要な診断技術は，がんの個性診断である．例えば，肺がん患者のうちがん細胞にEML4-ALK遺伝子逆位（p92 Column 参照）がみられるものでは，クリゾチニブという分子標的治療薬が顕著に効果があることが知られていて，治療方針を決定するうえで重要な検査（遺伝子診断）となる．徐々にではあるが，がんのテーラーメイド治療が遺伝子診断に基づいて行なわれるようになってきているのである．

Column がん幹細胞

本文中で「がんを構成しているがん細胞は1個のがん細胞が増殖したもの」と述べた．がん幹細胞という概念があっていくつかのがんでは実際にがん幹細胞が見つかっている．幹細胞（4章❼参照）と同じように，がん幹細胞は，自己複製能をもち，さまざまな性質の細胞に分化していく．がん細胞の不均一性もここに由来すると考えられている．

がん細胞の由来については未解明な部分が多い．体性幹細胞から分化した体細胞が生まれるプロセスと，がん幹細胞からがん細胞が生まれるプロセスがどのような関係にあるのかの全体像は明らかではない．ある種のがんでは（がんではない）幹細胞のがん化が病気としてのがんの発生には必要であることがわかっている．しかし，すべてのがんで幹細胞のがん化ががんの出発点というわけではないであろう．例えば多段階発がんモデルのような形で，体細胞が最初にがん化し増殖過程でがん幹細胞の役割を果たすものが出てくると考える方が，これまでの知見からは説明しやすい現象も多数報告されている．

がんの増殖や転移，再発にもがん幹細胞の必要性が指摘されていることから従来のがん細胞をたたく治療ではなく，がん幹細胞を標的にした治療についても研究が進められている．がん幹細胞は比較的増殖が遅いなど，従来の治療が効果を出しにくい性質を示すことが知られており，がん幹細胞を標的とした治療法の開発にはがん幹細胞の正体の解明が不可欠である．

※12　同じく欧米のデータでは遺伝子異常の有無を考慮せずに見積もって，90歳まで生きる全女性の12％に乳がんが発生するとされる．

具のうち，代表的なものについて解説していく．

❖手術

多くの読者はがんの治療というとまず，手術を思い浮かべるのではないだろうか．これは，がんが無秩序に増殖を続ける細胞の塊であるということからして，それを丸ごと切り取ってしまえば体からがんがなくなる，つまり治る，という発想である．転移がない場合には非常に有効な治療といえる．

❖放射線治療

一定以上の強さの放射線は細胞に照射されると核にあるDNAに損傷を与える．DNAに受けたダメージが大きいと細胞はアポトーシスを起こしてしまう．この性質を利用したがん治療が放射線療法である．がん細胞は増殖が盛んであるためDNAが放射線による傷害を受けやすい．また，正常組織の細胞の方ががん組織の細胞よりも放射線による傷害に強いとされていて，放射線治療はこうした細胞の性質の違いをうまく利用している（図6-6）．

❖化学療法

抗がん剤も，基本的にはがん細胞のDNAを標的にしている．がん細胞のDNAに損傷を与えることで細胞死に導いたり，細胞の増殖を抑制したりすることを狙っている．抗がん剤には細胞内に入ると，核にあるDNAに強力に結合してDNAの複製を阻害するもの，DNAの複製の過程で正常な核酸の代わりに取り込まれて最終的にDNAの複製を止めてしまうもの，DNAの複製や細胞分裂に必要なタンパク質のはたらきを阻害するもの，などがある．いずれもがん細胞だけに作用するわけではなく，細胞分裂が盛んながん組織が相対的にはダメージを受けやすい，というだけであり，正常組織での副作用も起こりやすい（図6-7）．

❖ホルモン療法

正常組織では細胞の増殖はコントロールされていて全体の秩序を保ちながら細胞が増殖したり，とき

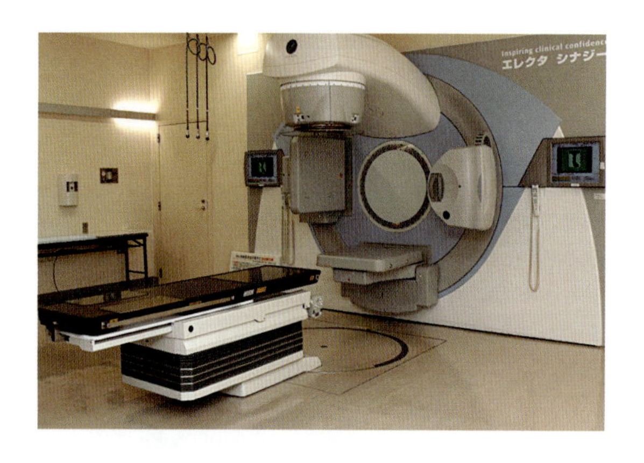

図6-6　放射線治療装置

放射線をさまざまな角度から照射することで，がん組織により多くの放射線を照射し正常組織への不要な照射を減らすことができる．また，治療予定量の放射線を一度に照射するのではなく日を分けて分割照射することで，がん組織に対する治療効果が高まる．画像：中川恵一博士のご厚意による．

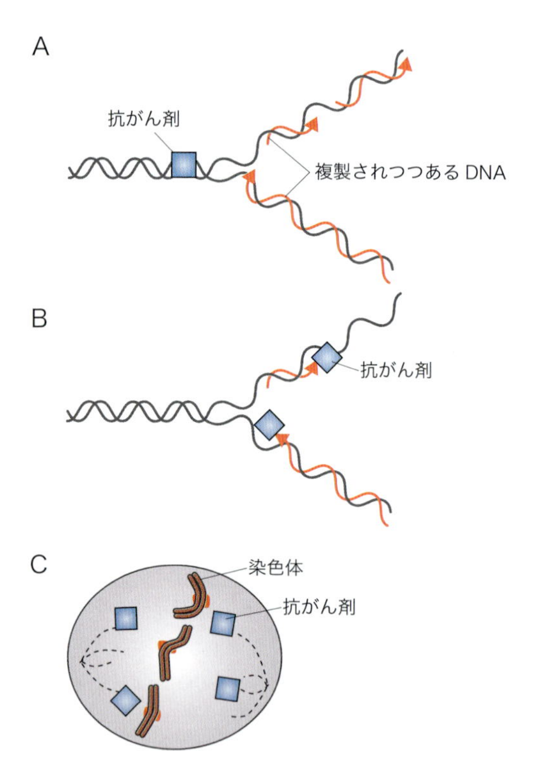

図6-7　化学療法における抗がん剤の作用

A）DNAに抗がん剤が強く結びつきそれ以上のDNA複製が進まない．B）複製過程で正常な核酸の代わりに抗がん剤が取り込まれそれ以上DNA複製が進まない．C）細胞分裂のために染色体が2つに分かれる準備ができても抗がん剤に阻まれて次のステップに進めない．

には死んだりしているということは前にも述べた．この増殖のコントロールは非常に精密に行なわれていて，また，幾通りもの方法が備わっている．そのうちの1つがホルモンによる制御である．ホルモンはシグナル分子として細胞の機能や増殖を制御している．

●前立腺がんのホルモン療法

前立腺がんのがん細胞は前立腺の正常組織の性質を部分的に保っており，多くは男性ホルモンによる増殖シグナルを受けて増殖している．この性質を利用して，逆に男性ホルモンの作用を抑制することで前立腺がん細胞の増殖を抑えるのが前立腺がんのホルモン療法である（図6-8）．

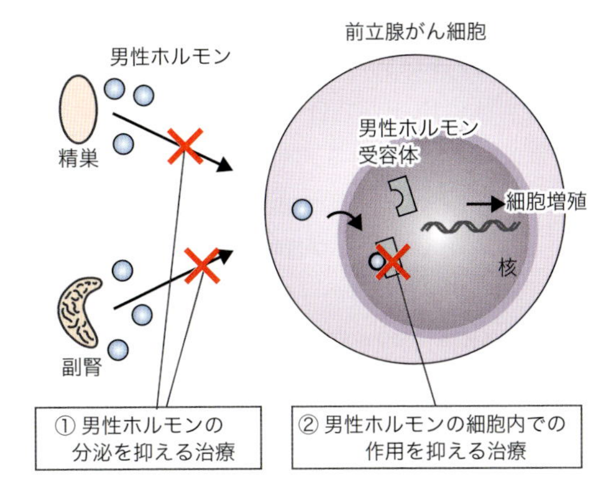

図6-8　前立腺がんのホルモン療法

前立腺がん細胞に増殖のシグナルを伝える男性ホルモンを，①分泌されるのを抑制したり，②細胞内で作用するのを阻害したり，というホルモン療法が行なわれている．

❖分子標的治療薬療法

細胞増殖にはホルモン以外にもさまざまなシグナルが関与している．こうしたシグナルの伝達経路上にある分子を標的にした薬物療法が近年注目を浴びている．細胞のがん化のところで説明したEGF受容体を例にとる．すでに述べたように一部のがんではEGF受容体の異常が見つかっていてこれが細胞のがん化に関与していると考えられている．

EGF受容体は細胞膜上の受容体であるが，これにシグナル分子であるEGFが結合すると，最終的には細胞の増殖を促すシグナルが細胞内に伝達される（図6-3A参照）．EGFがEGF受容体に結合するとEGF受容体の化学的な性質が変化するが，その変化についてはEGF受容体を構成するどのアミノ酸がそのように変化するかも明らかになっている．ゲフィチニブと呼ばれる分子標的治療薬はこのEGF受容体の変化を起こす部分に結合することでEGF受容体のシグナル伝達を阻害しがん細胞の増殖を抑制する（図6-9左）．

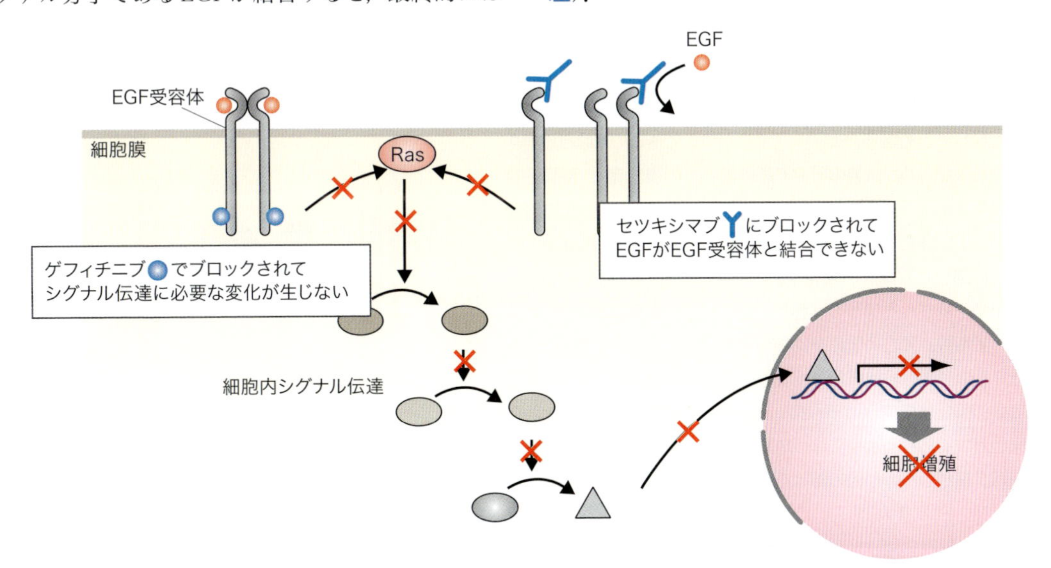

図6-9　分子標的治療薬によるシグナル伝達伝達の阻害

EGF/EGF受容体が関与したがん細胞増殖のメカニズムに対しては，EGF受容体そのものと，EGF受容体とEGFの結合薬剤が開発されて臨床応用されている．

一方，セツキシマブと呼ばれる分子標的治療薬は，EGF受容体にEGFが結合するのを阻害する薬剤で，ゲフィチニブとは異なるメカニズムでEGF受容体を通した細胞増殖のシグナル伝達を抑制する（図6-9右）．なお，セツキシマブは抗体（p119 Column参照）と呼ばれるタンパク質の一種で，ゲフィチニブとは全く異なる開発過程を経て生み出された薬剤である．

ここでは近年開発が盛んで臨床への応用が進んでいる分子標的治療薬のごく一部について述べた※13．今後も発展が期待される分野であり，がんの治療の進展につながることが望まれる．

6 がんの進行と転移

がんの進行

がんが診断されずに放置されると，治療が困難になってしまうことがよく知られている．これは，単に腫瘍のサイズが大きくなるからではなく，がんが宿主の中で増殖する際にそれに伴ってより悪性度の高いがんへと変化するためである．「悪性度が高い」が意味するところは，転移と再発を起こしやすい，がんのできている臓器に機能障害を起こしやすい，高い細胞増殖性をもち治療に抵抗性を示す，免疫系

Column Bench to bedside（B2B）

基礎医学の研究者も臨床医学者も，医学・医療の発展のために，病気で苦しむ患者さんのために日夜努力を続けている．その相互の協力を象徴的に示す合い言葉として，「ベンチ（実験用テーブル）からベッドサイド（患者さんのすぐそば）に」というフレーズがよく使われる．基礎研究の成果をもとに病気の新たな治療法の開発につなげる，というものである．話としてはわかりやすいが医薬品開発では薬の候補が挙がってから製品化されるまででも10年程度はかかる．そこに至るまでの基礎的な研究の期間を含めたら気が遠くなりそうである．

ところが，わが国発の研究でこの常識を覆す型破りな成果が上げられたのを知っているだろうか．2007年に肺がんに関して興味深い発見があった．非小細胞肺がんというのは肺がんの中でも患者数，死亡者数の多いがんである．この，非小細胞肺がん患者の一部では，染色体異常（コラム図6-1）が原因でつくられるようになった異常タンパク質ががんの原因であることがわかった．EML4-ALKという異常タンパク質が細胞の無秩序な増殖を引き起こしていたのだ．

血液の腫瘍である慢性骨髄性白血病（CML）でも染色体異常が細胞のがん化の原因であるとされている（本章扉絵）．この異常染色体の最初の発見は1961年であったが，同様のメカニズムでの細胞のがん化は肺がん，胃がんなどの固形腫瘍ではみられないと長く信じられていた．それだけに，肺がんでのEML4-ALKの発見は驚きをもって受け止められた．

マウスの実験でもEML4-ALKは肺がんを引き起こすことが確かめられ2008年に報告された．EML4-ALKのはたらきを阻害すれば肺がんの治療ができるのではと世界中の研究者，製薬企業がこの分子標的治療薬の開発にしのぎを削り，2008年には早くも臨床試験が開始されることとなった．アメリカの食品医薬品局は初期臨床試験の結果ではEML4-ALKに対する分子標的薬の効果があまりにも明らかであることから，通常行なわれるべき最終段階の臨床試験の完了を待たずに2011年にクリゾチニブと呼ばれる薬剤を承認した．がん発生のメカニズムの最初の発見からわずか4年目のことであった．B2Bのよい成功例といえよう．当然ながら研究から医療での実現までにはさまざまな社会的な要因も大きく影響する．EML4-ALKは日本で日本の研究者によって画期的な発見であったが，その成果に基づいた最初の治療薬はアメリカの企業がアメリカで承認を受け，アジアで最初の臨床研究は韓国で行なわれたことも添えておきたい．

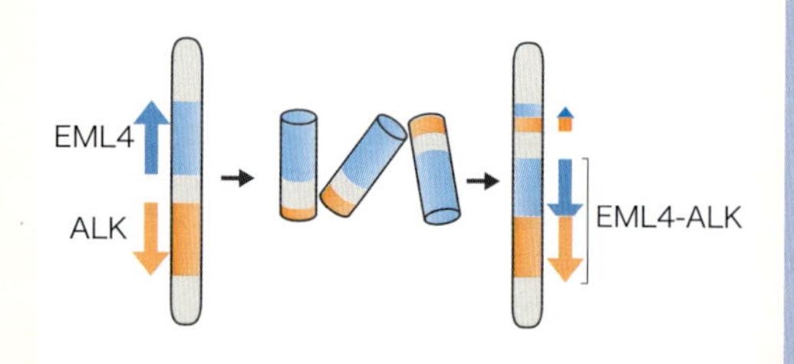

コラム図6-1　EML4-ALKの染色体異常

染色体の一部が逆向きに再挿入された状態で「逆位」と呼ばれる．なお，染色体の一部が他の染色体につなぎかわる異常は「転座」と呼ばれ，CMLでは9番と22番の染色体の間で転座が起きている．

※13　分子標的治療薬としては慢性骨髄性白血病（CML）の治療薬が先行している．染色体転座ががん化の唯一の原因と言っても過言ではないCMLに比べるとEML4-ALK転座があっても複合的な要因でがん化している肺がんの方が治療は難しい．

に影響して免疫抑制状態を引き起こす，などの性質をもつということである．これは，がん細胞がより分化度の低い状態※14に向かって変化していった結果とみることができる．また，上皮由来の固形がんの細胞が，間葉系細胞の性質をもつように変化したという見なし方もされる．がんの治療がうまくいかない原因の一端はがんの進行に伴うがん細胞，あるいはがん組織の変化によると考えられている．

がんが進行するのは，がん細胞のゲノムそのものに起こる変化（変異とエピゲノムの変化）とがん細胞の遺伝子発現の変化の両方の寄与があるだけでなく，宿主である個体の応答の変化も関係する．がんの進行と遺伝子の変化の関係でよく知られている例として，血液のがんの一種である慢性リンパ性白血病における急性転化と呼ばれる現象がある．がん細胞に染色体の異常が加わり細胞増殖シグナルが増強することで急速にがん細胞が増殖し，正常な細胞に置き換わってしまうのである．

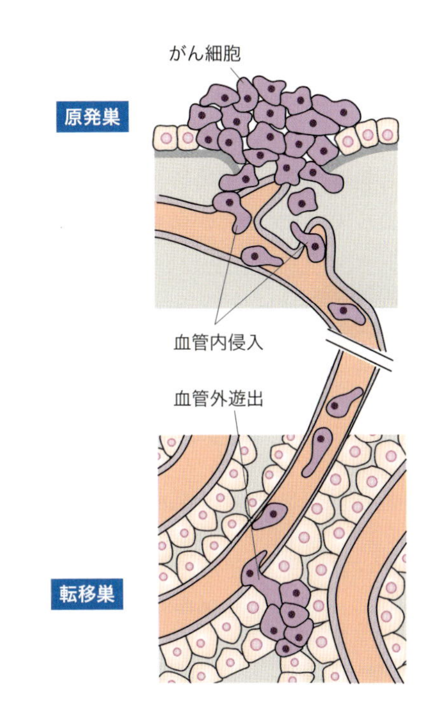

図6-10　がんの転移のモデル

がん転移

がんの進行の結果としてみられる現象の1つとして，転移がよく知られている．がんと呼ばれる疾患のほとんどが，上皮由来の固形腫瘍であり，ほとんどの場合，外科的な治療によって取り除くことが現在最も効果的な治療法である．したがって，「転移が起こらないようにできればがんを治すことができる」のは事実である．より重大なのは，転移が起こる臓器は，肺，肝臓，脳，骨など，重要な臓器が多いということである．つまり，がんによる死因の多くが原発巣※15ではなく，転移によるこれらの生存上必須の臓器の機能障害によるものなのである．

がん転移はがん細胞の組織内の移動，動脈・静脈などの血管やリンパ管など脈管内への浸潤，脈管内における移動，異なる臓器における着床，増殖と腫瘍組織形成などの複数の過程を経て起こる（図6-10）．これらの過程で重要な細胞の振る舞いには，同種の細胞間の接着を低下させて特定の他の細胞との接着性が生じる，運動性が高まる，細胞外の構造に基底膜などの組織の一体性を保つ構造を破壊する酵素を細胞表面に発現する，などの特徴がある．これらの細胞の振る舞いは，体内を移動している白血球などの免疫系の細胞や発生と分化の途上にある胚を形成している細胞がもつ性質であり，固形がんの起源である上皮細胞が本来もっている性質ではない．

転移先の臓器に到達したがん細胞※16が，そこにとどまって細胞数が増えないまま生存している状態を微小転移または潜伏状態と呼び，臨床的に検出するのは難しい．この状態がどのくらいの期間続きうるのかは定かでないが，乳がんでは10年にわたることもあるといわれる．微小転移が検出可能な大きさにまで成長し，臓器機能に影響を与え，よって臨床的に問題となる転移巣へと成長するまでの間にがん細胞および宿主の組織にどのような変化が起こってい

※14　細胞は分化が進むとそれぞれが決まった場所で固有の機能を発揮するようになり，移動や増殖は行なわなくなる．一方，未分化な細胞は発生過程やその他の細胞が分化する過程において，目的の器官，組織に到達するため移動を行ない，必要な嵩を得るために盛んに増殖する．この，移動や増殖は分化度の低い正常細胞では必要な能力であるが，がん細胞としてはやっかいな性質である．

※15　がんの転移巣に対する言葉．そのがんがその個体において最初に発生した部分．

※16　少数のがん細胞の塊であって，血小板や白血球などを伴うと考えられる．

るのかは完全には明らかでない．がん細胞と結合組織を形成する細胞や炎症細胞との相互作用，血管新生，リンパ管形成と免疫系細胞との相互作用を通して，炎症と組織修復，免疫応答と免疫抑制とが入り乱れて起こっている．がんが発見され，原発巣を手術で除去できたとしても，微小転移がすでに隠れて存在していることが多く，これらが成長し転移巣として臨床的に問題になるかどうかをコントロールする方法を開発できれば，多くのがんの治療成績が飛躍的に改善するはずである．

Column たねと土の仮説

1889年にフランスの外科医ページェットは，多くの乳がん患者の病理解剖結果から，がんが転移するかしないか，またどこに転移するかは，組織形態学などによって示されるがん細胞自体の性質（たねの因子）と転移形成部位となる臓器の性質（土の因子）の両者によって決まる，という仮説を発表した．乳がんに限らず，ほとんどすべてのがんにおいて，しばしば転移が好発する臓器はその解剖学的な位置関係や血管，リンパ管などによる接続のしかただけでは決まらない．

例えば一般的には皮膚に生じるがんであるメラノーマ（黒色腫）の転移は肺や脳に好発するが，網膜に生じる黒色腫は肝臓に転移する．胃がん，膵臓がん，大腸がんなどの消化器がんは肝臓が転移好発部位である．前立腺がんは肺と骨に転移する．また，同じ臓器由来のがんであっても転移しやすいものとしにくいものとがある（がんには個性がある）ことも確かである．したがって，「たねと土の仮説」は現在では仮説ではなく事実として受け入れられている．しかし転移の臓器特異性の背景となるメカニズムは十分に明らかにされているとはいえない．細胞走化性因子，細胞接着分子，細胞増殖因子のいずれもが原因の一端を担うと考えられている．臓器の発生学的な起源が転移の好発部位となる原因ではないかという仮説に基づく検討がたびたび行なわれたが，そのような事実は見つかっていない．

まとめ

- がんは現在の日本人の死因第１位の疾患である
- がんは１個の細胞のがん化から始まる
- 細胞はシグナル伝達というメカニズムを利用して情報のやりとりをしている
- 細胞周期の進行に合わせて細胞が増殖するが，がん細胞ではこの制御に異常が生じている
- がん化は，化学発がん，放射線発がん，ウイルス発がんといったメカニズムで生じる
- がんの発生にはがん遺伝子，がん抑制遺伝子の異常が段階的に積み重なって蓄積されることが必要である
- がん細胞は結合組織，血管，リンパ管，免疫系の細胞などとともに腫瘍を形成する
- がんの治療には手術のほか放射線治療，抗がん剤による化学療法などがある．近年進歩が著しいのはがんのメカニズムにあわせた分子標的治療薬による治療であるが，実際の治療ではこれらが組み合わされて実施される
- がんを治療せず放置するとがん細胞は悪性度を増し，他の臓器に転移する

おすすめ書籍

- 『がんの仕組みを読み解く—がんにも個性があった［サイエンス・アイ新書］』多田光宏／著，ソフトバンククリエイティブ，2007
- 『最新版 がんのひみつ』中川恵一／著，朝日出版社，2013
- 『がん遺伝子の発見—がん解明の同時代史［中公新書］』黒木登志夫／著，中央公論社，1996

第7章 私たちの食と健康の関係

光合成によりエネルギーを獲得できる植物と異なり，従属栄養生物である動物は，食物のみからエネルギーと素材を取り入れなければならない．これが食の基本的な意味である．食物に含まれる分子から化学エネルギーを取り出し，細胞活動のエネルギーを得るとともに，食物を分解して得たさまざまな低分子物質を用いて，動物の成長と細胞やその機能の維持のために生体分子を合成している．しかし，多細胞生物においては，細胞レベルでの分子の取り込み・利用と，個体レベルでの食物の取り込み・利用とは異なる現象であり，全体が効率的で調和のとれたはたらきをする必要がある．健康な状態とは単に病気でないことでなく，身体的・精神的・社会的に良好な状態と定義されるが，外界からの作用で身体に変化が起こったとき，それに対抗して緩和するしくみがはたらく状態のことでもあり，この調節が破綻すると健康維持が困難になる．本章では，食と健康に関する個体と細胞レベルの話題を提供する．

1 食べるとは

ヒトが摂取する食物は，基本的にすべて動物，植物，微生物などに由来するが，私たちの体はこうした有機物の塊をそのままでは利用できない．まずこれらを消化管の中でほぐして，小さな分子にまで分解，つまり消化したうえで体内に吸収し，全身に輸送する．それぞれの組織，細胞はそれを取り込み，細胞の中でさらに低分子物質まで分解して，エネルギーを取り出す．こうした，細胞におけるエネルギー変換および物質変換の過程を**代謝**と呼ぶ．また，それらを素材としてタンパク質などを生合成し，その他のさまざまな代謝に利用することができる．消化器には，胃，十二指腸，小腸，大腸といった消化管のほか，咀嚼（そしゃく）という前処理をする口や，消化液をつくり分泌する膵臓，胆汁をつくる肝臓とそれを貯めて分泌する胆嚢なども含まれる．なお，胃には消化液を分泌するだけでなく，食物を貯めている間に胃酸で消毒し食物の組織を壊すという前処理機能がある（図7-1）．

消化管の内腔は，個体としてみれば体内にあるが，細胞の観点からは体外とみなすことができる．ヒトは食物としてさまざまな生物の細胞成分を食べるので，自らの細胞や細胞成分とそれらを区別しなければならない．そうでないと自分の体を消化することになる．また消化管はさまざまな微生物やウイルスの感染を受けやすく，そうした外界との接触点としても重要であり，腸管では生体防御系が発達している．

2 消化と吸収

三大栄養素といわれる，糖質，タンパク質，脂質は，生体のエネルギー源や素材として重要である．

糖質のなかで，デンプンは，単糖のグルコースが数千単位つながった多糖である．デンプンを加水分解する酵素をアミラーゼと総称する．唾液腺や膵臓から分泌されるアミラーゼは，デンプンを主に，グルコースが少数つながったオリゴ糖にまで分解する．これは小腸の酵素でさらにグルコースにまで分解され，小腸の微絨毛（びじゅうもう）から吸収され上皮細胞を通って血

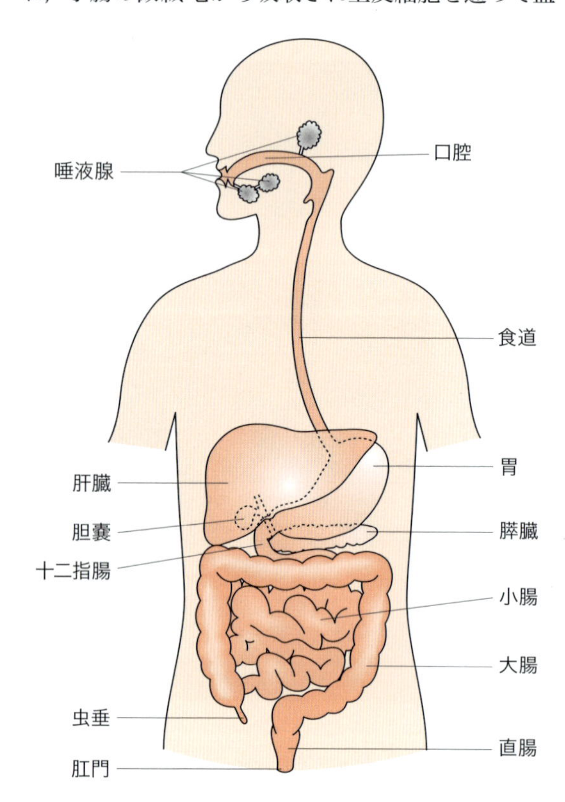

図7-1 ヒトの消化器

Column なぜ消化器は消化されないか？

胃でつくられるペプシン，あるいは膵臓でつくられるトリプシンなど，強力なプロテアーゼはどうして胃や膵臓の細胞を消化しないのだろうか？ これらのプロテアーゼは，プロテアーゼとしては余計な部分のついた不活性な前駆体タンパク質として細胞内で生合成され，消化管内腔へ分泌される．そこですでにはたらいているプロテアーゼによって余計な部分が切り落とされて，成熟体部分の構造が変化して初めて活性をもつようになる．したがってそれまでは，細胞は消化されることなく大量のプロテアーゼを合成し分泌することができる．また胃壁表面には大量の粘液が分泌され，これが胃酸やペプシンから胃壁を守るバリアともなっている．

液に入る（図7-2）.

タンパク質を加水分解する酵素をプロテアーゼと総称するが，酵素によって，切断しやすいタンパク質の構造や，反応の最適条件が異なる．ペプシンは胃液に含まれるプロテアーゼで，胃酸の酸性環境でよくはたらく．膵臓でつくられて十二指腸に放出される膵液は弱アルカリ性なので，十二指腸・小腸内で胃酸は中和される．膵液にはアミラーゼのほか，トリプシンやキモトリプシンなどのプロテアーゼ，脂質を加水分解するリパーゼ，核酸分解酵素など，多種の消化酵素が含まれる．胆汁は，肝臓でつくられて胆嚢に貯まったのち十二指腸に放出される．胆汁には界面活性作用をもつ胆汁酸が含まれており，食物中の脂質を乳化，分散させて消化と吸収を助ける．

タンパク質はプロテアーゼによって，アミノ酸，あるいはアミノ酸数個がつながったペプチドにまで

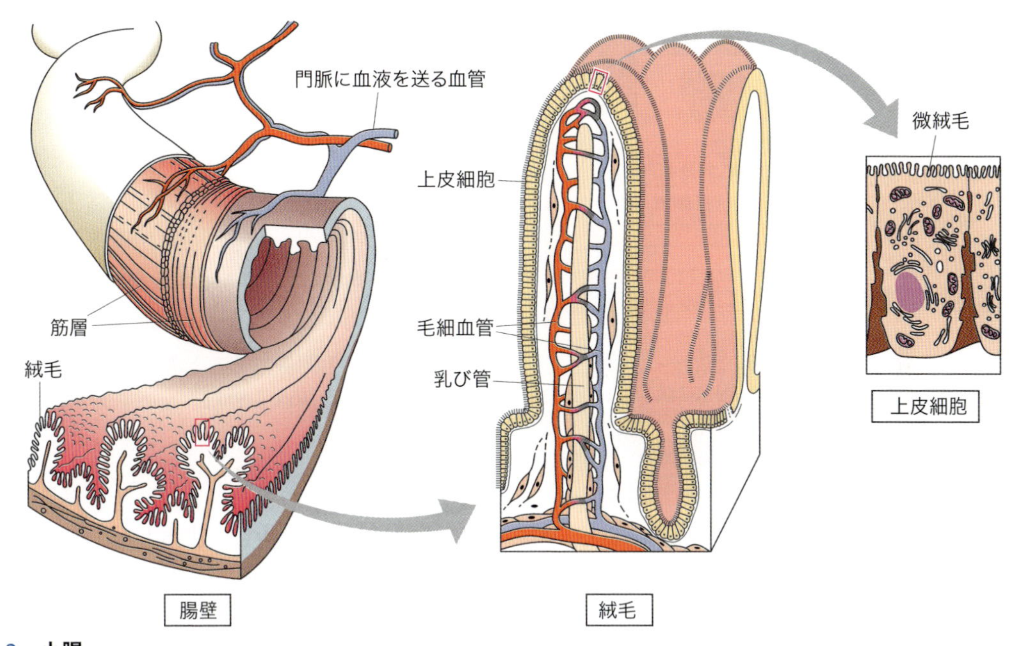

図7-2　小腸

小腸の内側はひだ状になっており，内腔に向かって無数の絨毛が密生している．絨毛の表面は単層の上皮細胞で覆われ，内側には毛細血管と乳び管という末梢のリンパ管が走っている．上皮細胞の表面は微絨毛と呼ばれる刷毛状構造のため表面積が非常に大きい．ここから吸収された栄養分は上皮細胞を通って毛細血管から門脈へ，あるいは乳び管からリンパ管へ輸送される．

Column　蓄積するのはなぜ脂肪か？

中性脂肪はグリセロールに3個の脂肪酸が結合した分子である（コラム図7-1）．糖質も基本代謝物質を介して脂質に変わるので，グルコースを摂取する場合でも中性脂肪としても蓄えられる．中性脂肪はグリコーゲンよりも効率のよい蓄積物質である．脂肪1 gの酸化で得られるエネルギーはグリコーゲン1 gを酸化した場合の約2倍になるが，グリコーゲンには大量の水が結合しているため脂肪と同じ量のエネルギーを蓄えようとすると6倍の重量が必要になる．成人はグリコーゲンを日常活動の約1日分しか蓄えていないが，脂肪は数週間分蓄えられる．これをグリコーゲンで置き換えると相当体重が増えてしまう．これらの理由で脂肪は重要な備蓄物質であり，逆に中性脂肪を分解するときわめて高いエネルギーを放出することになる．

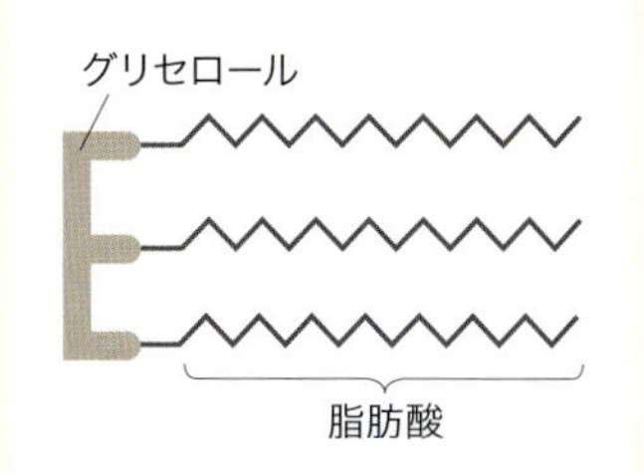

コラム図7-1　中性脂肪の構造

分解された後，微絨毛をもつ小腸の上皮細胞を通って血管に入る．一方，中性脂肪（コラム図7-1参照）は，リパーゼによって部分的に加水分解され，生じた脂肪酸とともに上皮細胞へ取り込まれる．そこで中性脂肪が再合成され，特別のタンパク質との複合体を形成してリンパに入り，その後血液に入り，全身に輸送され，一部は肝臓にも行く．

胃腸から吸収された栄養分を含む血液は，門脈を通り肝臓に運ばれる．肝細胞には血液中の有害物質を分解，無毒化するはたらきがある．例えばエタノールは，肝細胞でアセトアルデヒドへ，さらに酢酸へ酸化されて無毒化され，それが体中に回って組織で分解され，最終的にCO_2と水になる．肝臓には，門脈のほか大動脈から枝分かれした肝動脈も流入している．肝臓でこしとられた血液は肝静脈を通って出ていき，心臓から全身へ送り出される（図7-3）．

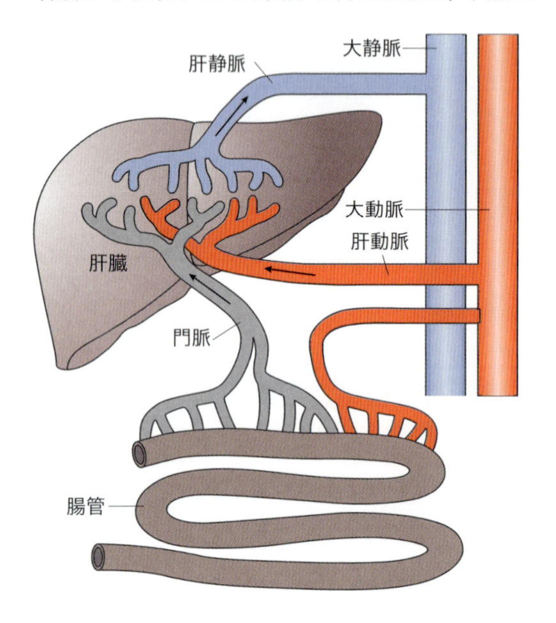

図7-3　腸と肝臓の血液の流れ

各臓器・消化管には大動脈から分岐した動脈で血液が供給される．門脈は2つの毛細血管系に挟まれた領域の血管で，腸や胃で吸収された栄養素や毒素を肝臓まで運ぶ．肝臓で処理を受けた血液は肝静脈から心臓へ戻り，全身に送り出される　矢印は血流の方向を示す．

3 消化管の共生微生物

ヒトの体には多種多様な微生物が棲んでいる．口内の微生物は虫歯，歯周病，口臭の原因となることもある．皮膚や呼吸器には別の微生物が棲んでいる．このような常在菌は，ヒトの生体防御能力の低下したときに日和見感染を引き起こす場合もあるが，ふだんは生体防御の一翼を担っている面があり，ヒトは常在菌と緩い共生関係にあると考えることができる．

胎児は無菌状態にあるが，誕生すると短時間で大腸内に細菌が広まり，生涯にわたる腸内細菌との付き合いが始まる．細菌叢（そう）（フローラ）は年齢や食事，体調によって変化するが，1人1人で安定な細菌叢は異なる．糞便の体積のほぼ1/3は腸内細菌が占めるが，ヒトは，毎日増えては入れ替わる約100兆個の細菌と共生しているといえる．腸管は体の中で，外界との最大の接触面積をもち，免疫系（8章3参照）が発達している．通常の有益な食品や微生物には過剰な応答を起こさず（経口免疫寛容），病原菌に対しては抗体がはたらいて排除している．免疫寛容機構

Column　食品中のDNAの行方

私たちは日々，食品という形で，いろいろな動物，植物，微生物のDNAを大量に食べているが，私たちの体は他の生物の遺伝子を取り込まないのであろうか？ 膵臓からは多種多量のDNAやRNAを加水分解する酵素が分泌され，小腸からも別の核酸分解酵素が分泌されるので，核酸は小腸でほとんど塩基および糖リン酸にまで分解され，上皮細胞から血管へ吸収される．塩基部分は一部再利用されるが，ヒトの場合，一部の塩基は尿酸として排出される．いずれにしても，食品由来のDNAは，このように消化され，私たちの細胞に組み込まれることはない．また，遺伝子として機能するためには，遺伝情報を保持した高分子DNAがそのまま細胞に取り込まれ，染色体に組み込まれなければならない．しかも子孫に伝わるにはそういう現象が生殖細胞で起こらなければならないことを考えると，食品由来のDNAがヒトで遺伝することは考えられない．現にヒトのゲノムにそういう痕跡は見つかっていない．

の異常は食物アレルギーを引き起こす．

腸内は無酸素状態で，無酸素を好む嫌気性細菌が多数派である．健常者の大腸に多い乳酸菌は，糖を代謝して最終的に乳酸を放出するさまざまな嫌気性細菌の総称で，周りを酸性にするなどの機構で有害菌の増殖を抑える．大腸菌は腸内では少数派であるが，O_2があると増殖が速いので，糞便から分離すると比較的目立つコロニーをつくる．実験室で用いる大腸菌K-12株は無害であるが，大腸菌のなかにはO157株のように有害な種類もある．

Column いろいろな発酵と食品

「発酵」はいろいろな意味に用いられる．発酵と腐敗はいずれも微生物による有機物の分解・変性で，人の害となるものを腐敗，益となるものを発酵と説明されることがある．有機物の分解といっても，空気を送り込めば，好気性菌によるエネルギー代謝が進んで菌体が増殖する．産業廃水を活性汚泥にして捨てる方法があるが，その正体はこうやって増えた菌体である．一方，O_2が供給されないと，嫌気性菌によるいろいろな段階の分解や反応によって，有機酸などのさまざまな低分子物質を生じる．不快臭もあるが，人間にとって有益な香りや味，機能性物質を生じる場合もある．好気的な代謝に対して，このような嫌気的な代謝過程のことを「発酵」と呼ぶことがある．

グルコースなどの糖は分解されてピルビン酸になる．嫌気的条件では，ピルビン酸は乳酸やエタノールになる場合がある．これらを細胞外に放出する現象が，乳酸菌の乳酸発酵，酵母のアルコール発酵であり，それを人が食品や酒づくりに利用してきた．ビールの泡もアルコール発酵で出るCO_2を閉じ込めたものである（品質安定化のため少し補充している）．酢（醸造酢）はアルコールを酢酸菌が酸化してつくるが，これを酢酸発酵という．このように微生物の代謝を利用して有用な物質をつくることを，その物質名を冠して何々発酵と呼ぶ．約100年前，池田菊苗（きくなえ）は昆布から旨味物質グルタミン酸ナトリウムを同定した．グルタミン酸ナトリウムはその後大豆や小麦のタンパク質の加水分解物から得ていたが，約50年前，細菌を使ったグルタミン酸発酵が開発され，日本でアミノ酸発酵など本格的な発酵工業が始まった．現在では，食品分野だけでなく抗生物質などの医薬品の生産も，発酵技術に多くを負っている．

お酒は，人が微生物の存在を知るよりはるか昔から，世界中で多様な発展を遂げた．アルコールをつくる主役はいずれも酵母であるが，原料はさまざまである．ワインでは，ブドウのグルコース（ブドウ糖）やショ糖を酵母が直接利用できるが，穀類を使う場合には，デンプンを何で分解して酵母が利用できるようにするかで方式が違う．ビールでは，大麦が発芽するときの麦芽（モルト）のアミラーゼで，デンプンをグルコースが2つつながったマルトース（麦芽糖）にまで分解する．東アジアの酒では，デンプン分解活性の高いカビが広く使われ，日本酒では原料の米を，コウジ（麹）菌のアミラーゼでほとんどグルコースにまで分解する．

味噌や醤油は，原料である大豆，小麦，米などを，コウジ菌により分解・発酵させ，高い食塩濃度のもとで熟成させてつくる．醤油の発酵・熟成過程では，耐塩性の酵母や乳酸菌のはたらきも加わって味に広がりができる．一方，パン酵母もワインやビールの酵母と近縁であるが，パン生地の中でアルコール発酵が少し進み，パンを焼くことによってCO_2の気泡が膨らんでふんわりとした食感を与える．性能のよい酵母の株を純粋培養して製パンに用いるが，「天然酵母」と銘打っていないものが人工的な酵母というわけではなく，天然からとった酵母には違いない．

乳酸菌食品の代表は，チーズ，ヨーグルト，漬け物である．ただしチーズが固形化しているのは発酵のためではない．仔牛の第四胃から分泌される，ペプシンと類縁のプロテアーゼ，キモシン（凝乳酵素）を，短時間発酵させたミルクに加えると，カゼイン分子の1カ所が切断され，溶解度が低下して沈殿する．それを熟成させたものがチーズである．今は仔牛を殺さず，遺伝子組換えキモシンを精製したものか，キモシンと同等の活性をもつカビ由来の酵素が使われる．青カビや白カビのチーズは熟成時にカビを植え付けたもので，カビがチーズをつくるわけではない．

ヨーグルトは，ミルクを乳酸発酵して得た凝固乳製品である．市販品には寒天やカゼインで固めたものもある．乳酸発酵は乳を発酵させたという意味ではなく，乳酸を生じる発酵の意味である．腸内細菌叢は人ごとに固有で，ヨーグルトの乳酸菌は腸に定着するわけではないが，整腸作用などが期待できる．とくに，腸を安定化する乳酸菌を含む食品をプロバイオティックスと呼ぶことがある．漬け物では耐塩性の酵母と乳酸菌がはたらいており，食塩による高浸透圧と乳酸菌の出す乳酸などで雑菌の増殖を防いでいる．

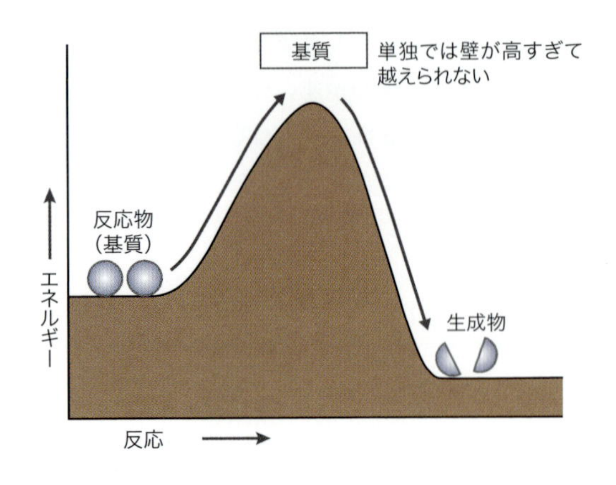

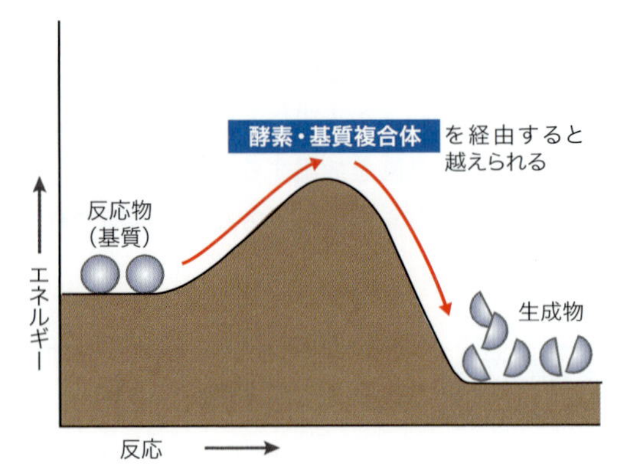

図7-4　酵素による触媒反応
酵素は触媒として反応を促進する（反応の障壁を低くする）．基質は酵素と複合体をつくることにより，越えるべき障壁が低くなる．

ピロリ菌は，胃酸にさらされる胃壁に棲みついている．ピロリ菌はウレアーゼを分泌しており，尿素を加水分解して生じたアンモニアで菌周辺の酸を中和している．ピロリ菌は，胃潰瘍の原因となることが示されており，除菌により胃潰瘍になる可能性は減ずる．

4 酵素

ここからはエネルギーおよび物質の変換過程（代謝）を見ていくことにしよう．体の中のほとんどの化学反応は，**酵素**というタンパク質の触媒作用により行われる．細胞外に大量に分泌されて消化管内で食物を分解する消化酵素は酵素としてむしろ特殊で，細胞の中では，加水分解だけでなく，酸化や還元，結合の切断，分子の一部を別の分子に移すなど，さまざまな反応を行う多様な酵素がはたらいている（表7-1）．

酵素の作用する分子を基質といい，酵素は特定の基質だけに作用する**基質特異性**と，特定の反応だけを行う**反応特異性**を備えている．個々の酵素反応は基本的に可逆反応であるが，それらの組み合わさった酵素反応経路は，互いに連鎖したり枝分かれしたりしており，1つの反応の生成物が別の反応の基質となる（図7-4）．全体からみると反応の連鎖は複雑な網目を構成しており，特異性を備えた多様な酵素のはたらきによって，複雑で巧妙な生命システム全体が成り立っている．

生命活動のためには，どの酵素を，いつ，どこで，どの程度はたらかせるかが重要である．酵素反応の調節は，酵素の量を変化させるか，酵素分子の活性を変化させるか[※1]で行なわれる．

5 生物エネルギーとATP

連続的な酵素反応による細胞の中の物質変化には，エネルギー的にみて反対方向となる大きな2つの流れがある．1つは食物（多糖，タンパク質，脂肪など）を小さな分子に分解して，エネルギーを獲得する方向の流れである．もう1つは，細胞を構成する多糖，タンパク質，脂肪などの大きな分子を合成する方向の流れであり，エネルギーを必要とする．

細胞内でエネルギーは，ATP分子（アデノシン三リン酸）の中の高エネルギー結合として蓄えられる（図7-5）．細胞では化学的な仕事ばかりでなく，電気的な仕事や運動などの力学的な仕事もATPを媒介として行なわれ，この意味で，ATPは生体エネルギーの「通貨」ということができる．グルコースに火をつけて燃やせば，CO_2と水と熱になって散逸するが，細胞内では，同じく最終的にCO_2と水を生じるにし

※1　つまり，遺伝子発現により酵素を合成，あるいは分解するか，量を変えずに性能を変えるかである．

表7-1　反応の種類から見た酵素の分類

分類群	酵素分類群	説明あるいは具体例
1	酸化還元酵素	電子のやりとりに関する反応を行う．解糖系などの糖代謝に登場するたくさんの脱水素酵素も，またカタラーゼもこれに属する
2	転移酵素	メチル基，アセチル基のような原子団の転移反応を行う．キナーゼやDNAポリメラーゼ，RNAポリメラーゼはリン酸転移酵素に属する
3	加水分解酵素	ペプシン，トリプシン，アミラーゼ，リパーゼなど，消化酵素の多くは細胞外の加水分解酵素である．セルラーゼはセルロース加水分解酵素
4	脱離酵素	加水分解や酸化によらずC-C, C-O, C-N結合を切る．通常二重結合の生成や環状化を伴う
5	異性化酵素	分子内での異性化反応を触媒する
6	合成酵素*	ATPなどの高エネルギーリン酸結合の加水分解に伴うエネルギーを利用して新しい結合をつくる

＊6群以外の酵素でも，例えば脱離酵素は逆反応で化学結合を形成するので○○合成酵素と呼ばれるものがある．

ても，巧妙な連続反応によって，熱ではなく，たくさんのATP分子を生産して，それをいろいろな生命活動に有効に利用する．

6 ヒトの代謝の基本経路

タンパク質はアミノ酸を単位として，多糖は単糖を単位として多数が結合した高分子であり，脂質のうち中性脂肪はグリセロールと脂肪酸が結合したものである（1章5，p97 Column 参照）．

細胞内の代謝は多数の酵素反応で構成されているが，主要な経路とエネルギー生産の方式は多くの生物に共通である．ここでは三大栄養素に関する代謝を，それぞれ主に3段階に簡略化して述べる（図7-6）．

①タンパク質，多糖，中性脂肪など生体内の複合的な分子は，それぞれアミノ酸，単糖，脂肪酸などの構成単位に加水分解される（この過程では，そ

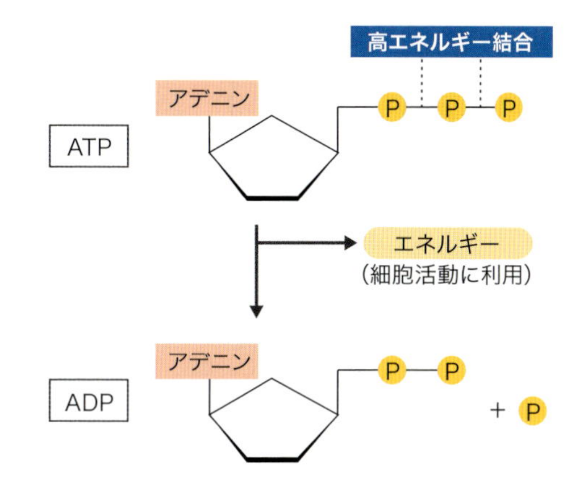

図7-5　エネルギー通貨としてのATP

取り出されたエネルギーは，ATP分子の形で高エネルギー結合として蓄えられ，末端のリン酸基（図中のP）の加水分解によって，リン酸が2個になったADPになり，多くのエネルギーが得られる．

Column　食欲と睡眠の関係

脳の視床下部に食欲に関連する多くの分子が発見されたが，食欲を促進する物質の1つがオレキシンと命名された（ギリシャ語の「食欲」から命名）．ところがその後，思わぬ展開があった．ヒトの睡眠障害でナルコレプシーという病気は睡眠・覚醒が頻繁に移り変わる神経疾患であるが，この患者の約90％に髄液中のオレキシン濃度の著しい低下がみられ，オレキシン欠損モデルマウスを用いた実験などから，この疾患は，オレキシン作用不足にもとづく症状と考えられている．オレキシンを生産している神経は，覚醒時には活性化，睡眠時には抑制され，睡眠・覚醒の各相を維持する機能を果たしている．オレキシンは食欲を促進するだけでなく，睡眠・覚醒の調節に密接に関係し，食欲と睡眠の関係解明に興味深い話題を提供している．

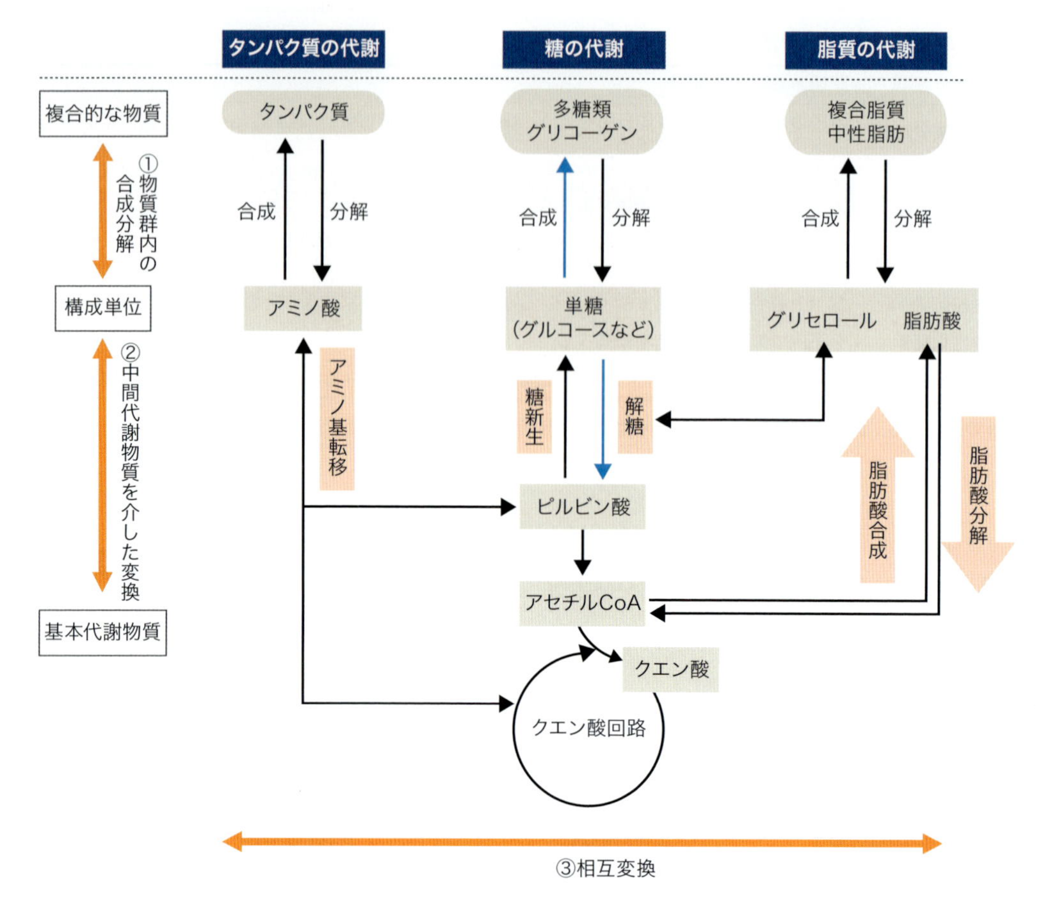

図7-6　基本代謝経路

代謝経路は何段階かの酵素反応により行われるが，図では簡略化して，１本の矢印で示す．分解には，食物としての分解と自分の体の成分分解と両方の意味がある．解糖，糖新生，グリコーゲンの分解については本文で説明している．血中グルコースに直接関係するのは単糖（グルコース）である．インスリンは解糖，グリコーゲン合成を促進し，グルコース濃度を低下させる（↑↓）．逆に糖新生が促進されるように代謝が偏ると単糖が上昇し，結果として血液中の糖が上昇する．それぞれの栄養素が基本代謝物質のレベルで相互に変換することに注目．

れぞれの代謝系は独立している）．

②糖質や脂質の場合，これらの構成単位は，さらに単純な基本代謝物質にまで分解される．

③基本代謝物質は，相互に変換される．

糖質の分解を例にすると，①は摂取した食物の場合「消化」と呼ばれ，消化管内（細胞外）で起こる．②はピルビン酸までで，「解糖系」と呼ばれ，この段階は各細胞の細胞質で起こる．③はピルビン酸が環状のクエン酸回路という経路に入り，最終的に水と CO_2 に完全に酸化され，この段階はミトコンドリアで起こる．この間にグルコース１分子あたり正味で約30分子※2のATPが生成し，細胞活動に利用される．

図7-6で明らかなように，栄養素は糖質でも脂質でも基本代謝物質レベルで相互に変換するので，脂質以外のものを摂取しても過剰であれば体に脂肪が蓄積する．すなわち脂質や糖質などの代謝は相互に密接に関連している．

※2　以前はミトコンドリアへの物質輸送を考慮して約36分子といわれていたが，ATP合成のしくみの詳細が明らかになってきて，約30分子のATPがつくられるという説が有力である．

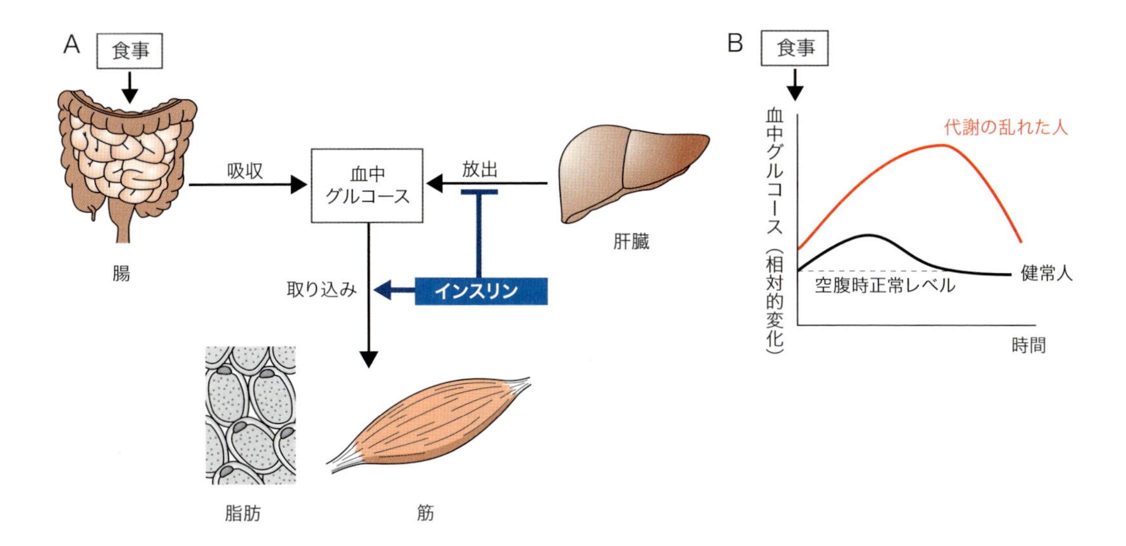

図7-7　血中グルコースの調節

A）血中グルコースは，食事からの腸を通しての吸収や，グリコーゲンの分解と糖新生による肝臓からの放出により上昇し，反対に脂肪，筋肉への取り込みなどで低下し，多臓器の相関により調節されている．インスリンが図7-6↑↓を促進するようにはたらくと，筋，脂肪への取り込みを促進し，肝臓からの放出を抑制する．青線：インスリンの作用．←は促進，⊢は抑制．B）食後の糖の変化．血中グルコースの食後の時間推移を示した．グルコースは上昇するが，健常人ではインスリンの作用で，あるレベル以上にならないように調節され，比較的狭いレベルに調節されている．過食や不規則な食事などで，代謝の流れが大きく乱れた人では，食後グルコースが高い値を持続し，そのまま次の食事を摂ることになる．

7 エネルギーのバランス

代謝の経路は複雑で時々刻々変化するが，系全体は非常に微妙な均衡を保ち，平衡が乱れると細胞はもとの状態に戻すように対応し，細胞の巧妙な連携網が酵素にはたらき細胞内の代謝を調節している[※3]．生体にはエネルギーの出し入れを調節するはたらきがあり，そのバランスは次のように考えられる．

摂取エネルギー
＝燃焼エネルギー ＋ 蓄積（剰余）エネルギー

経口的に摂取された栄養素は腸管から吸収されて，主に血液に入る．グルコースの変化を例に考えると，食事摂取直後の変動を除くと血中グルコース濃度は1日を通して一定のレベルに保たれている．

動物は，エネルギーを生産する組織，貯蔵する組織，消費する組織の間の相互連絡をとるため，血中を移動しそれらの活動を調節する因子[※4]を発達させてきた．

この状況を，糖を例にして考える．血糖を上昇させるホルモンはいくつかある[※5]が，血糖を下げるホルモンは膵臓で生産されるインスリン1つしかない．ヒトが食物を摂ると血液中の糖が上昇するが，インスリンは，上昇したグルコースの細胞内取り込みを促進し（図7-7A），さらに細胞内では解糖系による糖の分解（図7-6）を促進する．食間または絶食時に血液中のグルコースが低下すると，グルカゴンなどのホルモンの作用より貯蔵されていたグリコーゲンや中性脂肪が分解されて，それぞれグルコース，脂肪酸として放出される．こうして，血中グルコース濃度はある幅に収まり大きな変動を示さない（図7-7B）．

エネルギーバランスは生理的に調節されていて，

※3　ホメオスタシスという．
※4　広い意味でホルモンと呼んでよい．
※5　グルカゴン，アドレナリン，成長ホルモン，甲状腺ホルモン，コルチゾールなど．

剰余エネルギーは中性脂肪などとして脂肪細胞に蓄積され，摂取過剰になると肥満が生じる（Column：脂肪細胞 参照）．

8 エネルギーバランスのしくみ

長年の議論はこのエネルギーバランスの調節がどのように行なわれているかということであった．食物は胃に一時蓄えられ，胃の膨張が満腹感の誘導に関連すると想像されたこともあるが，胃の体積を増加させるだけでは摂食を抑制しない．

1950年頃，ネコの脳の視床下部という部分を破壊すると，摂食を制御できず食べ続けることが見出され，中枢神経がエネルギーバランスに重要な役割をもつことが推定された．その後，視床下部がエネルギー貯蔵臓器である脂肪組織からなんらかのシグナルを受けとり，体重を一定にするという説が提唱された．視床下部へのシグナルは何であろうか？ 血中の糖，体温，また神経で調節されているという考えもある．しかしどの考えも充分でなく，シグナルの生化学的実体がつかめなかったが，遺伝的肥満マウスの原因遺伝子の研究から糸口が開けてきた．マウスにおいて脂肪細胞から生産され，視床下部に作用して摂食低下を起こしエネルギーバランスを調節するレプチンと呼ばれる分子の発見により，研究が進展した．視床下部はグルコースや，レプチンやインスリンなどのホルモンを介して代謝状態を常にモニターし，摂食行動を調節する．最近では視床下部の中の作用機構も徐々に解明されてきている．

現在では，脂肪細胞は脂肪を蓄積するだけでなく，多彩な因子を分泌していることがわかっており※6，この分泌因子の異常が肥満などの病態の根底にあるのではないかと考えられている．これらの中にインスリンの作用に対抗する分子も含まれ，体全体の代謝の悪循環をさらに助長させる．

9 食と健康をめぐる最近の話題

❖肥満：エネルギーバランスの乱れ

肥満は先進国だけでなく世界中に広がりつつある．なぜ現代人は太りやすいのか？

太古，動物は稀にしか食物にありつけず，極端な場合は餓死した．このためエネルギー源が枯渇したときに備え，エネルギーを蓄える手段を進化させてきた．その結果，食物を摂取した直後から摂取エネルギーの大半を脂肪へと変換して蓄えるようになった．飢餓にも耐えるように遺伝子は進化したと想像され，こうして適応した動物は生存を続けてこられたとも考えられる．しかし，生物的スケールから考えれば，ヒトは大変短い時間で文明を発展させ，耕

Column 脂肪細胞

脂肪細胞は2種類存在し，ミトコンドリア含量が高く熱生産に寄与する褐色脂肪細胞と，中性脂肪を蓄える白色脂肪細胞がある．ヒトにおいて褐色脂肪細胞の数は著しく少なく，検出するのが難しいがその存在は科学的に証明されている．一方，白色細胞は皮下脂肪，内臓脂肪などを構成する主要細胞として体中に存在する．白色脂肪細胞はこれまで過剰なエネルギーを中性脂肪の形で貯蔵する静的な臓器と考えられていた．本文でも述べたように1990年代に過食と肥満を示すマウスの研究から肥満にはたらくレプチンという分子が同定され，脂肪細胞で生産され視床下部にはたらき，食欲に作用することが判明した．これをきっかけに次々と脂肪細胞由来の分泌因子が発見されてきた．脂肪細胞はレプチン以外にTNF-α，IL-6，アディポネクチンなどというアディポカインを分泌する．そのため脂肪細胞は糖質，脂質，エネルギー代謝を制御する内分泌器官として注目されてきている．脂肪組織は成人男性では体重の約20％，女性では約30％に至る体内最大の内分泌臓器ということになる．特に中性脂肪をため込んだ「太った脂肪細胞」はTNF-αなどのインスリン作用を減弱させる因子を分泌するようになり，代謝異常を引き起こすと考えられている．

※6　脂肪細胞のシグナル物質を総称してアディポカインと呼ぶ，一種のホルモン．

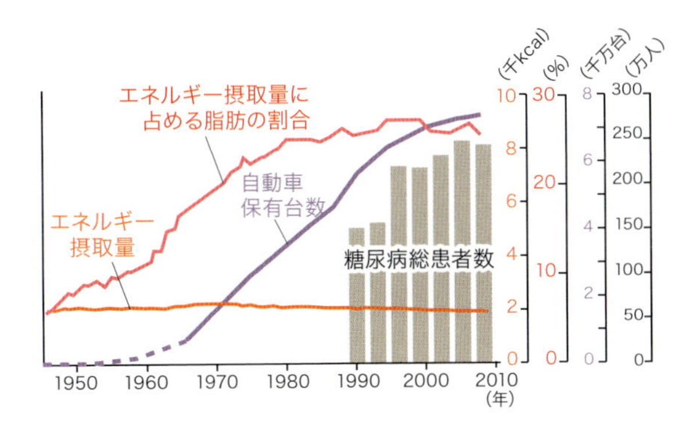

図7-8　生活習慣と糖尿病の増加

厚生労働省「国民健康・栄養調査」,「患者調査（傷病分類編）」および自動車検査登録情報協会のデータをもとに作成.

作や家畜飼育を開始し，食物を安定に確保する方策を考え出し，産業国では事実上飢餓を克服してしまった．さらに自動車，エレベーターなどを発明し，運動の機会を著しく減らした（図7-8）．その結果として体に剰余エネルギーを蓄積するようになってしまったと考えられる．

第2次世界大戦後，日本人の食生活は大きく変化し，栄養バランスも良好になり，それに伴い平均寿命も伸びた．一方で，糖尿病をはじめとする生活習慣病の患者数も激増し，肥満の割合も増えた．その原因を過食，飽食と誤解する傾向があるが，図7-8に示す通り，ここ60数年間，日本人の食事からの摂取エネルギー量はほとんど変化していない．大きな変化をしたのは，エネルギー摂取量に占める脂肪の割合であり，およそ3倍に増加している．特に動物性脂肪の摂取量はおよそ5倍に増加しており，第2次世界大戦後の日本人の食生活の一番大きな変化は，こういった食の欧米化といえる．高齢社会を迎えた日本において，生活習慣病患者数を減らす試みは医療費の膨大化を防ぐためにも大変重要であり，運動習慣の励行，脂肪の摂取過多を避けた健全な食生活が大変重要になっている．

❖メタボリックシンドローム

生活習慣の欧米化，特に高脂肪摂取と運動不足は，代謝の網目を司る酵素活性の一時的な調節だけでなく，遺伝子の発現を変化させ，代謝酵素量をエネルギー貯蔵の方向に恒常的にシフトさせる．最近，よく聞かれる「メタボリックシンドローム」とは，内臓脂肪型肥満を基礎に，上記のような代謝の乱れがその根底にある病態を指す（**Column：肥満の指標BMIと太りすぎ，やせすぎ** 参照）．脂肪組織は皮下脂肪と内臓脂肪に大きく分かれるが，内臓脂肪の蓄積による肥満はとくに健康を著しく害する．内臓脂肪からの血流は直接肝臓に運ばれるという位置的な特性があり（図7-3参照），蓄えられた中性脂肪が脂肪酸とグリセロールに分解されて，エネルギー源として大量に，代謝の要の臓器である肝臓に流入する．

糖尿病，高血圧症などの生活習慣病はそれぞれ単独でもリスクを高める要因であるが，これらが共存したり，何年も続くと体にさらに大きなリスクを及

Column　肥満の指標BMIと太りすぎ，やせすぎ

身長に対する適正な体重を推定するのに使用される便利な指標が「ボディマスインデックス（BMI）」で，

体重（kg）÷身長（m）÷身長（m）

で計算される．ふつうは22近辺であり，厚生労働省の基準では，18.8未満がやせ，25以上が肥満と考えられている．なお，体型が相似形であれば身長が高いほどBMIは若干大きくなる．

メタボリックシンドロームとして，中高年男性ではカロリー過剰と肥満が問題にされることが多いが，我が国の若い女性では，逆に低体重が問題になっている．10代後半から20代の女性では，肥満（BMI 25以上）がほぼ10％以下なのに比べてやせ（BMI 18.5以下）がほぼ20％を超えており，低体重の割合が顕著である．鉄欠乏性貧血などの増加も問題となっている．メディアに登場する女優やモデルでもやせた女性が多く，文化的にも肥満がけなされ，やせ形が賞賛される傾向に懸念がもたれている．また妊娠中には胎児の重量だけでなく，胎盤，羊水，血液の増加，大きくなる子宮や乳房も含めて7～10 kg妊婦の体重が増えることが一般的だが，それにもかかわらず低体重となる妊婦が増えている．日本産科婦人科学会では，やせている人は10～12 kg，肥満の人は，5～7 kg増えるのがよいとの報告があり，妊娠中の過度のダイエットは早産や低体重児出産の危険性を招くとしている．

ぼし，特に血管に影響して動脈硬化と呼ばれる変化を起こす．心臓の血管に起これば心筋梗塞，脳の血管に起これば脳梗塞となり，腎臓などその他の広範な臓器にも障害を引き起こす．このようなリスク集積状態の進行防止・解消には食事療法による摂取カロリーの適正化と，運動により脂肪燃焼を促すことがなによりも重要である．

食の安全

井戸から水を汲み，家の畑で採れた野菜，あるいは行商人や近くの八百屋，魚屋で入手したものを調理して食べるのが普通であった時代には，たとえ食中毒や感染などがあったとしても，食の安全という概念は希薄だった．1960～'70年代に，農薬など化学物質や重金属による汚染が大きな社会問題となり，科学技術に対する不信が生まれた．さらに近年，農水産物が大規模に生産されて流通し，規格化された見栄えのよい商品，特に加工食品が大量に販売されるようになった．その一方で，商品の見かけから判断できない品質や管理や表示に関する不正が頻繁に報道され，消費者の利益とは異なる論理や利害によって，気づかぬうちに食生活が脅かされているかもしれないという不安が生まれた．

近年の食の安全に関する問題点を例示すると，病原性大腸菌やビブリオ，カンピロバクター，ノロウイルスなどの微生物やウイルスによる感染，毒性の化合物や重金属などによる健康被害，野菜の残留農薬や養殖魚・家畜に残留している殺菌剤，ときにサプリメントや健康食品に含まれている有害物質，カビ毒，一部の人で起こるソバや大豆の成分によるア

Column BSE問題

BSE（牛海綿状脳症）は1986年に英国で発見され，大流行となった．これは，羊でスクレイピー，ヒトでクロイツフェルト・ヤコブ病（CJD）として注目を集めていた伝達性海綿状脳症の一種で，BSE感染牛の脳組織を他種の動物の脳に接種することで実験的に伝達でき，牛では経口でも感染することがある．スクレイピーの正体を追求していた米国のプルシナーは，1982年に感染性のタンパク質粒子としてプリオンという概念を提唱した．これは，感染するのは遺伝子（核酸）でありタンパク質はその産物に過ぎないという一般常識に反するものであった．さらに1985年にその粒子は外来の異物ではなく，哺乳類細胞にもともとある遺伝子が発現したものであることがわかった．そこで，異常なプリオンタンパク質が感染して，正常なプリオンタンパク質に接すると立体構造と性質を変え，中枢神経細胞に異常をきたすというプリオン仮説が注目され，プルシナーは1997年にノーベル賞を受賞した．

英国でのBSEの感染源は，感染牛の脳や脊髄を含むくず肉を粉砕乾燥して飼料としていた肉骨粉だと推定され，1988年に牛間での感染を防ぐため肉骨粉の使用が禁止された．潜伏期が長いため発病は1992年がピークとなったが，その後急激に減少した．またヒトへの感染を防ぐため病原体が蓄積する危険部位（脳，脊髄，背根神経節，結腸など）を除去焼却する対策がとられた．当初ヒトへの感染はないとされたが，高齢者に多いCJDとは異なる変異型CJDが1996年に若者に認められ，ヒトの発病は2000年がピークとなり，その後減少していった．

日本では1996年までEUから肉骨粉を輸入していたが，BSEは国内に入っていないという油断があった．しかし，BSE検査を開始した2001年に最初のBSE牛が発見され，肉骨粉の使用が急遽禁止された．それ以前に生まれていた牛でその後も感染は発見されたが，現在は発生していない．

EUでは2011年以降，72カ月（6歳）を超す牛を検査している．日本では2001年以来，国民の「安心」対策という政治的判断で，全頭検査（すべての食用牛について屠殺後，脳を取り出して検査）を行ってきた．BSE対策としてまず必要なのは，検査ではなく危険部位の除去である．また，BSEは高齢牛で発病するので，食用にされる3歳までの牛では，現在の検査で確実に感染を検出することは難しい．検査は流行のモニタリングとして高齢牛で行うことに意味があり，しかも一部の牛の抽出検査で充分である．

全頭検査をしているから安全だという誤解は国民に浸透し，2003年に米国でもBSEが発見されると，全頭検査を行っている国産牛の信用はさらに高まった．2005年から政府は検査対象を21カ月齢以上の牛に限定し，2008年にはそれ未満の牛に対する補助金も廃止したが，地方自治体は全頭検査を継続した．2013年に，政府から検査対象を48カ月（4歳）を超す牛に限定する新基準が示され，各地方自治体もこれに従って全頭検査は終息していった．

レルギー，さらに直接健康を害するものではないが，産地や成分，賞味期限などに関する食品表示偽装問題がある．またBSE（**Column：BSE問題** 参照）や鳥インフルエンザ，口蹄疫，そして1990年代末のダイオキシンの問題は，実際の健康被害はなくても社会と経済に大混乱をもたらした．また科学技術が生んだ遺伝子組換え食品の登場はいろいろな社会的影響を及ぼしている（**10章❸** 参照）．

政府は2003年に他省庁から独立した食品安全委員会を内閣府に設置し，リスク分析に従った食の安全を確保する体制をつくった．リスク分析の３要素のうち，リスク評価とリスクコミュニケーションを食品安全委員会が行ない，業者や農家など現場に対する指導や施策というリスク管理は，厚生労働省と農林水産省が分担する（図7-9）．食品安全委員会には，最新の科学的知見に基づく客観的で中立公正なリスク評価を行なうための12の専門調査会（うち11がリスク要因ごとの専門調査会）が設けられている．食料の生産と流通は国際化しており，国際食品規格委員会（CODEX）が，国際的に共通な食品基準を定めて食の安全に関する政府間の協議を進めている．

食の安全を確保する社会的な取り組みが進む一方で，日本では食に関する無駄も増大している．食料供給熱量と人の摂取熱量の比較から，日本では食料の1/3以上が廃棄されていると推定されている．また，肉食の拡大に伴って飼料の輸入が増大している．日本では，熱量換算で牛肉の10倍近い飼料が肉牛の飼育に投入されており，家畜の飼料用トウモロコシの輸入量は，すでに日本の米生産量を大きく上回っている（p149 **Column** 参照）．食の問題は，一方的な安全性の追求ではなく，生活形態やこのような社会的問題とともに総合的に考えていく必要がある．

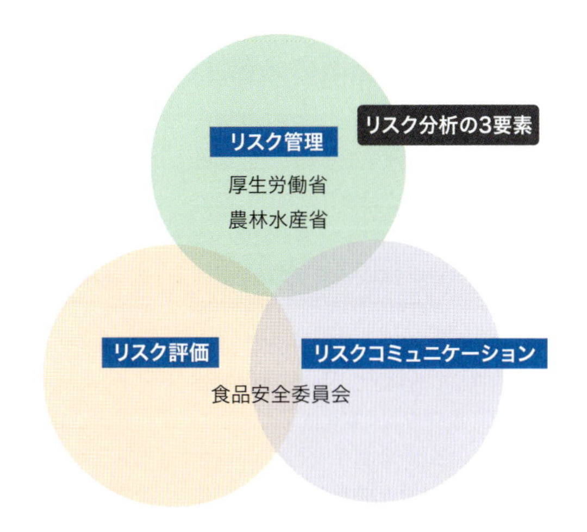

図7-9　リスク分析の３要素

Column 食の安全と食の安心

「安全・安心」は，よく熟語のように使われるが，安全と安心の本質的違いを曖昧にしてしまう点には注意が必要である．「安全」とは，危害（ハザード）が具体的に排除されていることであり，その度合いが安全性である．安全性とは逆方向の危険性に似た概念で，危害の甚大さと危害が起こる確率を証拠に基づいて客観的に評価した「リスク」は，それに応じた対策・管理の展開を可能にする．

一方，「安心」は，安全性に関する情報に接して個人個人が感じ取る主観であり，その人の知識，立場，価値観や社会背景に大きく左右される．人々が直接欲するのは概して安全より安心であり，安心を得るために行動する．しかし，安全を目的とするか，安心を目的とするかで対応は異なっており，一般に施策として追求するべきは，リスク評価に基づいた安全管理や安全対策である．

安全が，個人の安心につながっていくためには，信頼できる情報が公開されることと，一人一人がそれを理解し判断する基礎知識をもつことが非常に重要である．生産・流通が大規模に組織化され，食品の見かけから安全性/危険性が判断できない現代の食では，特に情報公開と基礎知識が必要となる．そのための手段として，テレビや新聞などのメディア，インターネットが使われるが，似非科学的な情報を含め，間違った情報も同時に大量に流されており，情報の質を見極める力と適切なコミュニケーションも重要である[※7]．

※7　信頼できる情報源の一例として，食品安全委員会のホームページをあげておく．http://www.fsc.go.jp/

Column 農薬の必要性と危険性の度合い

現代の日本の農薬は，毒性の強かった1950～'70年代前半のものとは異なる．選択性と分解性が格段に向上し，適切に使用すれば人体や環境への影響がきわめて低いことが確認されたものだけが使用されている（標的の害虫や雑草への効果はもちろん高い）．育種を含めて農業はもともと，動植物の自然の状態を強く変化させ，植物にとっての生理的防御手段である毒性を極力抑え，ヒトの食料に転用する可食部分の生産量を増大させ，さらに高密度生産の状態を持続させるという，ある意味で「不自然さ」をもっており，それを自然と調和させて成り立つ技術である．現代の作物を自然に放置すれば，すぐに野生の動植物や微生物に駆逐されてしまうであろう．そういう作物の品質と収量を保つため，そして食品としての安全性を保つためには，一般には適切な肥料や農薬の施用が必要であると考えられている．

過去に定着した化学合成農薬への不信は日本人に根強い．食の安全に関する意識調査では常に不安要因の上位に来ており，農薬は危険なので作物は自然に近いほど安全性が高い，と考える人は多い．2006年にはそういう栽培を促進する法律（有機農業推進法）も成立している．しかし，化学合成の農薬を利用しない栽培は，人手がかかり収量が低い（コストが高い）という問題のほか，無農薬の方が（植物自身のつくる防御物質が増えるため）安全性は低くなるという議論もある．

このように農薬1つをとってみても食の安全には不確定の部分が多く，生産者側においても消費者側においても，多様な価値観や考え方が並立しており，それらが共存できるしくみを保証することが社会としては重要である．

まとめ

- 生物は絶えずエネルギーを取り入れることで細胞活動を維持している
- 植物は光合成により太陽エネルギーを利用し，動物は，植物や他の動物，あるいは微生物を食べることにより，エネルギーと生体素材を得る
- 消化管内は細胞からみると体外であり，分泌された消化酵素により食物はほぼ構成成分にまで分解され，腸から吸収される
- 腸は外界との最大の接触点で，大量の腸内細菌と共生関係にある．また自分の細胞，および通常の食品成分や微生物には過剰な応答を起こさず，病原菌は排除するような免疫系が発達している
- 糖質，脂質などは酵素による化学反応で分解され，生体内での仕事に利用できるATPという形になり，ヒトの活動に必要なエネルギーを提供する
- ヒトは栄養素を分解するだけでなく，栄養素から自分に必要な分子も合成する．この全体は代謝と呼ばれ，網の目のように複雑だが，ホルモンなどにより定常状態から大きく逸脱しないように調節されている
- 最近の食習慣や生活習慣の変化が代謝の乱れを引き起こし，「メタボリックシンドローム」などの病態を引き起こしている

おすすめ書籍

- 『脂肪の功罪と健康［人と食と自然シリーズ］』河田照雄／編著，建帛社，2013
- 『微生物の科学［おもしろサイエンス］』中島春紫／著，日刊工業新聞社，2013
- 『うま味の誕生―発酵食品物語［岩波新書］』柳田友道／著，岩波書店，1991

第8章 ヒトは病原体にどのように備えるか

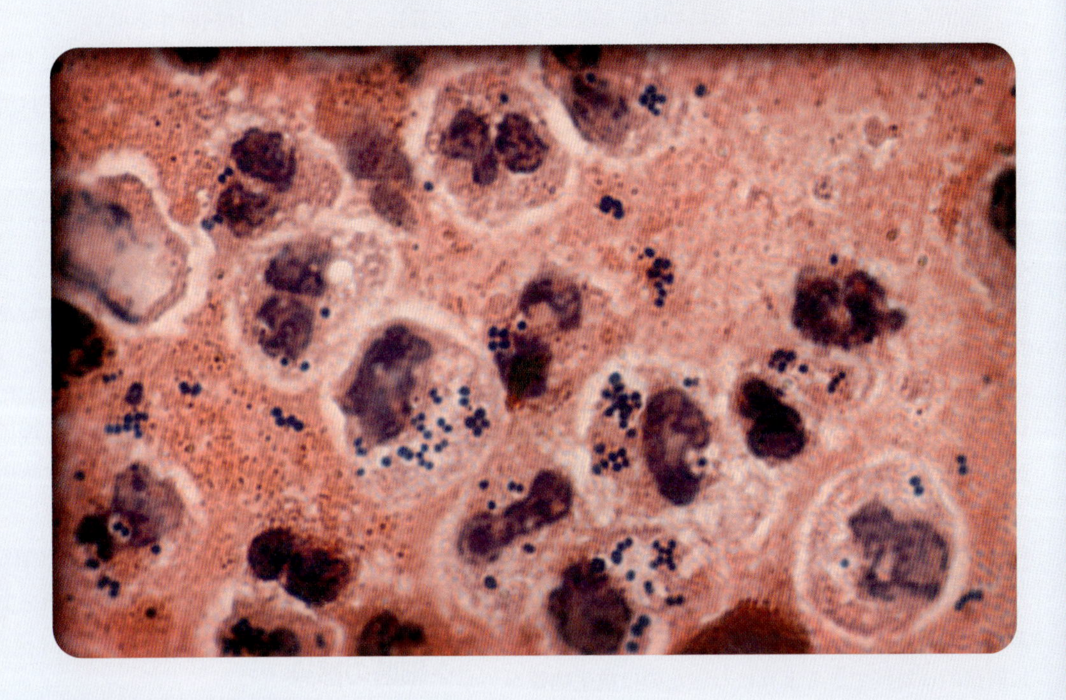

感染症は，いつの時代にも人々にとって大きな脅威である．私たちの生存を脅かす多くの疾病が，ミクロの，多くは単細胞の生き物によって引き起こされることがわかったのは，19世紀のことであった．これらの微生物に対し私たちの体が備えている防御システム，すなわち免疫というしくみの発見は，それより100年前のジェンナーによる種痘の開発に端を発する．これをきっかけに免疫のしくみやはたらきが徐々に明らかにされ，免疫学の体系が確立された．20世紀の医学生物学の領域における重要な発見の多くがこの領域から生まれている．免疫学の知識に基づいて1970年代に生み出されたモノクローナル抗体が，21世紀に入って医薬品として使用され，その結果それまで治療が困難とされた病気を治すことができるようになった．日々多くの人々の命がワクチンや抗生物質によって救われている事実の重要性は，誰しもが認めざるを得ないであろう．本章では，このような「感染」と「免疫」を生命科学の目で捉え，それらのエッセンスを学ぶ．

白血球が生体防御反応の1つとして黄色ブドウ球菌を捕食する様子．画像：龍野桂太博士のご厚意による．

第8章 ヒトは病原体にどのように備えるか

1 人類と感染症の戦い

ヒトが地球上に出現したときにはすでに微生物とのかかわり合いは始まっていた．細菌などの微生物のなかには，後述する**常在菌**のようにヒトにとって有益なものも多く，人類の進化・繁栄にも大きな影響を与えたと考えられる．一方，病原体がヒトの生命を脅かすような事態，すなわち**感染症**も人類にとっては常に重大な脅威として存在してきた．結核，天然痘などは紀元前1000年以前のミイラにもすでにその痕跡をみることができる．文明が発展し人口が増え，都市などでの集中が起こるにつれ，感染症の流行が大きな問題となった．ヨーロッパで発生した1348年からのペストの大流行では，数十年のうちに全人口の1/3が失われたとされる．コッホ※1による細菌と病気の関連の発見はそれから500年以上，北里柴三郎によるペスト菌の発見は1894年まで待たなければならなかった．なお，感染症の原因として細菌と同じく重要なウイルスもこの少し後に発見されている．

14世紀当時，病原体による感染症という理解がない状況で，ペスト流行の原因は天体の位置や火山活動などに求められた．感染症が，たとえその実体が不明であるにせよ，伝染する病気として認識され，環境衛生が意識されるようになったのは19世紀に入ってからで，これにより，感染症の流行や発生がある程度抑制されるようになった．しかし，感染症に直接的に対抗できるようになったのは**抗生物質**が登場してからである．最初に発見された抗生物質はペニシリンで1929年，イギリスのフレミング※2がカビの一種から見出した．その後広くペニシリンは臨床応用されたが，1960年代には抗生物質の効かない菌（薬剤耐性菌）が出現し，今日まで抗生物質の開発と耐性菌の出現のいたちごっこが続いている（**Column：抗生物質と耐性菌** 参照）．

2 微生物と感染

❖感染とは

感染とはヒトを中心に考えれば，ヒトに病原体が侵入し定着する現象と考えられる．そのことで病気を発症すれば感染症となる．しかし，細菌などの微生物は定着するだけで病気を起こさないことも多い．この違いはその微生物とヒトとの関係に大きく依存しているが，その背景には微生物の性質とヒトの生体防御反応がある．微生物といってもさまざまな種類があり，それぞれが異なる方法で感染を起こし，定着し，そして時には病原性を示す．

ヒトの体表面や体内には細菌やカビなど無数の微生物が棲みついている．感染しているだけで感染症を起こす病原体もあるが，宿主の免疫機能の低下など特殊な場合を除いて“お行儀よく”している微生物（常在菌）は多い．常在菌の代表は消化管内の腸内細菌である．腸内細菌は大腸を中心に大量に存在し消化吸収などで積極的にヒトに有用な役割を果たしている．糞便の重量の30％は細菌だというから驚きである．ちょっとした傷などで血流などに紛れ込んでしまう細菌を排除できないほど免疫機能が衰えているような場合などは常在菌による感染症も発生しうる．

ヒトに感染症を起こす病原体は細菌，真菌※3，ウイルスに大別できる．以下にそれぞれの特徴をまとめる．

❖細菌の感染

まず細菌である．細菌が起こす感染症は，扁桃炎，肺炎，下痢症，髄膜炎，膀胱炎，結核症など枚挙に暇がない．赤痢のように病気が特定の細菌種と関連づけられている疾患もあるが，細菌感染症ではさまざまな細菌が原因菌となることが多い．言い換えれば細菌感染がどこに起こるかで臨床症状は異なる．細菌の基本構造は図8-1Aのようになっている．病原体としての細菌は患者の疾患，病態と顕微鏡的観察を結びつけて分類されてきた．**グラム染色**と呼ばれる方法で染色した結果，細胞壁が染め出されるものを

※1 Heinrich Hermann Robert Koch（1843-1910）ドイツ
※2 Alexander Fleming（1881-1955）イギリス
※3 感染症をおこす病原菌としての真菌は生物学的には菌類に分類される．

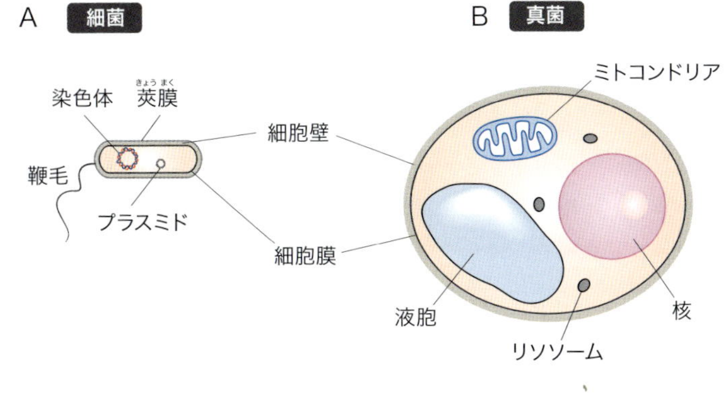

図8-1　細菌・真菌の構造

A）細菌は原核生物で核膜に覆われた核はもたない．細胞膜，細胞壁の外側に，莢膜と呼ばれる細菌が分泌した高分子でできた膜をもつ．莢膜は宿主の免疫機構から菌体を守るはたらきをもつ．細胞壁は菌種により構造が大きく異なる．鞭毛をもたない細菌もいる．B）真菌は真核生物であり，細胞質内には膜で囲まれた細胞内小器官をもつ．真菌の形態は図のような酵母形のほかに，菌糸形という細長い糸状の形態をとるものもある．また，両形態の間を行き来する二形性と呼ばれる性質をもつものもある．

Column　抗生物質と耐性菌

抗生物質はヒトの細胞に影響することなく細菌の増殖を抑制し，あるいは殺菌的に作用する．これは細菌特有の構造や酵素に作用することで，ヒトへの副作用を最小限に抑え，細菌特異的にその効果を発揮できるからである．その作用方法としては，細菌の細胞壁合成の抑制，細菌によるタンパク質合成阻害，細菌の増殖に必要な核酸の合成阻害や葉酸代謝阻害などがある．例えば，ペニシリンは細胞壁合成阻害剤で，細菌が細胞壁を合成する際，細胞壁合成酵素にペニシリンが結合してそこから先へは細胞壁が伸長しなくなってしまう．細菌内は浸透圧が高く，増殖に必要な細胞壁ができないと菌は破裂して死んでしまう．

ところが，本来ペニシリンが有効と考えられる種の細菌であるのに，効かない（耐性を示す）ものが存在する．ペニシリンを分解する酵素が耐性の代表的なメカニズムであるが，この他，ペニシリンの標的となる細胞壁合成酵素の構造がわずかに異なるものなども知られている．ペニシリンを分解する酵素の遺伝子は，ときには種を超えて，他の細菌に伝播し薬剤耐性菌の拡大に寄与している．

ペニシリンのような細胞壁合成阻害剤以外の抗生物質についても，それらの薬剤を分解あるいは化学的に修飾したり，細菌菌体内から薬剤を強力にくみ出す機構をもっていたり，さまざまなメカニズムをもつ薬剤耐性菌が出現している．こうした薬剤耐性菌は感染症の治療で大きな問題になっている．

薬剤耐性菌出現の背景には抗生物質の使いすぎがあると指摘されている．感染症を起こしている部位に大量に存在する原因菌はたとえ同一細菌種であってもすべてが一様ではなく，わずかながら薬剤耐性をもつ細菌が含まれている．細菌は増殖速度が速く抗生物質存在下では薬剤耐性菌が瞬く間に無視できない数にまで増えてしまう．一人一人の患者でのこのような現象の繰り返しが，病院単位，国単位での薬剤耐性菌の発生状況にも影響していると考えられている．

薬剤耐性菌の出現を抑制するためには必要最低限の適切な抗生物質使用が求められるわけだが，実際には日々過剰な抗生物質投与が行なわれている．風邪のようなウイルス感染では抗生物質は必要ない（抗生物質はウイルスには効かない）のに，「念のため」などと抗生物質を処方したり，場合によっては，患者側が誤った思い込みに基づいて抗生物質を要求したりすることさえある．

医療現場での不適切な抗生物質投与と並んで問題なのが，農業分野での抗生物質の大量消費である．家畜の感染症治療では個々の個体を診断して病気の個体だけを治療するよりは飼料に抗生物質を混ぜるなどして集団をまとめて治療することが行なわれる．また，家畜の成長促進を目的として飼料に抗生物質が添加されている場合もある．抗生物質の使用量は医療より農業分野のほうが圧倒的に多い．食品から薬剤耐性菌が検出されることもしばしばで，消費者の身近なところにも薬剤耐性菌問題は存在している．飼料に抗生物質を使用しない豚肉や鶏肉のほうが薬剤耐性菌の検出頻度は低いというデータがあり，生産過程での抗生物質使用と薬剤耐性菌発生の関係を示唆している．

最近の報告ではアメリカでは医療用，農業用すべてあわせると毎日51トン（ヒトの治療に使うとしたら数千万人分にもなる！）もの抗生物質が使用されているという．薬剤耐性菌の出現も当然といえよう．

グラム陽性菌，染め出されないものをグラム陰性菌という[※4]．また抗酸染色で染まるものを抗酸菌という．いずれも細胞壁の性質の違いによるものだが，細胞壁の性質が病態や治療に密接に関連している．

感染を起こした細菌は酵素や毒素を産生する（図8-2A）．プロテアーゼが産生されると，細菌が定着した周囲の組織が破壊される．コレラ菌が出すコレラ毒素は小腸の細胞に作用して水分の分泌を過剰にし，激しい下痢を起こさせる．破傷風の原因となる破傷風菌が産生する毒素は神経－筋間のシグナル伝達に異常を起こし，筋肉が緊張したままとなってしまう．呼吸筋が障害されれば死に至る．

細菌が外に分泌する毒素を外毒素と呼ぶのに対して，**内毒素**と呼ばれるものがある．これはグラム陰性菌の細胞壁に含まれる成分で，細菌が治療や免疫反応で破壊されるとより顕著に影響が出てくる．内毒素はさまざまな細胞の免疫反応を強力に活性化するため，グラム陰性菌の血流感染などではしばしば過剰な免疫反応の結果として患者がショック[※5]に陥ることがある．細胞への侵入も細菌感染の病原性の重要な要因である（図8-2B）．例えば赤痢菌は自らが分泌するタンパク質により大腸粘膜の細胞の食作用を誘導し，細胞内に入り込む．細胞内に入ると増殖し，隣接する細胞にも広がっていく．この過程で粘膜の細胞は破壊され出血を起こしてしまう．

❖真菌の感染

真菌は真核生物で，単細胞のみならず多細胞生物も存在する（図8-1B）．真菌は環境に多く存在し，ビール，ワイン，日本酒やパンなどの発酵は真菌の一種である酵母によるものである．こうした有用な真菌も多い（p99 Column参照）が，特に免疫機能が低下した患者で重症の真菌感染症がみられ，医療の現場では重要な問題となっている．それ以外では皮膚

Column 結核

結核で亡くなった歴史上の人物は多く，沖田総司，正岡子規，樋口一葉，宮沢賢治，滝廉太郎などあげればきりがない．明治・大正期には多くの若き芸術家たちが結核に倒れ，天才がかかる病として漠然としたあこがれのようなニュアンスをもって語られることさえあるが，その一方で，「亡国病」「肺病」などとして忌み嫌われる病でもあった．「肺病」患者を出した家は家族全員が周囲の差別的な扱いを受け，就職や結婚に差し障るような事態が戦後まで続いた．現在でも，結核を口にするのもはばかられる，という人は多く，問診で結核の既往や家族歴を尋ねると，むきになって否定したり事実を隠したりする場面にしばしば遭遇する．

この結核についての差別的観念の根本は，伝染する不治の病，というところにあるのかもしれない．抗結核薬のない頃の結核の治療は，何年にも及ぶ転地療養，安静，栄養療法ぐらいのもので，その効果は限定的であった．患者を隔離するように人里離れたところに結核療養所がつくられた．肺結核の患者はときに吐血し，脊椎カリエス（脊椎の結核症）の患者は激しい痛みに身をよじった．

今日では複数の抗結核薬が登場し，基本的治療方法も確立している．結核菌の抗結核薬に対する感受性（効き具合）も検査することができ，多くの患者が治療開始後比較的短期間で発病以前の生活を送ることができるようになり，半年から1年ほどで治療終了となっている．結核は空気感染という感染様式をとり集団感染を起こしやすいことから，現在でも結核菌が痰などから検出されるような患者に関しては厳重な感染対策が行なわれるものの，感染予防の知識の向上などもあり闇雲におそるおそるの患者隔離を行なっていた頃とはかなり様子が異なる．

抗結核薬の登場や衛生状態の改善で，一度は結核は克服された，と思われた．ところが最近になって，結核患者数が再び増加傾向にある．これは医療関係者や社会の結核への認識の低下による発見の遅れ，それに伴う集団感染，高齢者の増加による比較的免疫機能の低下した人たちでの患者の増加などが原因ではないかと考えられている．新たな問題として，抗結核薬が効きにくい結核菌も増えてきており今後の課題となっている．このように過去の病と思われていた感染症が社会状況や病原体の変化などにより再び社会に影響を及ぼし始めると，再興感染症と呼ばれる．今度は結核への正しい知識と適切な対応で，病気も差別も撲滅したいものである．

※4 黄色ブドウ球菌などはグラム陽性菌であり，大腸菌などはグラム陰性菌である．結核菌などは抗酸菌である．

※5 末梢の微少な循環の異常で重要臓器が障害を受ける．血圧の低下など全身の血液循環の異常を伴う．生命の危険がある重篤な状態である．

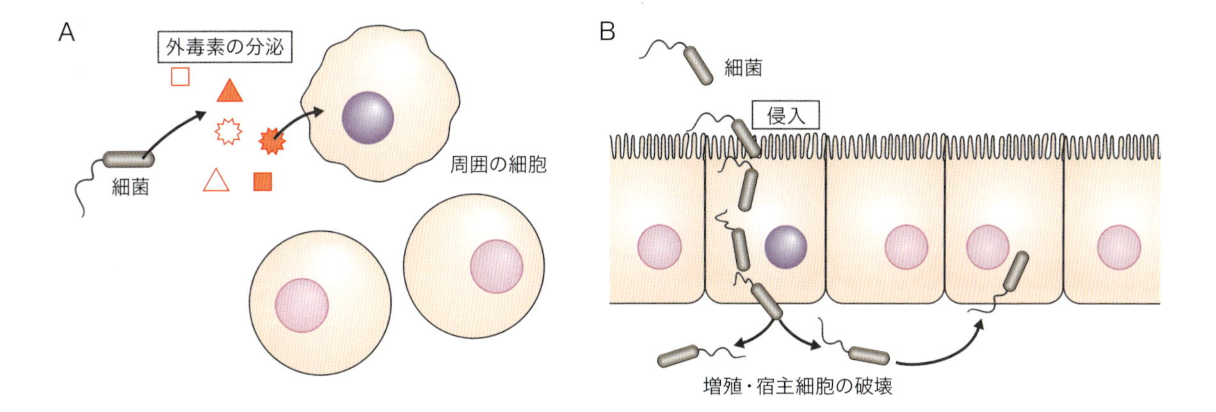

図8-2　細菌の病原性

A）細菌が分泌する外毒素が細胞に障害を与え，その結果宿主の恒常性に影響を与える．B）宿主の細胞に対して侵入性を示す細菌は，細胞に取り込まれることで，増殖したり細胞を破壊したりする．

などの体の表面の感染症が多い．いわゆる「水虫」も真菌感染症であるが，おそらく感染症のなかでは最も罹患者が多いものの1つではないだろうか．真菌の病原性は酵素による組織破壊や菌体そのものの増殖による中小血管の塞栓とそれによる組織壊死などが中心である．細菌に比べると真菌の毒素※6の例は多くはない．

❖ウイルスの感染

ウイルスは核酸とそれを包むタンパク質をもっているが，自身で増殖することはできず，感染を起こしたあとに宿主の細胞の装置を使って増殖する．ウイルスは通常の生物ではなくともヒトからヒトに伝染し，病気を起こすこともあることから，細菌，真菌と同じように取り扱われることが多い．多くのかぜ，インフルエンザ，水ぼうそう，麻疹（はしか），エイズなどはウイルス感染症である．

ウイルスは宿主細胞の中に入らないと増殖できないと同時に，その病原性を発揮することもできない．ヒトへの侵入経路は通常は粘膜や血液を介してである．それぞれのウイルスには親和性の高い臓器があり，その臓器の細胞に取り込まれ増殖する．肝炎ウイルスが肝炎を起こしたり，日本脳炎ウイルスが脳炎を起こしたりするのはこのためである．ウイルスの細胞に感染したあとのふるまいには，表8-1に示すようなさまざまなケースがあり，これが疾患の特徴をなす因子ともなっている．HIV※7では免疫機能を担うある種の細胞に選択的に感染が起こり，ウイルスの増殖が終わるとその細胞は死んでしまう．その結果，最終的には免疫機能を担う一群の細胞が枯渇し，宿主（患者）は免疫機能不全状態となってしまう．B型肝炎ではウイルスは感染した肝細胞を破壊しないが，宿主の免疫担当細胞がウイルスが感染している肝細胞を破壊してしまうため肝炎が引き起こされる．非常に致死率が高いとされるエボラウイルスでは感染初期には免疫系の細胞を破壊し十分な

表8-1　細胞に対するウイルス感染の影響

細胞傷害性	ウイルスの増殖	感染の持続	ウイルスの例
破壊しない	＋	＋	ヘルペスウイルス*
		－	肝炎ウイルス
	－	＋	ヘルペスウイルス*
破壊する	＋	－	HIV

＊この様式は必ずしもウイルスごとに固定されたものではなく，ウイルスや細胞の状態によって変化することがある

※6　感染症の視点とはやや異なるが，穀物に生えるカビの一種*Aspergillus flavus*が産生するアフラトキシンという毒素は肝細胞がんを起こす発がん物質とされる．

※7　HIV：human immunodeficiency virus（ヒト免疫不全ウイルス）．エイズの原因ウイルス．

防御機能がはたらかない状態の患者のさまざまな細胞に感染を広める．特に血管内皮機能の障害はさまざまな臓器での血液の漏出を引き起こし，同時に発生する血液凝固異常とともに患者に致死的な結果をもたらす．ウイルスでは細菌のような毒素産生による宿主への病原性はない．しかし，ウイルス感染により引き起こされるさまざまな免疫反応がウイルス感染症の症状をもたらす．

❖感染から症状発生へ至るしくみ

感染が起こると，これを察知した免疫を司る白血球などの細胞がさまざまなシグナル分子を放出する．このうちのいくつかは体温調節系に作用して，より高い体温を維持するように作用する．これが発熱であり，感染したウイルスの排除など，生体防御上有用な反応と考えられるが，過度の発熱は体力の消耗や臓器障害の原因となり，かえって有害な結果をもたらす．また発熱に伴って経験する腰痛や関節痛な

Column 新型インフルエンザ

1918～'19年にかけて流行した，世界中で4,000万人以上が命を落としたとされる「スペインかぜ」は，今日，インフルエンザウイルス（H1N1[※8]）が原因であったことがわかっている．インフルエンザ自体はそれ以前から存在し，さまざまな規模の流行を繰り返していたと考えられるが，スペインかぜが大規模な被害をもたらしたのはそのウイルスがそれ以前のものと異なる病原性をもった「新型」インフルエンザウイルスであったためである．新型であるがゆえに人類はそのウイルスに接したことがなく免疫がなかったことで大流行を起こしたと考えられる．この100年を振り返ると新型インフルエンザの大流行は数十年ごとに繰り返しており，その都度大きな被害を引き起こしていることから，次の新型インフルエンザへの備えは世界中の保健・健康政策上の大きな課題となっている．

病原性の高い新型インフルエンザの発生が恐れられている中，1997年に香港で肺炎で死亡した患者から鳥インフルエンザウイルス（H5N1）が検出された．それまで鳥インフルエンザウイルスはヒトには感染しないと考えられていたため大変な騒ぎとなった．その後，インドネシア，エジプトなどで鳥インフルエンザのヒトでの感染例の報告が続いており，2014年はじめまでにWHO統計では650人の診断確定例が報告されている．そのうち386人が死亡していて計算上は6割近い死亡率である．爆発的な流行をみせる気配がないか，WHOをはじめとした関係機関が監視を続けている．

世界の新型インフルエンザ対策が鳥由来のインフルエンザウイルスH5N1を想定して進められていた中，2009年，思わぬ形で新型インフルエンザの流行が始まった．発生場所も由来も想定外，北米大陸からの豚由来新型インフルエンザ（H1N1）の発生である．結果的には，それまでに毎年流行していた季節性のインフルエンザを上回るような病原性はなく，わが国においても，患者数こそ多かったが，事前の新型インフルエンザ対策で想定されていたような多数の死者が出るようなことはなかった．その後も新しいインフルエンザの出現は続く．2013年からは中国で別なタイプの鳥インフルエンザ（H7N9）がヒトへの感染の広がりを見せている．2014年はじめの段階では致死率が20％強で4月までに400人以上の患者が中国を中心に発生している．

インフルエンザウイルスは遺伝子変異が比較的起きやすいとされている．インフルエンザウイルスは，違う型のインフルエンザウイルスと遺伝子の組換えを起こして全く違う性質を獲得したり，自らの遺伝子に突然変異を生じてその性質を変えたりする特徴がある．特に前者では非常に大きな変化が生じることになり，ヒトに高頻度に感染するように姿を変えた鳥インフルエンザウイルス，すなわち「新型インフルエンザウイルス」の出現が懸念されるゆえんである．豚にはヒトのインフルエンザウイルスが感染できることがわかっているが，鳥インフルエンザウイルスも，豚の気道粘膜に結合しやすいことがわかってきた．養豚は世界のかなりの地域で行なわれて，豚とヒトが接触する機会は多い．ということは，豚を介して鳥インフルエンザウイルスとヒトのインフルエンザウイルスが遺伝子を交換するチャンスがあるかもしれないのである．遺伝子組換えが起こった鳥インフルエンザウイルスは，高い病原性を維持したままヒトに容易に感染できるようになり，新型インフルエンザウイルスの出現に結びつくかもしれない．2009年の新型インフルエンザは幸運にして大きな被害をもたらさなかったが，次の新型インフルエンザがどのようなものになるのか，いつ来るのかは誰にもわからない．

※8 インフルエンザウイルスにはA型，B型，C型があり，A型はウイルスがもつ2つのタンパク質（HとN）の型の違いにより亜型として分類されている．Hは1～16まで，Nは1～9までが知られている．分類上の亜型が同じでも遺伝子の変異やほかのタンパク質の違いが存在する場合には全く異なるウイルスのような振る舞いをすることがある．スペインかぜも2009年に発生した新型インフルエンザもH1N1であるがウイルスとしては同じではない．

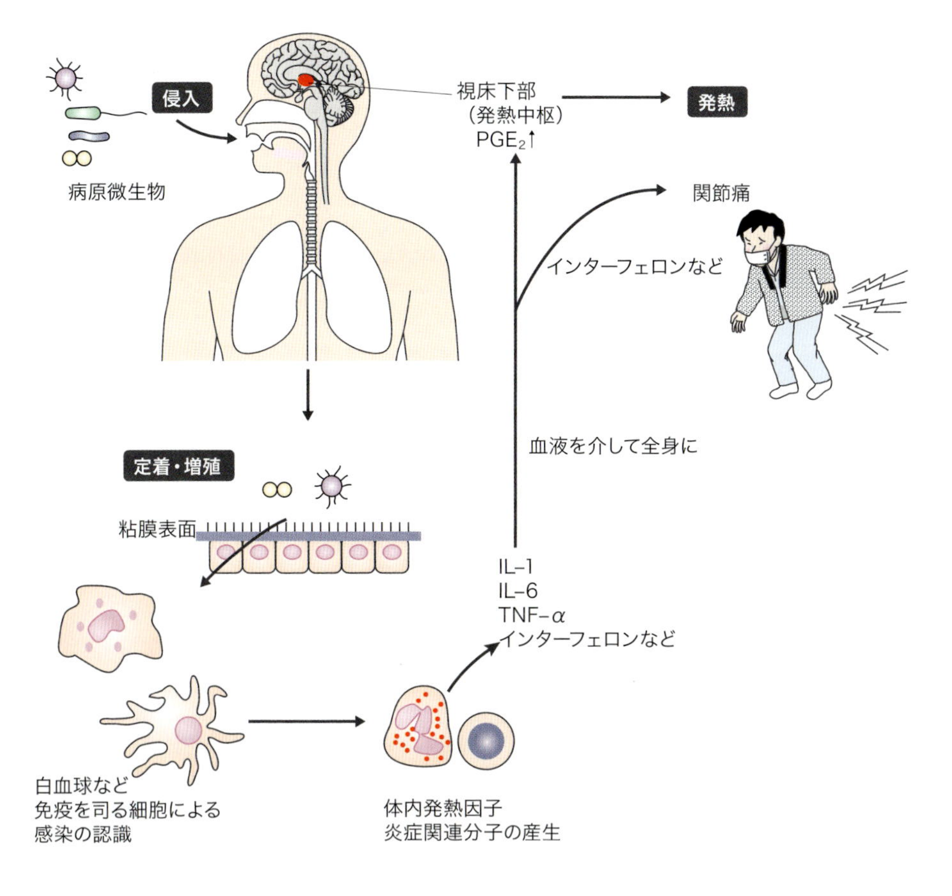

図8-3　発熱のメカニズム

呼吸器感染症では，細菌やウイルスなどの病原体が呼吸の際の空気の通り道である気道粘膜から侵入してくる．病原体が定着・増殖し感染が成立すると，免疫担当細胞からサイトカインと呼ばれるタンパク質である，インターロイキン（IL-1，IL-6）やTNF-α（tumor necrosis factor-α：腫瘍壊死因子-α），インターフェロンなどが産生される．これが発熱中枢である視床下部でプロスタグランジンE_2（PGE_2）という物質の合成を促し，その結果の全身反応として発熱が起こる．また発熱時に経験する関節痛などにもこうしたサイトカインが関与している．

Column　HIVの生き残り戦略

アポトーシスは生物の発生や恒常性の維持ばかりでなく，感染や生体防御にも重要である．しかし，場合によっては，本来生体のために有用であるべきアポトーシスのしくみが生体の外敵に巧妙に利用されてしまうこともある．

エイズの原因であるHIVもその一例である．エイズは病状の進行とともに血液中の免疫担当のT細胞の一種が減少して，さまざまな感染症にかかりやすくなる病気で，ウイルスが直接的にT細胞を傷害することが原因と考えられていた．しかし，研究が進むにつれて，アポトーシスを利用したエイズウイルスによる巧妙な生き残り戦略が明らかとなってきた．

エイズウイルスはT細胞に感染した後，その中で増殖しさまざまなウイルス由来タンパク質を合成し，その一部はT細胞の外に分泌され，他の正常T細胞のアポトーシスを引き起こす．本来エイズウイルスの排除に作用するべき正常なT細胞は減少して感染防御にはたらかなくなってしまう．ところが，これでは感染したT細胞もアポトーシスを起こし，エイズウイルス自身が増殖できなくなってしまう．そこで，エイズウイルスはそうしたタンパク質のほかに，感染しているT細胞にはアポトーシスシグナルが入らないようなタンパク質もつくらせ，自分自身が増殖するのに必要な時間を稼ぐようにしている．

どの症状の出現にもインターフェロンなどの分子が関与している（図8-3）．

感染について病原体を中心に説明してきたが，宿主の側の反応とは切り離せない現象であることはたびたび述べてきたとおりである．次節では，宿主の生体防御反応である免疫のしくみについて解説する．

3 免疫とは何か

❖免疫系の成り立ち

多細胞生物は，病原体や異物の侵入を防ぎ排除するメカニズム（生体防御機構）を備えている（図8-4）．ヒトを含む脊椎動物はその生体防御機構のおかげで，一度かかって治った感染症には二度目はかからないか，またはかかったとしても症状が軽くなる．この効率的かつ特異的に感染源などの異物を排

Column うがい・手洗い・咳エチケット

インフルエンザの流行シーズンになると，「うがい・手洗い」「咳エチケット」などの呼びかけを耳にする．なぜ？ と考えてみたことがあるだろうか．感染症の予防のためには病原体の感染経路とそれに応じた感染対策をしっかり意識して取り組む必要がある．

日々の社会生活を行なううえで感染予防という観点で重要な感染経路は，空気感染，飛沫感染，接触感染である[※9]．空気感染とは病原体を含む粒子（例えば患者の咳で飛び出した病原体を含む粒子）が非常に小さいため長時間空気中に漂い，患者と空間を共有することで病気が感染するというものである．飛沫感染とは例えばくしゃみの「しぶき」などに含まれる病原体が感染伝播の原因となるものだ．飛沫粒子はあまり遠くに飛ばず短い時間のうちに地面に落ちてしまうことが空気感染とは異なる．接触感染は接触することで病原体がヒトからヒトに（ときには物を介して）うつっていく．嘔吐したあとに手を十分洗わないまま他の人と握手をして，相手がその手を洗わないままお菓子を食べると病気がうつるかもしれない[※10]．

空気感染をする代表的な病気は結核，麻疹などがある．飛沫感染はインフルエンザ，おたふくかぜ，風疹など，接触感染は多くの感染性胃腸炎，ウイルス性の結膜炎などがあげられる．飛沫感染は飛沫が目，鼻，口などの粘膜に直接到達して感染するばかりでなく，病原体を含んだ飛沫に曝露された手で目をこする，鼻を触る，などでも感染が成立する．

改めて「うがい・手洗い」「咳エチケット」を考えてみよう．実は医学的にはうがいの感染予防の有効性には議論があるが，いずれにせよ，インフルエンザウイルスの入り口となる口の「うがい」，目・鼻・口に病原体をもち込まないようにするための「手洗い」，咳で飛沫を飛ばさないようにマスクをかけたり[※11]，顔を背けてティッシュなどで口元を覆ったりする「咳エチケット」（エチケットは他人への思いやりという意味）が勧められている．咳をするときに手で口を覆うことはむしろよくない，とされている．手についた病原体はどうなるかを考えれば納得できるだろう．

基本的にはこのような考え方で感染対策を行なうことになるが，病原体の感染力や致死率によって，また状況が社会生活なのか入院患者のケアなのかなどでも対応は異なってくる．例えばウイルス感染の一種であるエボラ出血熱は2014年西アフリカを中心に猛威を振るっていた．エボラ出血熱は先ほどの分類をすれば接触感染となる．ところが致死率が高い，わかっていないことも多く治療法も定まっていない，感染力が強い[※12]ということで，医療従事者は最大限の感染対策をとることになる．治療や処置の際，大量の血液，体液が出たり，患者が嘔吐したり呼吸器管理を受けたりするなど，通常よりも感染の危険性が高い状態に置かれるからである．一方で一般の社会生活の状況では極端な対応は勧められていない．WHOは西アフリカ地域への渡航制限は出しておらず，発症する前の感染者からの感染のリスクは低いとしている（例えば同じ飛行機に乗り合わせるなど）．それでも多数の患者が発生している背景には現地の衛生状態，患者の看護，死者の葬儀の方法などが大きく影響していると考えられている．

感染症がどのようにして体に入ってきて病気になるかをよく理解しておくことが，ふだんの生活でも，何かの感染症が流行しているときにも，パニックを起こさず，適切にわが身を守ることにつながる．

※9　血液や性行為が主な感染経路となる感染症もある．
※10　感染方法としては経口感染と表現することもある．握手をしただけでは皮膚のバリア機能のおかげでふつうは感染症はうつらない．体の表面で病原体の入り口になりやすいのは目，鼻，口などの粘膜，消化管，傷ついた皮膚などである．
※11　ここでのマスクの意味は，病気をもらわないためではなく病気をうつさないためである．
※12　少ないウイルス量でも感染が成立し発症する．

除する防御システムが**免疫系**である．免疫系の理解と利用によって，人類は多くの危険な感染症から逃れ，安心して暮らせるようになった．一方，原因がわからず治療法の見つからない多くの難病が，実はこのシステムの不具合による自己免疫疾患であることもわかってきた．

免疫系は病原体を認識して応答する．これを免疫応答というが，感染初期に重要な役割を果たすのが自然免疫（後述）で，続いて**獲得免疫系**が活性化される．免疫系の重要な特徴としては，自己と非自己を見分けること，特異的で迅速な応答をすることがあげられるが，獲得免疫では応答すべき相手が記憶されることも重要である．記憶が生じる結果，免疫系は同じ外来抗原に対して二度目にはより効率的に応答するようになる．この機構は，抗原に出会ったことによって後天的に獲得されるものであることから，「獲得免疫」と呼ばれている．

ところで，「自己」・「非自己」とはどういうものであろうか．免疫系は自己と非自己を見分ける，と述べた．免疫系の仕事として見分けた結果「非自己」と判断されたものについては免疫系のあらゆる手立てを用いて排除が試みられる．一方，「自己」はそうした攻撃から免れることになる．免疫系の文脈でいう**自己**は，自分の体の中に元からある組織であり，細胞であり，それらを構成するさらに小さい物質である．逆に，**非自己**とは，自分自身以外の個体から体内に入ってきた組織，細胞やその他の物質，ということになる※13．もちろん，移植など医療行為として行なわれるものについては，移植された臓器などを免疫系が非自己として攻撃しないためのさまざまな工夫が行なわれている（高等動物の見分けるしくみは **Column：ヒト白血球抗原（HLA）と拒絶反応** 参照）．

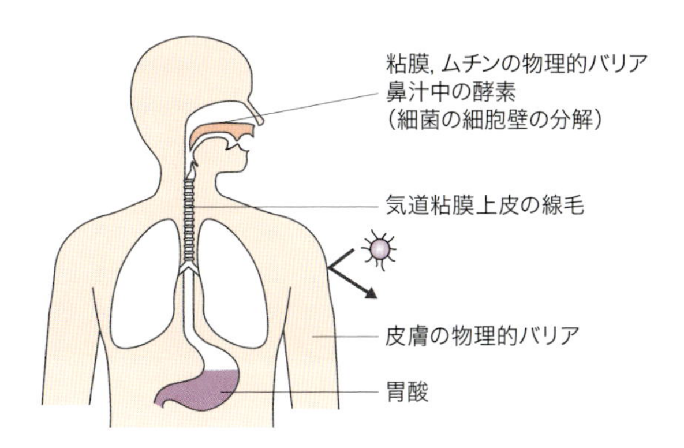

図8-4　ヒトの生体防御の最前線の例

❖免疫を担う細胞と組織

脊椎動物において免疫を担う細胞の多くは，骨髄において幹細胞から一生つくられ続け，分化しながら体内に分布する（図8-5）．血液中の**白血球**がその代表例である．白血球には細菌の捕食を主な機能としている**好中球**，寄生虫の排除やアレルギーに関与する**好酸球**や**好塩基球**などがある．単球が組織に入ってさらに分化した**マクロファージ**や，**樹状細胞**と呼ばれる細胞は病原体が侵入してくると危険信号を発し，好中球や**リンパ球**と呼ばれる免疫担当細胞に対応を促す．

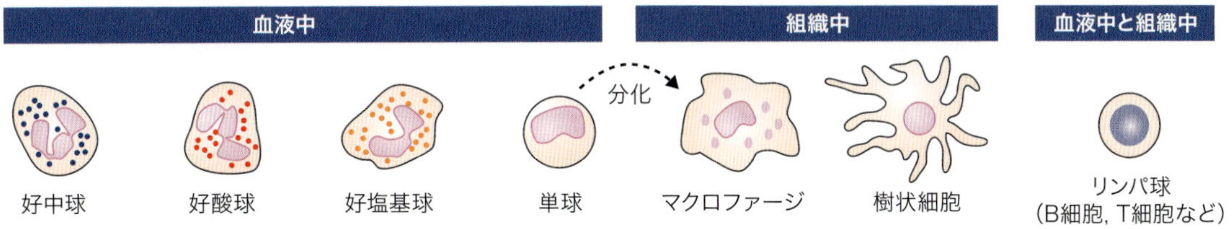

血液中　組織中　血液中と組織中
好中球　好酸球　好塩基球　単球　分化　マクロファージ　樹状細胞　リンパ球（B細胞，T細胞など）

図8-5　代表的な免疫細胞

※13　例えば，臓器・組織移植や，骨髄移植，輸血，細菌，ウイルスなど．

リンパ球は獲得免疫応答を直接担う細胞である．リンパ球の表面にはリンパ球ごとに，特定の物質（抗原）と結合しやすい受容体がある．この受容体は1個のリンパ球については1種類であるが，受容体自体の種類は無数にあり，多数のリンパ球で多数の種類の受容体を分担している（図8-6）．リンパ球の一

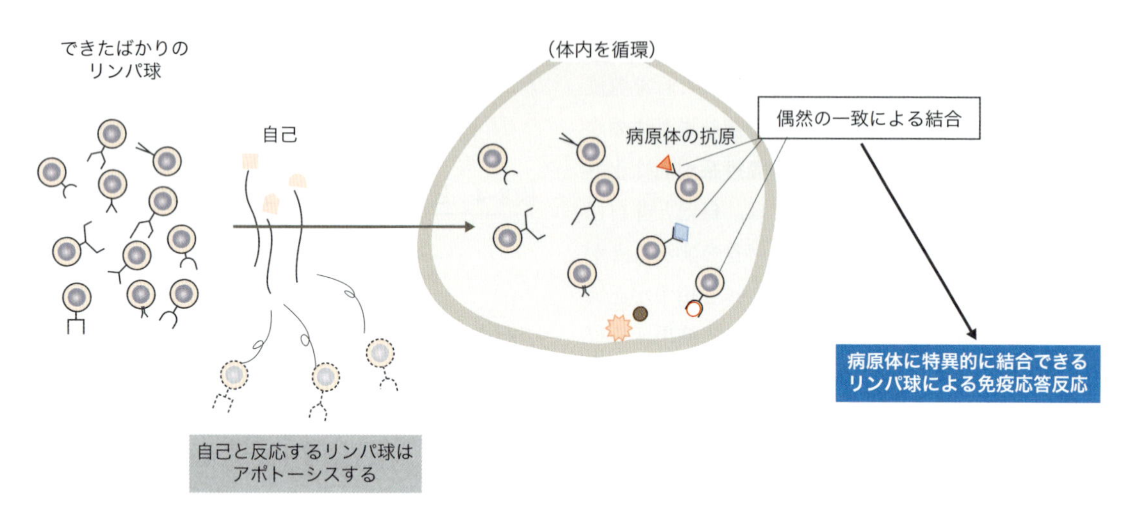

図8-6　病原体特異的リンパ球の誕生

Column ヒト白血球抗原（HLA）と拒絶反応

ヒト白血球抗原（HLA）は移植された同種臓器（ヒト-ヒト間移植）に対する拒絶反応を起こす抗原で，各個体にいくつかの種類のHLAが固有の組み合わせで発現している．移植された臓器のHLAの組み合わせが一致しない場合，その臓器は非自己として移植を受けた個体の免疫系から攻撃を受け排除されてしまう[※14]．ただし，骨髄移植においては，免疫系が一式外部から移植されることになるため，HLAが不一致の状況では，移植を受けた個体の組織が移植された免疫系から攻撃を受けることになる．

HLAは種類が非常に多く，理論上起こりうる組み合わせの数は，地球上の人類の人数よりもはるかに多い．このため，同一のHLAをもつ個体は稀であり，移植臓器の提供者を見つけるのが困難である原因となっている．HLAの遺伝子はすべて同じ染色体上にある．個体が複数もっているHLAのそれぞれは生物学的両親のいずれかから引き継いでいる．

ところで，HLAはもともと臓器移植を邪魔するために備わっているわけではなく，免疫系においては，抗原提示と呼ばれる重要な役割を果たしている．体内に侵入した非自己成分が何らかの形で細胞に取り込まれると，細胞内で断片化され，HLAと結合し細胞表面に現れる．このHLAと結合した抗原が，どのような細胞に認識されるか，そもそもどのような細胞がどのようなHLAを使って抗原提示を行なっているかで，それ以降の反応は異なるが，基本的には非自己の排除という免疫系本来の機能が活性化されることになる．攻撃対象は提示された抗原であり，これをその一部としてもつ微生物や細胞，移植片も攻撃される．なお，これらのメカニズムはマウスを使って解明されてきたこともあり，HLAはより一般的にはMHC（主要組織適合遺伝子複合体）と呼ばれ，ヒトMHCがHLAである．

実際の移植医療においては，HLAが一致していることの重要性は移植臓器によって異なる．現在では免疫抑制薬の進歩に伴い，骨髄移植以外ではHLAの一致度がほとんど問われなくなった．骨髄移植では6つの重要なHLAの一致を1つの目安としている．この6つの遺伝子を両親から受け継いでいるとすると，兄弟姉妹間では6つが完全に一致する確率は1/4[※15]である．一卵性双生児では完全一致となる．

※14　実際の臓器移植ではHLA以外にABO式血液型の一致が必要な場合もあるなど，HLAだけで決まるものではない．

※15　厳密には，相同染色体間の交叉や，もともと両親が部分的に一致したHLAをもっている可能性を考慮しなくてはならない．

部には受容体と同じ抗原と結合する性質をもったタンパク質を細胞外に分泌するものがあり，このタンパク質は特に**抗体**と呼ばれる（Column：抗体 参照）．

マクロファージや樹状細胞による危険信号を受けたリンパ球は病原体（外界の異物）に抵抗するために増殖を開始する．このとき，侵入した病原体（非自己の抗原）に特異的に反応する分子をもつリンパ球ばかりが増殖する．こうした反応が起こるのは二次免疫器官と呼ばれるリンパ節や粘膜に局所的に存在する組織で，リンパ球同士やリンパ球と抗原が相互作用をする場となっている．扁桃腺に細菌やウイルスが感染すると頸のリンパ節が腫れるのは，リンパ球がそこに集まり増殖するからである．

4 免疫応答のしくみ

❖免疫系が感染源の攻撃を感知して応答するしくみ

実際に免疫応答がどのように開始されるのかをみてみよう．転んですりむいたときは皮膚から，咳をした人の近くを通ったときは気道の粘膜から，食べたものが病原体に汚染されていたときは消化管から病原体が侵入してくる．個体を守るために最初にはたらくのが**自然免疫**と呼ばれるしくみである．侵入してくる細菌の細胞壁に共通の構造やウイルスのRNAなど外敵に共通のパターンを認識する受容体があり**Toll様受容体**と呼ばれる．このToll様受容体はさまざまな免疫細胞に存在し，侵入してきた外敵をそれぞれの細胞が察知してその役割に応じた反応を引き起こすための入り口になるのである．上皮細胞

Column 抗体

抗体は重鎖2本，軽鎖2本の合計4つのポリペプチド（アミノ酸が多数つながったもの）からなるタンパク質である（コラム図8-1）．抗原結合部位は，結合相手である抗原の違いによってアミノ酸配列が異なり，可変領域と呼ばれる．重鎖と軽鎖それぞれの可変領域が3本のループ上の構造をもっていて抗原結合部位を形成する．この部分が抗原に相補的であり，それぞれの抗体で配列が異なるので「超可変領域」と呼ばれる．このうち3番目の超可変領域は遺伝子組換えによって多様性を生じる部分である※16．

抗体はリンパ球から細胞外に分泌されるが，リンパ球の細胞膜上に発現して抗原を認識する受容体は抗体と同一の遺伝子からつくられ，細胞膜に結合していることを除けば抗体と同じ構造をしている．

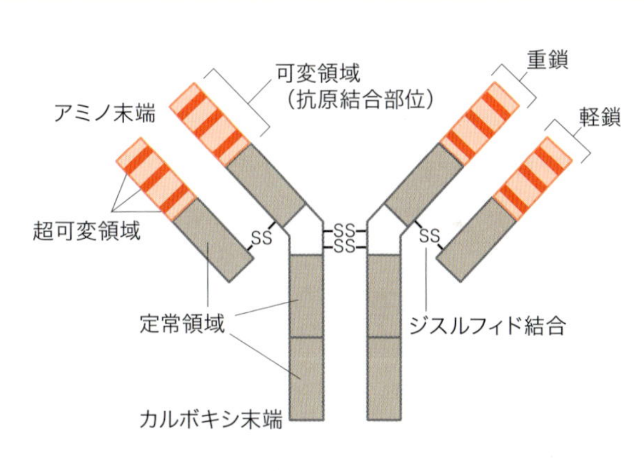

コラム図8-1　抗体の構造
抗体は体液性の獲得免疫現象を担う可溶性の糖タンパク質分子である．ヒトでは14番染色体に遺伝子が存在する重鎖と，2番と22番染色体に遺伝子が存在する軽鎖の遺伝子の産物である．

※16　リンパ球が発現する受容体分子や抗体が遺伝子の情報に基づいてつくられているとすると，認識できる抗原の種類に合わせて無数の遺伝子が必要，ということになる．限られた遺伝情報のなかで無数の抗原に対応する多様性を生み出すしくみは，①ある程度多数の遺伝子がある，②リンパ球で突然変異が起こりその分種類が増える，③リンパ球で遺伝子組換えが起こる，などであることがわかってきている．

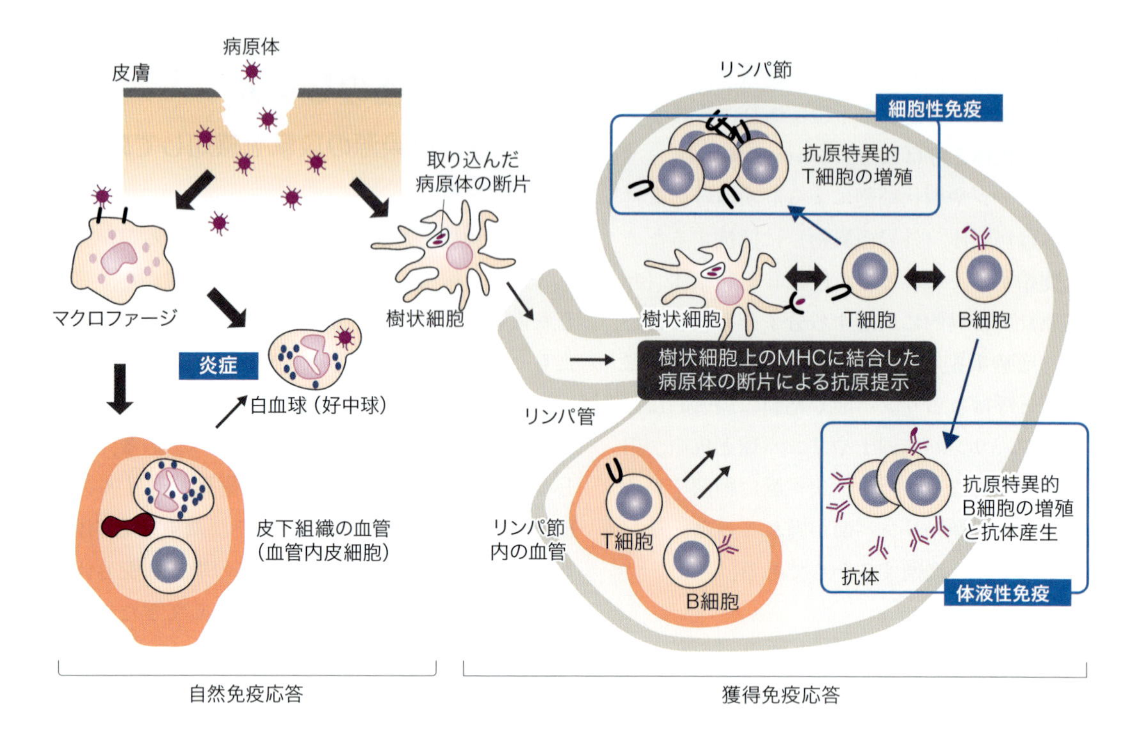

図8-7　皮膚に侵襲した病原体に対する免疫応答の過程

→は細胞の移動，➡は細胞の活性化・成熟を起こすシグナル，→は細胞の増殖をそれぞれ示す．

の間や直下の結合組織に常在しているマクロファージと樹状細胞は危険信号としてサイトカインとケモカインと呼ばれる微量で生理活性をもつタンパク質を分泌する．マクロファージが，サイトカインやケモカインを分泌すると，白血球が危険信号の発せられている部分に集まってくる．白血球は病原体を直接殺傷して処理する力の強い細胞であり，感染の初期段階の防御でも重要な役割を果たす．また，同時に分泌されている別な種類のサイトカインは，防御上有利になるように，発熱中枢を刺激して体温を上昇させ，感染が起こっている局所の腫れを引き起こす．こうした自然免疫のはたらきは対象となる侵入者が何であってもある程度共通に起こる反応である．個別の病原体に特化した効率のよい防御反応ではないかわりに，病原体の侵入からごく短い時間のうちに速やかに反応が起こり初期の生体防御で重要な役割を果たしている．

自然免疫は，それに引き続いて起こる獲得免疫が本格的に活性化するまでの生体防御だけでなく，獲得免疫の活性化においても重要である．樹状細胞は細胞内に取り込んで分解した病原体を構成するタンパク質（抗原）を細胞表面に運んで周囲の免疫担当細胞に提示する（**抗原提示**，**Column：ヒト白血球抗原（HLA）と拒絶反応** 参照）．このうち，このタンパク質を異物として認識できるリンパ球では，抗原の提示を受けて増殖と活性化が起こる．ここまでは病原体の侵入を受けて１日以内に起こるが，実際に特定の抗原に対応できるリンパ球が，樹状細胞からの刺激を受けて増殖して十分な数に達するには少なくとも２～３日を要する．活性化したリンパ球の一部は病原体由来の抗原に結合する抗体を産生するようになるが，これには数日を要する．これらの一連の免疫応答の結果，免疫担当細胞の中でも，侵入した病原体に特異的にはたらきかけることができるものが増殖し，また，病原体を特異的に攻撃することができるタンパク質である抗体がつくられるようになる．こうして感染源は効率的に排除されるのである．

❖体液性免疫と細胞性免疫

免疫応答の結果として，病原体（細菌，ウイルス，寄生虫など）を排除するためにはたらく最終的なメカニズムには大別して２つのカテゴリーが知られており，体液性免疫と細胞性免疫※17がそれである（図8-7）．共同してはたらくことが多いが，寄生虫などの細胞外寄生体に対しては**体液性免疫**が，ウイルスや結核菌などの細胞内寄生体に対しては**細胞性免疫**がより重要である．抗体は細菌の表面に結合して他の免疫系の攻撃を容易にしたり，ウイルスに結合してウイルスを不活性化したりする．細胞性免疫ではウイルスが感染した細胞を攻撃して細胞死を起こさせるなど，専門の役割を担う細胞が存在する．

免疫応答に参加したリンパ球の一部は，病原体が排除され免疫反応が終息したあとも生き続ける．これらの細胞は同じ抗原に再び出会うと，ただちに活性化して，初回よりも速やかに強力に免疫応答を示すことができる．これが，獲得免疫の記憶（**免疫記憶**）のしくみであり，一度かかった感染症には二度とかからないか，かかっても軽くすむ理由である．予防接種（ワクチン）は病原体由来の物質や類似の弱毒病原体で，感染症を発症しないまま初回の免疫応答を引き起こしておき，本当の初感染のときに，強力な免疫応答を引き起こさせ，感染症の発症や重症化を予防しようとするものである．

❖アレルギー

過剰な免疫応答による花粉症などの**アレルギー**※18に苦しむ人が最近特に増加している．アレルギーにも，体液性免疫によるもの（花粉症など）と細胞性免疫によるもの（接触性皮膚炎など）がある．前者では抗体がアレルギー反応を引き起こす化学物質（ヒスタミンなど）を大量に含む細胞に結合することがきっかけとなってその化学物質が細胞外に放出され，アレルギー症状が出現する（**Column：花粉症とアレルギー参照**）．

❖免疫応答の制御と自己免疫

免疫系には活性化させるメカニズムとともに，免疫応答を起こさせないメカニズム（免疫寛容）や免疫応答を終息させるメカニズムが備わっている．応答の終息は単純には，抗原が除去されてなくなったことによってリンパ球が活性化されなくなり，アポトーシスを起こす，ということで説明できる．しかし，前述のように一部のリンパ球は特定の抗原に対して応答性をもつ「記憶細胞」として生存し続けることが知られている．免疫記憶はほとんど一生保たれることから，記憶細胞の寿命も非常に長いと考えられている．

免疫応答を制御し，終息させるシステムの不具合が，自己免疫疾患やアレルギーの原因になっていると考えられている．免疫系において，このような制御ポイントは免疫応答のあらゆるステップに無数といってよいほど存在し，それらのいずれもが疾患の原因または治療の対象となりうる．例えば，免疫応答の最初に抗原を認識した細胞が危険信号として発信する分子がサイトカインであることを述べたが，最も初期にマクロファージから放出されるTNF-αはこのような意味で最も強力なサイトカインの１つである．このTNF-αに結合して中和する抗体は自己免疫疾患である関節リウマチの治療薬として威力を発揮している（**Column：自己免疫疾患と感染症の間にあるもの参照**）．

一方，❸でも述べたように，リンパ球の表面の抗原を認識する受容体や抗体は，自己の抗原を認識するものも出現しうる．こうした自己抗原を認識するリンパ球を除去または不活性化するしくみは，リンパ球が遺伝子の組換えを伴い分化していく器官である骨髄と胸腺に備わっている※19．おおざっぱにいうと，自己抗原を認識する細胞を１つ１つ選び出してアポトーシスを起こさせることで，自己抗原を認識する細胞が全身に流れ出ないようにしているのであるが，そうすると，これらの臓器においては自己の産生するあらゆるタンパク質を準備しておかなくて

※17　体液性免疫では，リンパ球のうちＢ細胞と呼ばれるものがつくる抗体が重要な役割をもつ．一方，細胞性免疫では，リンパ球のうちＴ細胞と呼ばれる一群が重要な役割をもつ．

※18　原因物質に二度目以降に遭遇した際に起こる異常な免疫反応をアレルギーと呼ぶ．

※19　骨髄と胸腺は一次免疫器官とも呼ばれる．

はならないということになる．少なくとも胸腺では，リンパ球に抗原を提示している胸腺上皮細胞には，体内の特定の組織にしか本来は発現しないはずのタンパク質，例えば，膵臓でしかつくられないはずのインスリンや，皮膚にしかないはずのケラチンを発現させる特別の機構が備わっているらしい．このよ

Column 花粉症とアレルギー

アレルギーは過敏症ともいわれ，免疫応答が個体にとって不都合な結果をもたらすことを指す．花粉症もアレルギー反応の1つで，医学的には，（季節性）アレルギー性鼻炎（鼻水，鼻づまり）とアレルギー性結膜炎（目のかゆみ）をまとめた概念である．アレルギーの原因となる物質（アレルゲン）は花粉で，春のスギ花粉が代表的である．近年になって増えてきた理由は，戦後植林されたスギが花粉を多く放出するような樹齢に達したことで花粉の飛散量が増えたためではないかと考えられている．一方で，大気汚染の影響を示唆する実験データも示されている．

花粉症の症状出現のメカニズムをコラム図8-2に示す．花粉が飛散する季節になると大気中の花粉が鼻粘膜や眼結膜に接触する．これにより免疫系が反応して花粉を抗原とする抗体をつくるようになる．花粉症患者では，感染症などに対しての生体防御で作用する抗体とは異なる種類の抗体が多くつくられる．この抗体は粘膜や組織中の肥満細胞と呼ばれる，種々の化学物質を顆粒中に蓄えている細胞の表面に結合する．この化学物質のうちヒスタミンはアレルギー症状を起こす代表的な物質で鼻症状のほか，皮膚のかゆみなどにも関与している．ここまでで花粉症の症状発現の準備は完了である．再び花粉が粘膜などに接触すると，今度は，肥満細胞上の抗体に結合して肥満細胞の顆粒中の化学物質を一気に放出させる．この化学物質が鼻の神経を刺激すれば反射的にくしゃみが出たり，鼻水が流れたり，また血管を刺激すると粘膜が腫脹して鼻の通りが悪く（鼻づまり）なってしまう．

花粉症に限らず，アレルギーの治療の原則は原因抗原の回避である．しかし，現状では環境から花粉をなくしてしまうことは難しい．花粉の多い関東から沖縄や北海道など花粉の飛散が少ない地域に移住するのも容易ではない．マスクやゴーグルを使うというのは1つの方法だろう．薬物療法も選択肢である．これは肥満細胞から化学物質が放出されるのを抑制したり，放出された化学物質が他の標的にたどり着くのを阻害する薬剤が中心である．ほかにも，神経や血管，免疫系全体に作用する薬剤もあるが一長一短である．

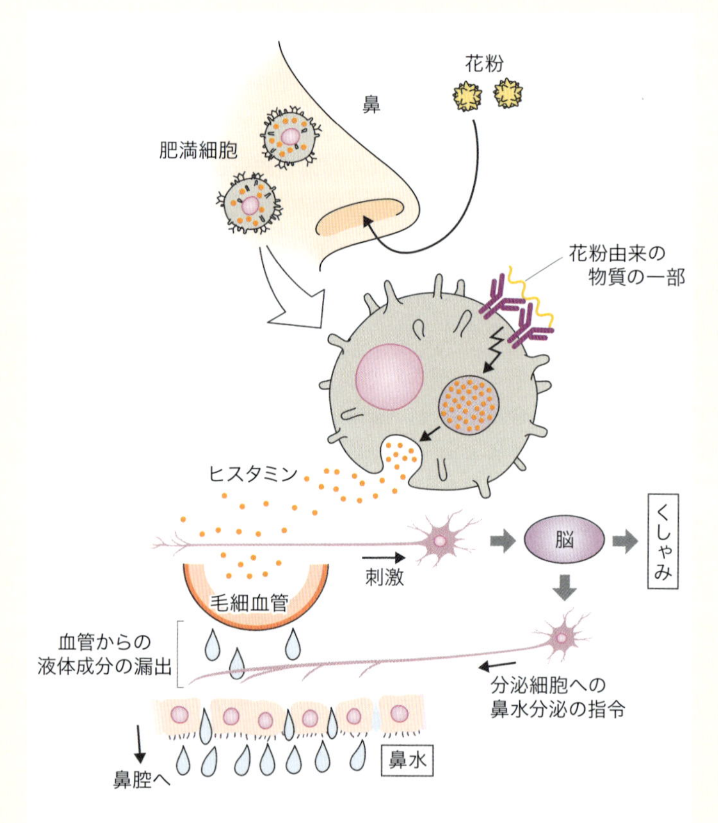

コラム図8-2　花粉症のメカニズム

鼻から花粉を吸入すると，鼻粘膜の組織中にある肥満細胞は，花粉を構成する物質に刺激を受けて，分泌顆粒中の化学物質を放出する．この化学物質の代表的なものはヒスタミンと呼ばれるもので，アレルギーの諸症状の原因となっている．肥満細胞の表面には抗体分子が結合していて，花粉に反応する抗体がつくられすぎると花粉症を発症しやすい．

うな転写制御を行なうタンパク質の遺伝子に異常があると，多臓器に対する自己免疫反応がみられるようになることが知られている．

このような比較的稀な遺伝的な背景のある自己免疫疾患と異なり，多くの自己免疫疾患では，遺伝的な背景は疾患へのかかりやすさに影響はするものの，直接の発症の引き金は多様である．末梢の運動神経に対する自己免疫応答によって四肢の麻痺などが起こるギランバレー症候群はこうした点で興味深い．ギランバレー症候群の患者の一部は，発症前に激しい下痢などが特徴であるカンピロバクターという細菌の感染を起こしていることが知られている．この細菌の表面は運動神経細胞の表面にある物質ときわめてよく似た化学構造をもつ物質に富んでおり，カンピロバクターに対する防御応答のために産生された抗体が，運動神経細胞を傷害すると考えられている．これにより筋肉の麻痺が生じるのである．免疫系に課されている，自己と非自己の微妙な違いを見分けて感染性の寄生体を排除する，という使命が容易ではないことを示す一例である．

Column 自己免疫疾患と感染症の間にあるもの

自己免疫疾患とは免疫機能の異常が生じて自らの体を攻撃するようになったことがその発症に深く関与している疾患である．一方，感染症は外来病原体により引き起こされる疾患で，これに対抗するべく体の免疫系が活性化され病原体を排除しようとする．自己免疫疾患と感染症は一見全く異なる疾患ではあるが，個体の免疫系を挟んで密接な関係がある．

関節リウマチは最も多い自己免疫疾患の1つである．関節などの結合組織が白血球などによって傷害され炎症を起こし破壊されていく疾患である．痛み止めや抗炎症作用のある薬剤のほか，免疫抑制剤も治療薬の選択肢に入る．近年，炎症過程に関与するサイトカインなどに直接はたらきかける分子標的治療薬（6章5参照）が登場している．インフリキシマブ（infliximab）もその1つで，TNF-αというサイトカインに結合して本来の作用を阻害する（コラム図8-3）．TNF-αは組織などでの炎症の発生に関与しており，リウマチの病態でも重要な役割を果たしている．従来の治療薬では効果が得られなかった関節リウマチ患者には福音となっている．

ところが，このインフリキシマブは免疫系に介入することから，当然，関節リウマチの症状改善以外にも影響が出てくる．アメリカで使用が始まってしばらくしてから結核患者の報告が相次ぎ，インフリキシマブを使用することで結核発症のリスクが4倍程度高まることが報告された．通常，結核菌が体に入っても実際に発症する人はそのうちのせいぜい1割程度と考えられていて，はっきり結核にかかったことがあるかどうかわからない人でも体内に結核菌をもっている可能性はある．こうした体内の結核菌は体の免疫反応により活動できないように閉じこめられているが，このときに重要な役割を果たすのがTNF-αなのである．まだ未解明の部分が多いが，TNF-αのはたらきが抑えられることで体の中で眠っていた結核菌が勢いづいてしまったと考えられる．現在ではインフリキシマブの使用に際しては，患者の結核の発症リスクの評価や発症予防のための投薬を合わせて行なうなどの対策がとられている．

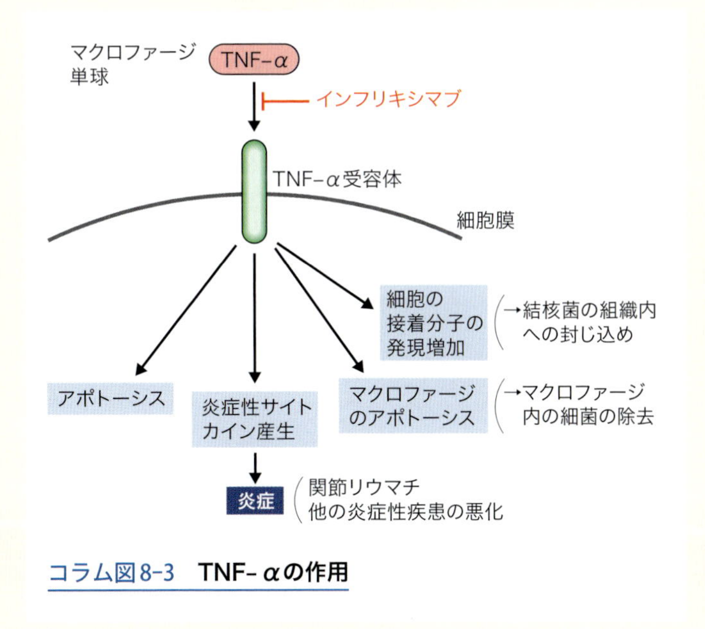

コラム図8-3 TNF-αの作用

これらの事実は，免疫系が多くの謎と問題を抱えており，その理解と制御法の開発が今後も続けられる必要があることを物語っている．感染症，自己免疫疾患，移植された臓器に対する拒絶反応ばかりでなく，がん，代謝疾患，神経疾患などにおいても免疫系の寄与は大きい．特に免疫系を使ってがんを治療する可能性への期待は大きい．

まとめ

- ヒトと微生物のかかわりは，常在菌という無害で定着しているだけの形とそれら微生物が病原性を発揮する感染症がある
- 細菌は原核生物で細胞壁をもち，真菌は真核生物である．ウイルスは病原体として重要ではあるが，厳密な意味では生物ではない
- 細菌の病原因子として，定着因子，侵入因子，外毒素，内毒素などの毒素があげられる
- ウイルスは感染した宿主細胞のタンパク質を利用して増殖する．増殖したウイルスが細胞を破壊することや宿主の免疫作用によって病原性が現れる
- 脊椎動物の免疫系は，自己と非自己を見分け，非自己である感染性寄生体，移植された組織，アレルギーを起こす物質などに応答してそれらを排除しようとする
- この機構は，進化的に離れた生物由来の形を見分けるしくみと，自己のなかに存在しないあらゆる形を認識するしくみによって営まれている
- マクロファージ，樹状細胞，リンパ球など，骨髄にその起源をもつ免疫細胞は，体内に広く分布し，免疫系の営みを担うことのみを機能とする独自のタンパク質分子を使って免疫系を精緻に運営している

おすすめ書籍

- 『感染症―広がり方と防ぎ方［中公新書］』井上栄／著，中央公論新社，2006
- 『現代免疫物語―花粉症や移植が教える生命の不思議［ブルーバックス］』岸本忠三，中嶋彰／著，講談社，2007
- 『闘う！ ウイルス・バスターズ―最先端医学からの挑戦［朝日新書］』河岡義裕，渡辺登喜子／著，朝日新聞出版，2011
- 『新しい免疫入門―自然免疫から自然炎症まで［ブルーバックス］』審良静男，黒崎知博／著，講談社，2014

第9章
環境と生物はどのようにかかわるか

生物は物質やエネルギーを周りの環境から取りこみ，不要物を排出することで，生命活動を営み繁殖してきた．また，環境からのシグナルに応答し，環境への適合性を上げる．同時に，生物は環境にさまざまに作用し，地球環境を変えるとともに他の生物群に影響を及ぼす．生物の多様性はさまざまな環境への適合への鍵であり，有性生殖はこの多様性を生み出す重要なしくみである．人間も環境に依存する点では生物として例外ではないが，人間活動を介して今や地球規模で環境を急激に改造し，他の生物群の生存を脅かしている．このような環境と生物（人類）とのかかわりを考えていこう．

原核生物による砂漠の緑化：この衛星画像は，イスラエルとエジプトの国境に沿って大地の色が異なることを示す．これは砂漠の緑化が進んでいるためである．人為的な攪乱によってエジプト側は砂漠のままであるが，自然の状態の画像右上のイスラエル側ではシアノバクテリアが増殖して表面の砂を固定し，緑化が始まっている．画像：A. Kaplan博士のご厚意による．

第9章 環境と生物はどのようにかかわるか

1 環境と適応

地球の生物は，深海や深い地中の岩盤の中から大気の成層圏まで，乾燥しきった砂漠から硫黄泉まで，ありとあらゆる環境に分布している．地球上で生物が生息している領域を全体として**生物圏**という．このような環境では，生物を構成する生体物質が安定に存在し，生命の単位である細胞が存立できなければならない．生命活動には液体の水が必須であるが，生物によっては乾燥や凍結によって生きたまま保存できるように，増殖できなくても生存することは可能な環境も地球上には存在する．生物が生きていくには，エネルギーやさまざまな栄養を必要とする．しかし，貧栄養で休眠しているのかゆっくり増殖しているのかわからない微生物が多数みつかる環境もある．また，ヒトの腸内細菌のように，生物がつくる独自の環境もある．

生物は，光・温度・水分・土壌・大気などの無機的要因から影響を受けるが，他のさまざまな生物から受ける影響もある．生物が活動することで逆に環境条件を変えていくはたらきを**環境形成作用**という．その大きな例として，地球大気のO_2は原始地球では存在せず，長い地球の歴史で植物や藻類が光合成作用で創りだしたものである．また，森林が存在すると降雨が促進，森林伐採で砂漠化が進行することもある．

極限環境

生物は本来の生息地の物理・化学的環境や生物との相互作用に合わせて，さまざまに適応している．高温，低温や浸透圧などの極端な条件に適応した生物を**極限環境生物**という（表9-1）．増殖の至適温度が80℃以上の超好熱菌，20℃以上では生育できない好冷生物，飽和食塩溶液でも増殖できる高度好塩菌などがよく知られている．

これらの生物の遺伝子，タンパク質を解析すると，多数のタンパク質（酵素）が好熱，好冷，好塩であることが知られている．これらは長い進化の過程で，その生物のほとんどすべてのしくみが特定の極限環境に適応した結果といえる．また，酸性やアルカリ性を好む好酸性生物，好アルカリ性生物や耐熱性，耐凍性，耐乾燥性などの性質をもつ生物も多い．これらは，特定の環境に対する抵抗性や適応性を高める遺伝子を進化で獲得した生物と考えられる．

進化と適応放散

生物の環境適応のわかりやすい例は，単一の祖先生物が多様な環境にさまざまに進化した場合で，これを**適応放散**と呼ぶ．通常は，生物の環境適応による進化はゆっくり起こるのでわかりにくいが，少数の祖先種が新天地に移入したとき，競争相手がいないと短期間に多様なニッチ（生態的地位）に合わせて進化することがある．例えば，オーストラリア大陸で1億年以上前の白亜紀に出現した有袋類は肉食動物や草食動物など多様な種に適応放散した．ダーウィン[※1]がビーグル号の航海で訪れたガラパゴス諸島のダーウィンフィンチ類は数百万年前に南米から渡来した祖先種が多様な食性や島ごとの異なる環境に合わせて適応放散した．

人間がつくる環境への適応

人口の増加と産業の発達のため，人間活動の及ばない自然環境は地球上からますます減少している．いいかえると，人の手の入った環境は，耕作地でなくてもどんどん増加している．このような半人工的な環境は，新たな生物の繁殖や進化を促している．

関東地方の雑木林は薪や木炭を生産するために維

表9-1　極限環境を好む生物の例

好熱性	45℃以上*	温泉，深海の熱水噴出口	超好熱古細菌，超好熱細菌，藻類など
好アルカリ性	pH 9以上	土壌，アルカリ湖	古細菌，細菌
好酸性	pH 2～3以下	酸性湖，温泉，鉱山廃水	古細菌，細菌，菌類，藻類など

＊　超好熱性：最高122℃

※1　Charles Robert Darwin．**1章**参照．

持される里山であり，そのための低木の落葉樹を中心とした植物相となっている．雑草は耕作地の半人工環境に適応した植物である．つまり，肥料が十分に与えられ，陽あたりのよい環境を好む植物が雑草として繁殖する．しばしば農作物に見かけが似たものは，人間による負の選択を免れる．除草剤はこのような雑草を選択的に取り除く薬剤として，食料生産のために大量に散布された．その結果，除草剤耐性の雑草が出現したことは，人間がつくる環境への適応の好例である．例えば，1970年代に普及した除草剤（アトラジン）は，米国でさまざまなアトラジン耐性の雑草を生みだした．この変異は葉緑体DNAがコードする光合成の反応中心のもっとも重要なタンパク質に単一アミノ酸の置換を引き起こしていた．現在は，グリホサートを含んだ除草剤が世界中で使われており，その耐性植物も出現している．医療における抗生物質に対する耐性菌の出現も，同様の人為的環境への適応といえる．

❖適応進化と中立進化

生物の進化において，生物のもつ遺伝子はさまざまに変化するが，遺伝子レベルの変化では環境変化に対して必ずしも適応的によくなるもの（適応進化）はごくまれである．むしろ遺伝子の変異の大半はその遺伝子のはたらきに悪影響をもたらすか，ほとんどなんの影響も及ぼさない．後者を**中立進化**と呼ぶ．

Column ダーウィンと適応放散

ガラパゴス諸島は南米大陸から約900 kmも離れて太平洋に位置し，今から300～500万年前に誕生した比較的若い島である．そのため，まれに渡来する動植物が，さまざまな環境に適応放散して多様な固有種をつくりだしている．ダーウィンがゾウガメやイグアナ，鳥などが島ごとに微妙に違うことを生物進化の有力な証拠としたことで有名である．なかでも，ダーウィンフィンチ類という一群の小鳥は昆虫食や植物食，とくにサボテンの花や大きさの異なる堅い実・種子を食するものが知られており，クチバシの形状が食性と密接に関連している（コラム図9-1）．DNA解析はこれらの種が単系統で，わずか数百万年の間に多数の異なる種に適応放散したことを示している．2009年に京都賞を受賞したグラント夫妻は長期にわたる詳細な現地調査をガラパゴス諸島で行ない，自然選択によってダーウィンフィンチ類のクチバシや体のサイズがどのように変化するのか，遺伝的多様性がどのように維持されるかを明らかにし，新種の形成につながる初めての実証的研究を行なった．また，クチバシの形やサイズを決める遺伝子の研究やゲノムの研究も進行中であり，近い将来には適応放散の分子機構の解明につながるかもしれない．なお，ダーウィン自身はこの小鳥の進化的重要性に現地では気がつかず，帰国後に一般の乗組員が収集した記念品を集めて整理したという．

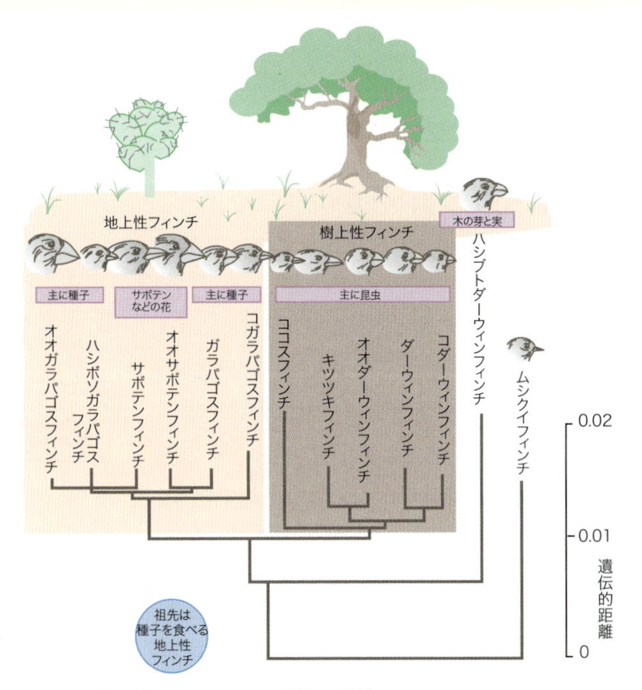

図9-1 ダーウィンフィンチ類の系統

クチバシの形状が食性と密接に関連している．分子系統樹はミトコンドリアDNAを元に作成されている（Sato A et al.：PNAS. 96：5101-5106, 1999）．

実際，酵素タンパク質にランダム変異を導入して活性の優れたものを開発する試みは多いが，大半は活性の低下もしくは影響のないもので，望みのものはごくわずかであることが多い．タンパク質の構造をみると，一般に，精巧に設計された活性中心は全体のごく一部であり，その他は全体の構造形成にかかわる間接的役割である．なお，タンパク質のアミノ酸配列やDNAの配列情報には多数の中立的な変異があり，その頻度は進化時間に比例している．そのため，変異を指標にして分子系統樹に地質年代をあてはめることも原理的には可能である．

2 恒常性と環境応答

❖ 恒常性の維持

生物は，外環境が変化しても，自己の体内環境を一定状態に保つはたらきがある．これを**恒常性**（ホメオスタシス）という．これによって，デリケートな酵素による代謝経路や細胞内の小胞輸送や構造維持，細胞周期の制御などが確実に進行できるようになっている．一方，特定の刺激や大きな環境変化に対しては，生物は積極的に応答し，遺伝子の発現や代謝のはたらきを変化させる※2．例えば，ヒトの血液中のグルコース（血糖）は，脳や全身の活動エネルギー源として空腹時も食事の後も常にほぼ一定に保たれている（7章7 参照）．

同様に，植物は光の有無にかかわらず，代謝のバランスを維持することができる．つまり，緑葉の葉緑体内のCO_2の固定経路の酵素反応は昼には太陽光で駆動されるが，夜には逆反応を起こしてエネルギーの無駄遣いをしないように酵素レベルで阻害されている．また，従属栄養型の微生物は，各種の栄養素（アミノ酸や糖など）の取りこみにかかわるさまざまなトランスポーターをもち，その栄養飢餓において特定の遺伝子を発現誘導することで栄養供給を維持する．

❖ 環境応答の原理

恒常性の維持や積極的な応答を実現するため，生物はさまざまなレベルで外界の環境変化を入力シグナルとして受容し，適切に応答する．そのしくみは，細胞レベルと個体レベルでは異なるが，入力→伝達→出力という原理は同じである（図9-1）．受容体やシグナル伝達を仲介するタンパク質のはたらきも，入力→伝達→出力の流れとして分子レベルで理解することができる．このような環境応答機構は，捕食行動する動物では感覚器官と運動器官としてよく発達している．また，細胞レベルでも，特定の環境変化を受容して，応答するものが多い．例えば，ヒトの血糖維持にかかわる膵臓のβ細胞は，高い血糖値に応答して，細胞内シグナル伝達を活性化し，インスリンを分泌することで，血糖値を下げる方向に作用する．タンパク質レベルでは，特定の環境変化や入力シグナルを受容した受容体タンパク質はその構造を変え，出力となる活性を調節する．これは一種のアロステリック制御（p173 Column 参照）である．

ヒトには，五感といわれる視覚，嗅覚，味覚，触覚などさまざまな環境応答のしくみがある．視覚を例にとると，ロドプシンという色素タンパク質（視

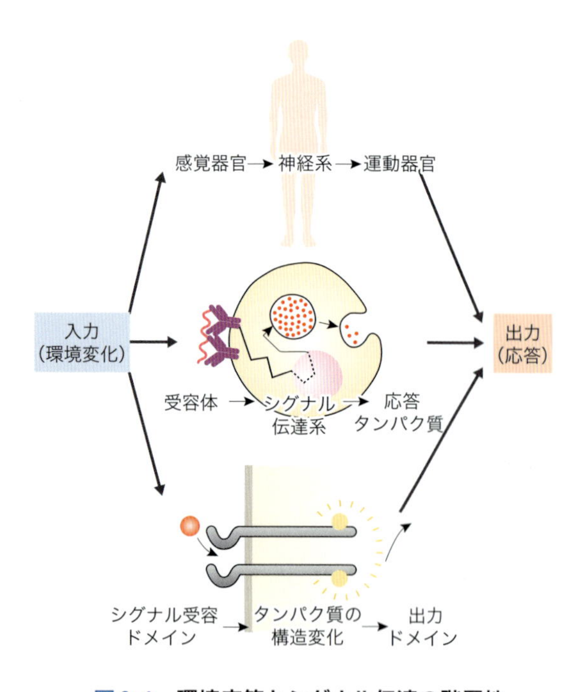

図9-1 環境応答とシグナル伝達の階層性

※2 刺激応答または環境応答ともいう．

物質という）が光を感知する．このロドプシンは構造変化を起こし，細胞内シグナル伝達を介して，細胞膜の膜電位の脱分極を引き起こす．この膜電位の興奮が視神経を介して，脳で視覚として認知される．視細胞はそれぞれ赤色光を感知するもの，緑色光を感知するも，青色光を感知するもの，明暗を感知するものの4種類がある．それぞれの細胞には同じレチナールという色素が少しずつ異なったタンパク質に結合し，吸収する光の色（波長）は異なっている．したがって，色覚の3原色は，3種のロドプシンの特性に対応している．しかし，4つ目の明暗を感知するロドプシンも緑色光に応答することを考えると，視細胞につながる脳神経が色覚や明暗の情報を統合することが重要といえる．各視細胞は特定のロドプシン分子だけを発現しており，カメラの3原色を感知する各LED素子に対応するともいえる．

植物や微生物にも，聴覚を除けば五感に類似したさまざまな環境応答のしくみがある．例えば，光に向かって成長方向を変える植物の応答は光屈性と呼び，これはフォトトロピンという光受容体が青色光を感知し，シグナル伝達を介して，植物細胞の伸長を促すオーキシンという植物ホルモンの輸送を制御することによる．植物には，ダニなどの食害を受けた葉がつくる揮発性物質をまわりの葉が感知し，防御のための予防応答を示すものがある．また，オジギソウやハエトリソウのように，物理的な接触刺激を感知して，すばやく葉を閉じるものもある．多くの植物が示す普遍的な環境応答としては，気孔の開閉がある（**Column：植物ダイナミックな環境応答─気孔の開閉** 参照）．これは，光合成反応にCO_2を供給する重要な応答であるが，気孔を開くと蒸散によって水を失うので，複数の環境要因で統合的に制御されている．

また，植物や藻類などの独立栄養生物でも必須の栄養素（窒素やリンなど）などを取りこむトランスポーターは飢餓ストレスによって発現誘導される．この場合，細胞内のその物質の濃度をモニターする

Column 植物のダイナミックな環境応答─気孔の開閉

複雑な体制をもつ植物は，トランスポーターの発現誘導だけでなく，環境に応じて根を発達させたり，気孔を開閉するなどの複雑な応答を示す．ここでは，植物の環境応答のわかりやすい例として気孔の開閉を紹介しよう（コラム図9-2）．

植物の葉の表面には，気孔という空隙が多数存在する．葉の表面は表皮という細胞とクチクラ層で被われていて，水分の蒸発を抑えている．しかし，光合成をするためには大気中のCO_2を取りこむ必要がある．気孔とは，2つの孔辺細胞という特殊な表皮細胞の間に生じる1〜数十μmほどの空隙で，孔辺細胞の膨張によって開口する．日中，植物が光合成に必要なCO_2が不足すると気孔を開口し，取りこむ．しかし，必要以上に開口しておくと，気孔から大量に水分が蒸発して失われてしまう．そのため，気孔の開閉は光やCO_2濃度に依存している．気孔の開閉運動は可逆的でしかも比較的速く，約1〜2時間で完了する．植物の運動としては，刺激や昼夜のサイクルで起きるオジギソウやネムノキの葉の運動が有名である．この運動は秒から分単位で進行する非常に速いものだが，マメ科など一部の植物しか示さない．一方，気孔の開閉はもっとゆっくりであるが，ほぼすべての植物が行なう重要な反応である．

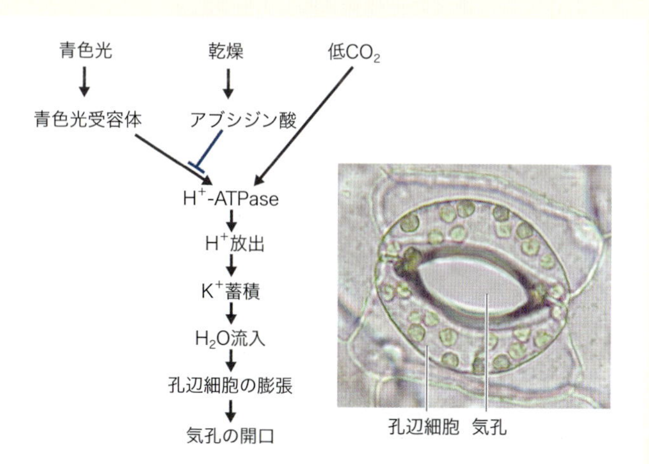

コラム図9-2　植物の気孔の開口応答のシグナル伝達
ツユクサの気孔．画像は木下俊則博士のご厚意による

9章 環境と生物はどのようにかかわるか

センサーがあり，これが特定のトランスポーターの遺伝子の転写を誘導する．そして，物質が十分に取りこまれれば，センサーはこれを感知して遺伝子の発現を抑える．このような可逆的な発現調節のしくみは負のフィードバックの一種である．

負のフィードバックは，ある一連の反応経路の結果が，経路の初期段階の反応を負に制御することで，結果を一定レベルに保つことができる．これは，工学の分野でも広く取り入れられているが，生物は結果をモニターするセンサーとシグナル伝達によってこれを実現している．これらのセンサーやシグナル伝達のほとんどはタンパク質でできており，これら自身も環境応答の調節の標的となることも多い．なお，人為的環境では恒常性の維持が十分に発揮できないこともある．例えば，多くの植物にとって窒素分は大量に必要な栄養素であるが，自然界では常に不足している．そのため多くの植物はまわりに窒素分があれば恒常性よりも取りこみを優先する．その結果，十分に施肥した栽培植物はしばしば過剰の硝酸イオンを貯えることがあり，これを食するヒトの栄養面で問題になることがある．

❖恒常性を打破する環境応答

自律神経とは，ヒトの活動状態，非活動状態を，意志にかかわらず自律的に制御する神経系である．前者は交感神経，後者は副交感神経が支配している．つまり，各神経系が支配する器官・組織系を介して，身体全体を活動型と非活動型の2種類の状態に保つ．いくら努力しても勉強に集中できず眠気をはらうことができないときがあるのは，自律的に非活動状態が維持されているためである．しかし，このような自律的恒常性は，強烈なストレスや刺激によって打破されることがある．アドレナリンは全身を活動状態に保つ重要なホルモンであり，これが分泌されると意志の力で押さえきれない興奮状態に陥ることがある．これは恒常性を打破する環境応答の一種といえる．

植物や動物にみられる個体の成長から，生殖への切り替えにおいても，同様の恒常性のシフトが起こる．花を咲かせると種子をつくり枯死する一年草などの植物では，光などの環境シグナルによって葉芽形成から花芽形成へ切り替えられることが多い．夏から秋に花を咲かせる植物は短日植物といい，日長が短くなる（もしくは夜が長くなる）という外環境シグナルに応答して，花芽を形成する．これ以前の栄養成長では，植物は光合成産物を葉の展開や茎の成長に投資することで，さらに光合成生産を増やす．一方，花芽形成以降は，植物は生殖成長に切り替え，光合成産物を花や種子などにまわすだけでなく，最終的には既存の葉などの器官からも養分を引き抜いてまわすようになる．つまり，それぞれで大きく異なった状態として，恒常性が保たれる．特定の外環境シグナルが個体の発達段階や内在の概日リズムと相互作用することで，このような恒常性の切り替えが起こることは，一生に一度だけ繁殖する植物や動物でよくみられる．また，多年草や繁殖を何度もくり返す動物でも，程度の差はあっても同様の切り替えが起きる．

3 有性生殖と環境適応

❖有性生殖と無性生殖

配偶子の接合（受精）によって増殖するしくみを**有性生殖**といい，真核生物に普遍的である（3章参照）．一方，体細胞分裂によって個体が増殖する栄養生殖や受精を経ないで配偶子などが分裂して個体の増殖につながる単為生殖をまとめて無性生殖という．栄養生殖はクローンを生みだすのでわかりやすい．有性生殖では，減数分裂によってオスが精子（雄性配偶子）をつくり，メスが卵（雌性配偶子）をつくり，さらに受精によって初めて次の世代の個体をつくることができる．この方式はそれぞれの親のもつ遺伝子セットの組み合わせを変えることで，新たな機能を効率よく進化させることができる．多くの動物や植物では，有性生殖が基本であること，有性生殖がみられない真核生物でも有性生殖に必要な遺伝子をもつことなどから，真核生物の起源と有性生殖による効率的な進化は強く結びついている可能性が高い（図9-2）．しかし，有性生殖には欠点もある．

例えば，有性生殖では，配偶子をつくり，受精に至るまでのコストと手間が大きい．さらに，もし親が優れた形質をもっていても，子はそのすべてを受け継ぐこともできない．

一方，優れた親の形質を受け継ぐには，有性生殖よりも，単為生殖や栄養生殖などの無性生殖によって繁殖する方が効率がよい．実際，自然界にもフナやセイヨウタンポポのように単為生殖で繁殖する生物も多い．また，イモや地下茎，むかごで繁殖する植物や出芽で繁殖するヒドラなどは栄養生殖によるものである．しかし，無性生殖だけで繁殖する生物は，系統の中で散在している（図9-2）．これは，有性生殖を喪失することは，短期的な進化ではメリットになるが，長期的には進化が停滞するため環境変化において絶滅しやすいことを示している．その理由は，無性生殖が遺伝子セットの多様性を生み出せないためである．

なお，有性生殖と無性生殖を使い分ける生物や有性生殖から無性生殖に転換した生物も多い．ただし，無性生殖から有性生殖に逆に転換した例はほとんどない．これは，有性生殖に必要な遺伝子が突然変異によって壊れる方が，壊れたものが再度突然変異によって元に復帰することよりはるかに起こりやすいためである．

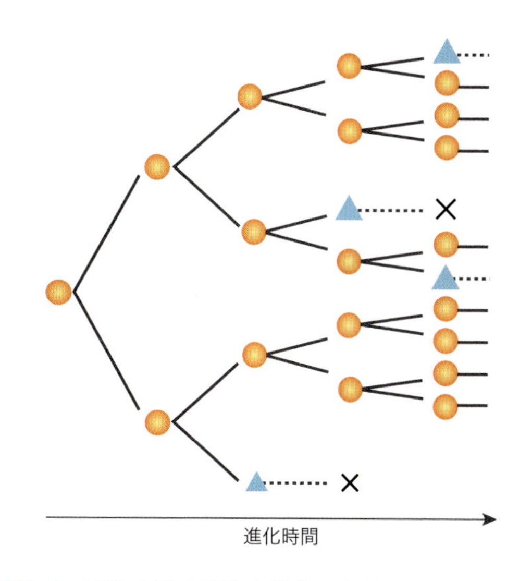

図9-2　有性生殖の喪失と進化モデル
○有性生殖する種，△有性生殖を失った種，×絶滅，実線：進化，破線：停滞した進化を示す．

個体群の多様性は環境への適合に重要である．例として，原生生物のゾウリムシを挙げる．これは好適な環境では，単純な細胞分裂（無性生殖）でクローンとして増殖する．しかし，環境が悪化すると，有性生殖の遺伝子が発現し，異性の個体と接合（受精）することで，新たな遺伝子セットをもった多様な個体を生み出す．一方，研究室でよく使われる大腸菌

Column 有性生殖は本当に環境適応に有効か？

真核生物はすべて有性生殖の遺伝子をもっていることなど，さまざまな状況証拠は，有性生殖が適応進化に有効であることを示唆しているが，実験的証拠は乏しい．そのなかで，有力な証拠がニュージーランドの淡水に生息するある巻き貝（*Potamopyrgus antipodarum*）から得られている．この巻き貝は有性生殖と単為生殖の両方で繁殖できる．しかし，これに寄生する吸虫の感染率が高い集団では，オスの割合（有性生殖による繁殖に相当）が増加することが示されている（コラム図9-3）．この事実は，有性生殖の方が吸虫感染に対して耐性になりうること（適応進化しやすい）を示している．また，感染率がほぼゼロにおいては，オスの割合がゼロ近くになることがわかる．これは増殖だけのためには，単為生殖の方が優れていることを示している．

コラム図9-3　ある巻き貝の有性生殖と吸虫感染率の関係
出典：Lively：Evolution 46: 907, 1992．巻き貝の画像はDan Gustafsonにより撮影された．https://www.flickr.com/photos/52133016@N08/8030563004より転載

は特定の好適な環境でよく増殖する遺伝子セットをもっている．しかし，高温などストレスのある環境で長く培養すると，生存と増殖にかかわる複数の遺伝子にストレス耐性などの変異を生じることが知られている．しかし，有性生殖を行なわない大腸菌では，このような遺伝子変異の組み合わせを同一個体が獲得するには長い時間を必要とする．

❖多様性を生み出すしくみ

有性生殖では，精子と卵（配偶子）が受精によって，異なる個体間の遺伝子を混ぜ合わせるので，子が親とは異なる遺伝子セットをもつことになる．例えば，ヒトの場合，体細胞に存在する46本の染色体は，父親由来の23本と母親由来の23本の和である．その23本は対をなす相同染色体であるので，体細胞には23本の異なる染色体に対して各々2本の相同染色体があり，遺伝子としてもすべての遺伝子が2セットあることになる．

一方，精子や卵は23本の染色体をもつ．つまり，すべての遺伝子を1セットだけもつ．このような精子や卵をつくるしくみを減数分裂といい（3章 参照），23本の染色体はランダムに2セットの中から選ばれる．この選択は2^{23}＝8,388,608通りもあるので，同じ遺伝子セットをもつ精子や卵ができる可能性は事実上ないといってよい．しかし，ヒトは約20,000個の遺伝子をもっているので，単純平均すると20000/23≒1000個の遺伝子は同じ染色体上に存在することになる．これらは減数分裂における染色体のシャッフリングによってもひとまとめにして配偶子に分配されてしまうようにみえる．ところが，減数分裂においては，相同染色体間の組換えが高頻度で生じる．減数分裂では，対をなす相同染色体同士が平行に並び，そのうちの各1本ずつを確実に分配している．遺伝子の相同組換えとは，DNAの二重らせんが開き，そのうちの1本の鎖が，同じ配列をもつ別のDNAの二重らせんの相補鎖と結合することから始まるが，最終的にはDNAの鎖を切断して，これらの鎖のつなぎかえをする必要がある．このようなプロセスに必要な組換え酵素などの遺伝子は，減数分裂においてわざわざ発現誘導されるため，相同染色体間の組換えは高頻度で起こるのである．

これによって，同一染色体上にのっている多数の遺伝子でさえ，よくシャッフルされ，精子や卵に分配されることが可能になる．つまり，減数分裂における相同染色体のランダムな分配と相同染色体間の高頻度の組換えという2つのしくみによって，子孫に伝えられる遺伝子セットとしてほぼ無限の組み合わせが実現されている．このような多様性をつくるしくみは，長いDNA鎖に多数の遺伝子をのせた真核生物において，正確に遺伝情報を子孫に伝えるということと，多様な個体群をつくることで環境変化や生存競争において迅速な適応進化を可能にするという正反対の課題を同時に解決しているといえる．

4 生物と環境の相互作用：光合成

❖地球環境と光合成

生物がつくる環境で，地球規模のものは植物と人類によるものであろう．植物やシアノバクテリアが行なう光合成は，有機物を生産するとともにO_2を放出している．この光合成反応で炭素換算で年間2,100億トンのCO_2が固定され，一方ほぼ同量のCO_2が植物や動物の呼吸などで大気に放出されていて，長い間ほぼつり合ってきた．一方，18世紀の産業革命以降，人間活動が森林を伐採し，石油・石炭を燃焼させることで，大量にCO_2を放出するようになってきた．この人間活動は食料を増やし，生活を快適にすることで，人口増加と人間活動のさらなる促進を引き起こし，CO_2放出は等比級数的に増加している．今では地球上の人類の収容力の限界に近づき，食糧不足の危機だけでなく環境の不可逆的破壊や地球規模の温暖化による気候変動のおそれが増大している．

このような人間活動を抜きにすると，多様な生物が生息する温暖な地球の環境の重要な部分は光合成が支えているといえる．光合成はCO_2を固定して有機物にするだけでなく，光合成の廃棄物であるO_2を供給する．植物は地表を被うことで水分の保持と土壌の形成を促し，さらに植物群落は他の植物や動物の生息できる多様な環境を提供している．これは人間活動が特定の栽培植物や家畜だけを育て，他の多くの生物の生息環境を奪っていることとは対照的である．

光合成は太陽光という地球外から放射されるエネルギーを化学エネルギーに変換し，これによってCO_2から有機物を生産する反応で，植物やシアノバクテリアなどの光合成生物は地球生態系全体を支えているといってもよい（図9-3）．しかし，地球上の特殊な環境では，無機物同士の化学反応から化学エネルギーを取り出し，これによってCO_2から有機物を生産できる生物も知られている．これらを合わせて**独立栄養生物**という．一方，ヒトや動物，菌類など外から有機物を取り入れる必要がある生物は**従属栄養生物**という．生態系は独立栄養生物が有機物を生産・供給し，動物や菌類などの従属栄養生物がこれを利用することで，成り立っている．もちろん地球上のほとんどの生態系は植物などの光合成に支えられているが，深海噴出口や鉱山跡など特殊な環境では光合成以外の化学反応で生態系が支えられている．

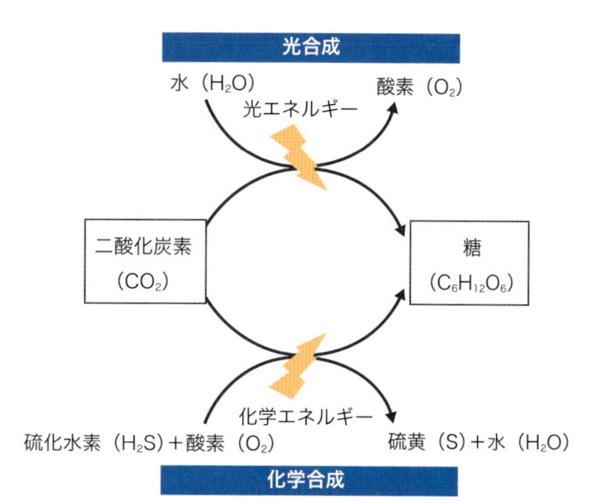

図9-3　光合成と化学合成による有機物合成反応の一例

CO_2から糖を合成するのに必要なエネルギーは，光合成もしくは化学合成によって供給されることを示す．化学合成にはこの図に示す硫化水素を酸化する反応の他に，アンモニア酸化，亜硝酸酸化，鉄酸化反応によるものがある．

❖土壌の形成

風や水による浸食作用によって生じた砂や泥は本来，生物を育むミネラル分をほとんど含まない．一方，土壌は生物の遺骸や分解物を含み，植物の成長

Column　光は植物にとって有害，O_2は生物にとって有害？

植物の光合成は光エネルギーによって駆動される明反応と酵素反応である暗反応がつながって進行する．そのため光は生存に必須であるが，暗反応で処理しきれない光エネルギーを植物が吸収すると，その過剰分はさまざまな傷害を引き起こすことがある．これは一般に光阻害と呼ぶ．光阻害にはさまざまなしくみが知られているが，まだ未知のものも多い．農業生産を含めた地球上の植物の光合成生産において，光阻害の克服は重要な課題である．とくに生育環境の悪いところでは，暗反応が律速されやすくなり，光阻害がよく生じる．

よく知られる光阻害としては，光で水を分解して電子を取り出す光化学系Ⅱという装置で中心的役割を果たすD1タンパク質の失活と分解がある．このタンパク質は，葉緑体のDNAにコードされていて，葉緑体において活発に合成されることが40年以上も前に発見されていた．そして，光阻害で分解されたD1タンパク質を補うことによって，活性のある光合成装置が再形成されるプロセスであることがその後の研究で明らかになった．このタンパク質の半減期は強光条件で約30分という報告もあり，最も寿命の短いタンパク質の1つといえる．最近は太陽の光の強さがすばやく変動するとき，光化学系Ⅰという光合成装置が光阻害を受けやすいことが明らかになってきた．自然環境では，雲などの影響や明るい林床の植物で起こりやすいといわれている．

同様に，O_2は，酸素呼吸する生物（ヒト，動物を含む）にとって必須であるが，そうではあっても，有毒な活性酸素をつくる原因物質でもある．酸素呼吸の酵素は，O_2を用いて有機物を効率的に燃焼させてエネルギーを取り出すが，非酵素的に有機物由来の還元力がO_2と反応して生じるのが活性酸素である．過酸化水素やスーパーオキシドなど種類が多いので活性酸素種と総称することも多い．これらはタンパク質や脂質，DNAなど重要な生体物質と化学反応を起こし，失活させることが多い．そのため，激しい有酸素運動をしない方が活性酸素の産生が少ない，活性酸素を消去するカタラーゼなどの酵素の活性が生物の寿命と関連するなどの研究成果もある．

に必要な硝酸塩やその他のミネラル分を持続的に供給できる．ミミズやトビムシ類などの土壌動物は生物の遺骸や落ち葉を食べ，その糞を含めて菌類や土壌微生物がさらに分解消化する．植物由来のセルロースは菌類や一部の昆虫が消化し，難分解性のリグニンは細菌の一部が分解する．また，タンパク質や核酸由来の有機窒素は，硝化細菌などによって硝酸塩まで分解される．有機物に含まれるリンや硫黄などの有用元素も土壌微生物によってリン酸塩や硫酸塩にまで分解される．これらのはたらきがゆっくりと進行することで，植物の成長に適した土壌が醸成される．生物が地球上で持続的に繁栄していくためには，生物体に濃縮された有用元素がミネラル分としてリサイクルされる必要がある．地球規模では，これは窒素やリン，硫黄の物質循環としてよく知られている．もちろん生物はさまざまなトランスポーターをもち，必要な物質を取りこむことができるが，ミネラル分が豊富に存在し持続的に供給される土壌は，生物の作用がつくりだした好適な環境といえる．太古の地球には存在しなかった土壌は，数億年にわたる生物の作用によって地球上のあらゆるところに形成され，緑に被われた地球の基盤となっている．しかし，森林破壊と浸食作用によって森林を育んできた土壌が流失し，都市化によって肥沃な土壌をコンクリートで被うなどで，地球上の土壌は急速に失われつつある．

Column なぜ陸上植物は緑色か？

この初歩的な質問は，光合成色素である葉緑素（クロロフィル*a*）が赤色光と青色光を吸収し，あまり吸収されない緑色光が反射されやすいことを説明するとき，よく使われる．しかし，陸上植物とは違って藻類ではさまざまな光合成色素をもちカラフルな種が多数知られているので，上記の問答は，葉緑素が緑色に見えることを説明しているだけであり，多くの藻類と異なる理由は説明していない．では，陸上植物はなぜそのようなカラフルな色素をもっていないのであろうか？

それは，水の中の光の色と大気中の光の色の違いに起因する．私たちは陸上で生活していて，太陽光の色を実感することは少ないが，しいていえば白色である．一方，海の中ではすべてが青緑色に見えることはよく知られたことである．これは，赤色光が水に吸収され，青色光が微粒子によって散乱されやすいことによる．このために，多くの藻類は青緑色光を効率よく利用できる補助色素（フコキサンチンやクロロフィル*c*＝褐藻，フィコエリスリン=紅藻など）をもっている．しかし，ある一群の藻類はこのような青緑色光を利用する補助色素をもっていない，いいかえると，そのような色素を必要としない環境に生息する藻類がある．それは，緑藻というグループで，補助色素としては陸上植物と共通するクロロフィル*b*をもっている．この緑藻の多くが生息しているのは，海や湖などのごく浅いところで，そこでは白色の太陽光がほぼそのまま藻類の細胞まで到達するので，他の藻類の特別な補助色素を必要としなかったといえる．

では，陸上植物がなぜこのような緑藻から進化したのだろうか？それは，浅い水環境は陸上へ上がる一歩手前とも考えることができる．しかし，海の潮間帯に生息している藻類は陸上植物の祖先とはなりえなかった．海水は蒸発すると多量に塩分を残すためである．一方，浅い淡水の水辺には，緑藻と陸上植物を進化的につなぐシャジクモ植物が生息している（コラム図9-4）．これは見かけは水草（陸上植物が再び水中に適応したもの）のようであるが，節間の軸は1個の細胞からなり，体の成り立ちは単細胞藻類と複雑な体制をもつ陸上植物の中間的といえる．このような進化的背景があって初めて，陸上植物が緑色となることができたのである．

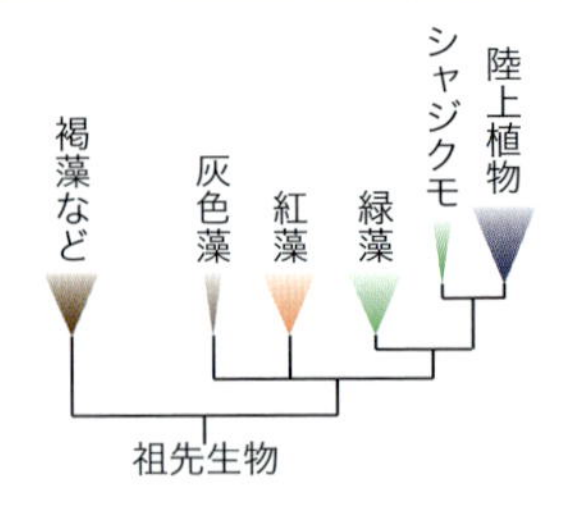

コラム図9-4
シャジクモ植物の系統的位置と体制
左）シャジクモの細胞体制．茎や葉にみえる部分（矢印）もそれぞれ細胞1個からなることに注意．画像：坂山英俊博士のご厚意による．右）光合成をする主な真核生物の分子系統樹．

❖個体群とヒトの特殊性

生物は一個体だけ単独でばらばらに生活しているのではない．同じ種に属する生物は，どの個体も生活場所，餌や養分の摂り方，繁殖期などが共通しており，個体同士は密接な関係をもちながら生活している．ある地域に棲んで相互作用し合うこのような同種の生物集団を**個体群**と呼ぶ．

個体群の特徴として，個体数の多さ少なさ（個体群密度）があげられる．いま，一定量の寒天培地の入った容器に最初にショウジョウバエを少数入れ，生き残ったハエと次世代で羽化したハエを混ぜて同じ培地量の新しい容器に移す．これを定期的に繰り返すと，ハエの個体数はどんどん増えるが，やがて限られた資源や生息空間をめぐる種内競争※3が強くなって生存率や繁殖力が低下する．そのため増え方が次第に鈍り，ついにはほぼ一定の個体数に到達する（図9-4A）．このような条件で得られる個体数のS字形増加パターンをロジスティック曲線と呼び，多くの動植物はほぼこれに従う．

しかし，人類の人口を眺めると，そうではない（図9-4B）．世界の人口は，有史以来，18世紀頃までは長い時間をかけてゆっくりと増えてきた．ところが，ここ100年間ほどの増加率は極端に上昇しており，2013年には約72億人にまで達しており，現在も約1.2%の増加率で増加しつづけている．人口の極端な増加は，食糧供給や居住環境を悪化させ，社会不安や争いを引き起こす．人類はこれまで知識と技術を駆使して，快適な生活に必要な物資を増産してきたが，今後は人口の増加にどのようにブレーキをかけるのかが重要となるだろう．

❖生物群集と食物連鎖

自然界においてはたくさんの種が1つの生息場所に共存している．種間相互作用によって結ばれたこれら各種個体群の総体を**生物群集**と呼ぶ．生物群集では，植物が光合成によって無機物から有機物を合成し，さらにその植物は一部の動物に餌として食べられる．植物を食べる動物は植食者と呼ばれ，さらにそれを食べる肉食者がいる．このような区分けを栄養段階といい，食う－食われるの関係で結ばれた

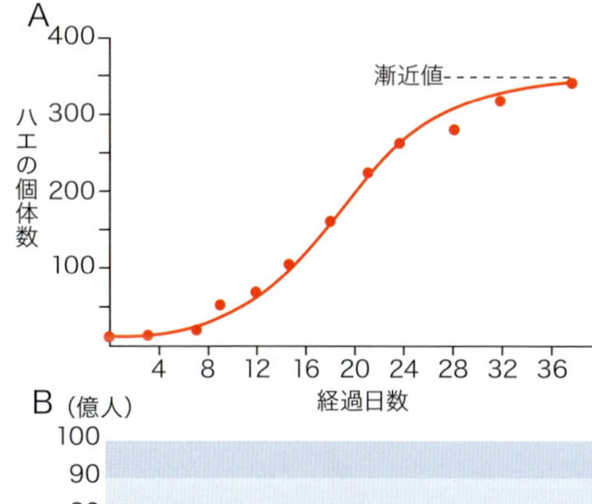

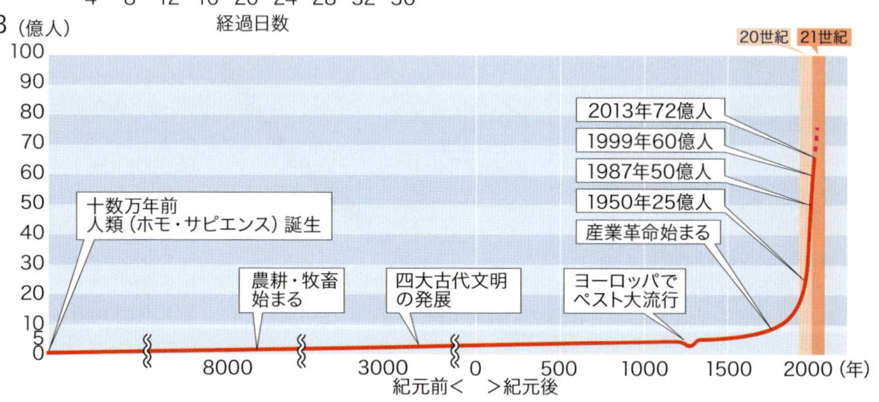

図9-4　生物とヒトの個体数の推移

A）生物の個体数の時間変化の例．一定環境でのショウジョウバエの繁殖は，環境収容力に収束することを示す実験．『動物の人口論』（内田俊郎），NHKブックス，1972：p29，図II-1を元に作成．詳細は本文を参照．B）世界人口の推移（推計値）．

※3　密度効果と呼ぶ．

ものを**食物連鎖**という．このような食う−食われるの関係がある一方で，同じような餌や生活場所を必要とする生物種同士の間には種間競争が生じる．また，生物種間で栄養を供給するなどの共生（寄生，相利共生，片利共生を含む）の関係もある．よって，生物群集内の相互作用を関係する種ごとに結んでみると複雑な網目状の構造を示す．つまり，相互作用のネットワークが生物群集なのである．

群集を研究する際には，同じ地域に生息するすべての生物種を対象とすることは不可能である．そこで，同じような餌を利用する一群の生物種と，それらと密接に関係し合う被食者や捕食者に対象を絞って群集を扱うことが多い．

5 生態系の構造と動態

❖生態系のエネルギー流

生態系のエネルギー源は地表に降り注ぐ太陽光のエネルギーであり，光エネルギーは光合成によって化学エネルギーに転換され，有機物中に蓄えられる．生態系のすべての生物は，この有機物中の化学エネルギーを利用して生活している．化学エネルギーは物質と違って生態系内を循環するのではなく，食物連鎖によって上の栄養段階へ移行する過程で，各々の段階で一部が代謝や運動などの生命活動に利用されたのち，エネルギーは最終的に熱となって生態系外へ発散される（図9-5）．

この場合，各栄養段階を経るごとに，10〜15％程度のエネルギーが上の栄養段階に取り込まれるにすぎないことに注意してほしい．そのため，単位期間に利用するエネルギー量を尺度に各栄養段階をまとめるとピラミッド構造になり，これを生態ピラミッドと呼ぶ．10〜15％の生態効率により，栄養段階

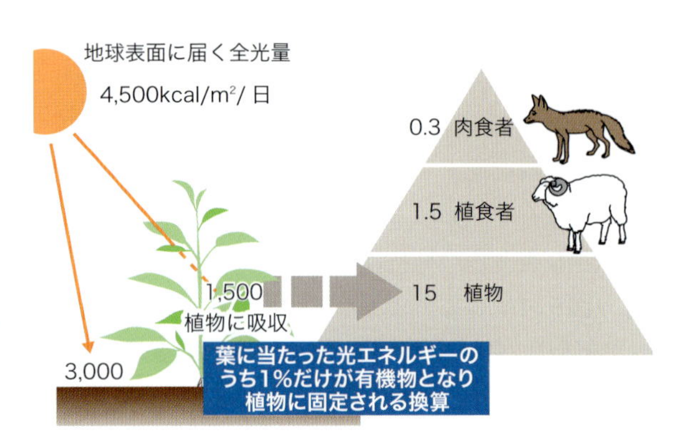

図9-5 栄養段階ごとに少なくなる生態系のエネルギー流
数字はエネルギー量［kcal/m²/日］を示す．なお純生産量はそれぞれ次のように求める．［植物の純生産量］＝［総生産量］−［呼吸量］，［植食者・肉食者の純正生産量］＝［1つ下の栄養段階での純生産量］−［上の栄養段階で摂食されず枯死した量］−［摂食されたが消費できなかった量］−［呼吸量］

Column 大気中の CO_2 濃度の上昇と地球温暖化

17世紀頃には CO_2 濃度は280 ppmであったが，産業革命以降は増加しつづけ，増加は加速傾向にある．2013年5月に初めて400 ppmに達したことは大きなニュースとなった．CO_2 は温室効果ガスであり，この急上昇が地球温暖化の原因の1つとなっている（コラム図9-5）．

CO_2 は光合成の基質であるが，CO_2 濃度の上昇が植物の光合成速度や成長を促進するとは限らない．多くの植物は長い期間続いた280 ppmの CO_2 濃度に適応しているからである．

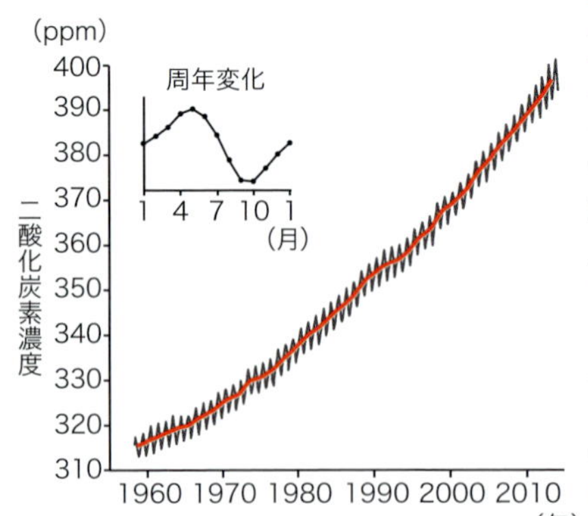

コラム図9-5 地球大気の CO_2 濃度の上昇
ハワイ島マウナロアでの観測データ．周年変化は植物の光合成によるものであり，北半球では夏に低下する．経年の上昇は主に化石燃料の燃焼や森林破壊後の焼き払いによるものである．上昇率が年々増加していることがわかる．Scripps Inst. of Oceanography and NOAA Earth System Research Laboratoryより．

を数段階経ただけで，初めに植物が固定した化学エネルギーは相当に減少する※4．そのため，陸上ではたかだか5栄養段階くらいまでしかみられず，栄養段階数には限りがある．

❖生態系の物質循環

生態系内の生物群集はさまざまな物質を取り込んで利用し，かつ排出しているが，これらの物質は食物連鎖によって生態系内を循環する．生物体を構成する主要な物質の1つである炭素の源は大気中や水中のCO_2であり，生産者はCO_2を取り込んで光合成によってショ糖やデンプンを合成する．これを植食者や肉食者が摂食することによって，炭素は順に高次の栄養段階へと移動し，またその都度，呼吸や遺骸の分解によってCO_2となり，再び大気中や水中に戻される（**炭素循環**，図9-6）．

生態系において生産者がCO_2を有機物として固定する速度を，生態系の一次生産速度という※5．これには総生産速度と純生産速度があり，前者は生産者によってエネルギーが固定される速度，後者は総生産速度から呼吸速度を引いた残りの生産速度で，これが新たな生長，物質の貯蔵，種子生産にまわる．海洋は単位面積あたりの一次総生産速度は小さいが，面積が膨大であるため海洋全体の一次総生産量は大きい．陸上では熱帯林が一次総生産速度・量ともに大きい．

6 生物多様性と地球環境の保全

❖生態系のバランス

一般に，自然生態系や生物群集における栄養段階の構成や各種の個体数は，ある程度変動しながらも，それが一定の範囲内に保たれていることが多い．これを生態系のバランス※6といい，バランスが保たれるのは，少々攪乱を受けても生態系がもとの状態に戻ろうとする復元力をもち，全体として系を持続し保つはたらきがあるからである．

ところが，森林の伐採，山野への放牧，都市化などの過度の人間活動は，多くの種で構成されている生物群集を単純化し，自然の生態系内で行なわれていたさまざまな調節作用を弱める．その結果，生態系が変化してしまい，多くの生物種が絶滅の危機に瀕することになる．

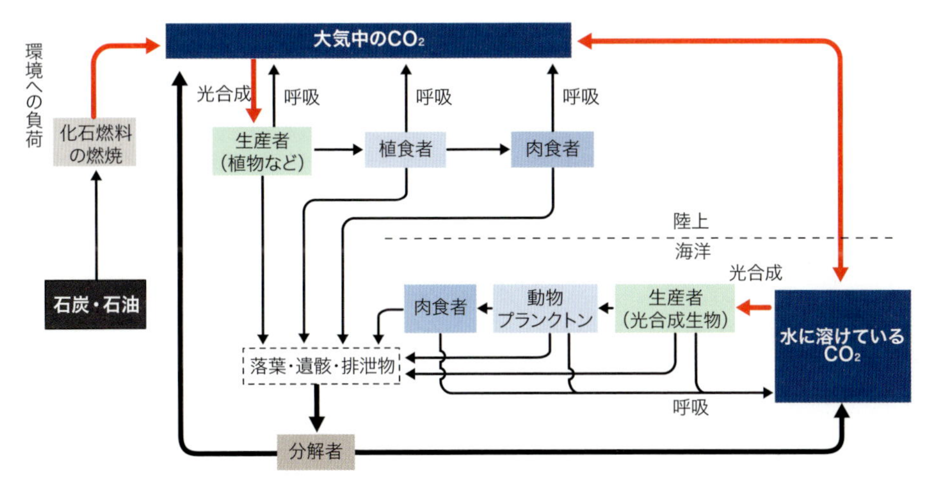

図9-6　地球上の炭素循環の模式図

生物圏は，陸上と海洋に大きく分けられる．陸上の生態系では呼吸で排出したCO_2は大気中のCO_2プールに蓄積され，海洋の生態系では海水中のCO_2プールに蓄積される．両方のCO_2プールは行き来がある．矢印の太さは転移する量を大まかに示している．化石燃料の燃焼などにより，放出されるCO_2の約半分は陸や海洋の光合成によって固定されるが，残りは大気や海洋に蓄積する．赤矢印はCO_2の流れの最近の増加を示す．

※4　10％とすれば，4段階で1/10,000．
※5　単位はkcal（あるいはJ）/面積/時間
※6　持続性，パーシステンスともいう．なお復元力はレジリアンスともいう．

●生態系の保全

実に多様な生物が生息する地球の生物圏は，人間活動によって分断，縮小されつつあるが，近年は保全や保存の取り組みも進んでいる．原生林や手つかずの平原などの**原生地域**をできるだけ今のままの状態で保存するためには，その周囲の環境を整えなければならない．長距離を移動する大型動物を維持するには，地域の分断化を避ける必要もある．人の手が入った生態系（二次生態系）は陸上には非常に多い．二次林や放牧地などの平原，耕作地などでも，生態系の保全は重要である．また，生物の多様性がもっとも脅かされている地域は，**生物多様性のホットスポット**と呼ばれる．これは多数の固有植物が生息し独自の生態系を構築しているにもかかわらず，その環境の大半がすでに改変されてしまった地域を指し，熱帯アンデスやマダガスカル島，日本列島など世界の33カ所が選ばれている．これらは，原生地域と二次生態系が混在しており，人間活動と共存しながら，貴重な生物多様性や生態系を保全していくことが重要である．

❖日本の里山

日本は工業国としては珍しく森林の面積は広く，国土の約68%を占めている．しかし，原生の天然林は約12%と少なく，残りは人の手の入った二次林である．

日本人は，森林を古くから身近な自然として，また重要な資源として利用してきた．樹木を一方的に伐採せずに，伐採した跡地には植林し，薪や炭を燃料とし，下草を刈るなどして森林を保ってきた．いわゆる里山の使われ方である（図9-7）．里山は二次

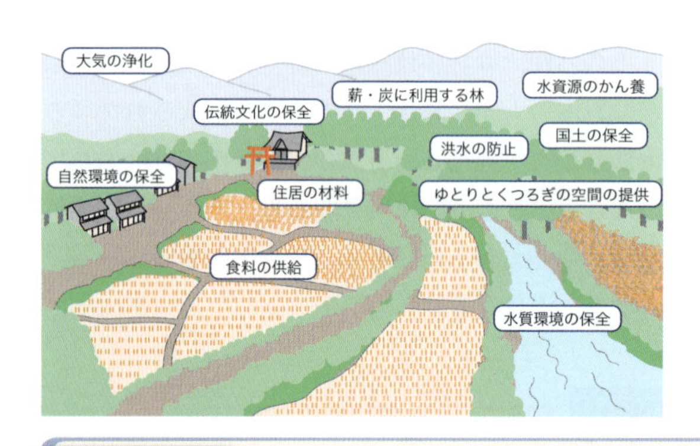

図9-7　里山の図

里山の典型的な風景．薪炭にするコナラ・カシなどの広葉樹の明るい林，神社仏閣を祀る鎮守の森の大木，丘陵地が侵食されて形成された谷状の地形に設けられた谷津田と棚田，田に水を引く水路，田を仕切る畦道，屋根を葺く萱などを採取する湿地など，複雑なモザイク状の環境要素からなる二次生態系である．

Column　地球温暖化―「不都合な真実」とIPCCによるノーベル平和賞受賞後の騒動

2007年のノーベル平和賞はアル・ゴア元米副大統領とIPCC（気候変動に関する政府間パネル）に決まった．地球温暖化への取り組みが評価されての共同受賞である．ゴアは2000年のアメリカ大統領選挙で接戦の末破れ，その後，政治家として地球温暖化問題への取り組みを強めた．アカデミー賞の長編ドキュメンタリー映画賞になった「不都合な真実」に出演，TV番組や本の刊行で地球温暖化の警鐘を促す啓発活動を世界的に展開した．

一方，IPCCは，130カ国以上，約2,500人の研究者からなる国際的組織で，温室効果ガスによる地球温暖化に関して気候変動の見通し，自然・社会経済への影響および対策の評価を実施する目的で，国連環境計画（UNEP）と世界気象機関（WMO）が1988年に設立した．IPCCには3つの作業部会（WG）があり，WG1は気候システムおよび気候変動についての自然科学的根拠を評価し，WG2は気候変動に対する社会経済システムや生態系の脆弱性と気候変動の影響および適応策を評価し，そして，WG3は温室効果ガスの排出抑制および気候変動の緩和策を評価している．

2007年11月発表の第四次評価報告書は，130を超える国の450名を超える代表執筆者，800名を超える執筆協力者，そして2,500名を超える専門家の査読を経て，順次公開されている．日本でも，国立環境研究所，東京大学，海洋研究開発機構，国立極地研究所などの多数の研究者が参加している．

最近，IPCC第四次評価報告書を作成するときにデータを有利に改竄したのではないかとの疑いがもちあがり，専門家の間で議論となった．そのため，国際学術会議はIPCCから独立した検証委員会を設置し，IPCCが第四次評価報告書の作成にあたってとったプロセスおよび手続きの正当性を検証した．その検証委員会の報告は，IPCC第四次評価報告書は全体のプロセスは評価され社会に貢献したと判断されるものの，IPCC評価報告書に対する信頼性を向上させ今後も社会に貢献するためには，IPCCの評価プロセスを抜本的に改善することが必要である，としている．

生態系であるが，このような生態系にも特有の動植物は存在する．例えば，秋の七草のフジバカマなどである．人間がときどき手を入れる程度の穏やかな撹乱があることで，極相林にまで進むことなく，二次遷移状態の明るい林に生息する生物種は多い．ところが，近年，このような里山は放置されたり，土地の開発などにより急速に失われつつあり，保全対策が急がれている．

また，人間の手がほとんど加わっていない森林については，一部は国立公園や世界遺産などの自然公園に指定され，無許可で開発が行なわれないような保全対策が立てられている．

●絶滅危惧種

20世紀の100年間は地球史上かつてない高い率で生物種が絶滅した時代である．生物種の絶滅をもたらす要因の多くは人為によるものであり，羽毛・毛皮や肉・油脂を求めての乱獲，多様な生き物が生息する熱帯林の乱伐，環境開発による生態系の劣化と優勢な外来生物の侵入，大気汚染や水質汚染などの公害があげられる．

生物多様性を保全する際には，絶滅の危険性の高い種を指定したり，ある地域に特有の生態系や生物群集を指定して保全している．絶滅の危険度をいくつかに区分し，ある地域に生息する野生生物に対して，その区分に該当する種・亜種・個体群を一覧にしたものをレッドリストと呼び，それを掲載した本をレッドデータブックと呼ぶ．

国際自然保護連合（IUCN）では，世界中の絶滅危惧種の情報をまとめたレッドデータブックを数年おきに発行している．絶滅リスクの度合いは，個体数の減少速度，生息面積の広さ，全個体数と繁殖個体群の分布，成熟個体数，絶滅確率などの数値基準によって，危機的絶滅寸前（CR），絶滅寸前（EN），危急（VU）の3つに区分されている．IUCNが2012年に発表したレッドリストでは，約20,000種が絶滅危惧種として分類されている．

また，環境省が2013年までに発表した第4次レッドリスト（図9-8）では，私たちになじみのあるトノサマガエルやニホンウナギなどが新たに絶滅危惧種に認定された．これは，広範囲で多くの野生種の生存が脅かされていることを反映している．このリストは3,597種を日本での絶滅危惧種と認定しており，約6年前に公表された第3次レッドリストと比べて442種増加している．

絶滅危惧ⅠA類（CRに相当）

ムニンツツジ

イリオモテヤマネコ

絶滅危惧ⅠB類（ENに相当）

ハマビシ

アマミノクロウサギ

絶滅危惧Ⅱ類（VUに相当）

オキナグサ

オオワシ

図9-8　日本のレッドリスト（環境省）に含まれる動植物の例

画像：邑田仁博士（ムニンツツジ），東大総合研究博物館データベース（ハマビシ，オキナグサ），西表野生生物保護センター（イリオモテヤマネコ），前園泰徳博士（アマミノクロウサギ）のご厚意による．

Column 特異な生態系とその構築原理─サンゴ礁と腸内

●サンゴ礁

サンゴ礁は魚や多くの無脊椎動物を含む多様な生物集団を形成していることはよく知られている．一方，サンゴ礁の海水は透明度が高くプランクトンや大型の藻類がほとんどみられないのはなぜであろうか？ 実は，この生物集団を支えているのは，サンゴに共生している褐虫藻による光合成である．きれいな熱帯の海水で育つ植物はほとんどいないが，褐虫藻はサンゴ虫の体内の豊富な栄養塩とCO_2を利用して効率よく光合成をしている．共生藻の例は非常に多いが，このような特殊な光合成が生態系全体を支えているのはまれである．つまり，太陽光のエネルギー供給に依存した孤立した生態系といえる．

海水の濁りや水温上昇などによって共生藻が死滅する現象を「サンゴの白化」と呼ぶが，こうなるとエネルギーの生態系への供給が断たれるので，生態系は維持できなくなる．なお，褐虫藻は渦鞭毛藻の仲間で，光合成遺伝子や光合成装置には他の藻類と異なるところが多く，進化的にも二次共生生物として非常に興味深い．

●腸内

動物の体内の胃や腸には，多数の微生物が生息している．主には原核生物であるが，原生生物が重要な役割を果たしているものもある．例えば，ヒトの腸管には大腸菌や乳酸菌など多種・多様な細菌が増殖しており，ヒトに栄養分をビタミンとして供給するものも知られている．腸内細菌のメタゲノム解析はこれらの菌叢（7章3 参照）がヒトの年齢，食事，体調などに依存して変化することを明らかにしているが，逆に毎日の食事などが変化しても安定な菌叢が保たれている．つまり，腸内細菌の菌叢がヒトに一定の体内環境を提供しているともいえる．

シロアリ自身は木材を食べてもセルロースを消化できないので，その分解を体内に共生する原生生物や細菌のはたらきに依存している．また，セルロースは炭水化物で窒素など他の栄養素を含んでいない．そこで，体内の嫌気細菌が窒素固定をしたり，他の生物が栄養塩を同化して，宿主のシロアリに提供している．エネルギーと炭素源をセルロースだけに依存した特異な生態系が成立している．多様な微生物のゲノム解析がこれらのはたらきの分担を明らかにしつつある．

まとめ

- 生物はさまざまな環境で生きている
- 進化には，適応進化と中立進化がある．適応は，遺伝子を改変して，環境によりよく適合する
- 生物の体内（細胞内）は，外環境が大きく変動しても，一定の状態が保たれている（恒常性）．外環境の変化に生物は応答する
- 個体群の多様性は，環境への適合に重要である．有性生殖は多様性を創出する
- 生物の活動は，生物的環境をつくるだけでなく，非生物的な環境も改変する．光合成によるO_2発生や土壌生物による土壌形成はその例である
- 生態系を構築する生物群集における個体群間には，「食う－食われるの関係」，競争，棲み分けなどさまざまな関係がある
- 地球環境にさまざまな原生地域，改変された地域，農耕地や都市などに分けられる．それぞれの特徴に応じて，保存や保全の取り組みが必要である

おすすめ書籍

- 『極限環境の生き物たち―なぜそこに棲んでいるのか［知りたい！サイエンス］』大島泰郎／著，技術評論社，2012
- 『光合成の科学』東京大学光合成教育研究会／編，東京大学出版会，2007
- 『生物多様性と生態学―遺伝子・種・生態系』宮下直ほか／著，朝倉書店，2012
- 『IUCNレッドリスト 世界の絶滅危惧生物図鑑』IUCN／編，丸善出版，2014

第10章

生命科学技術は
ここまで進んだ

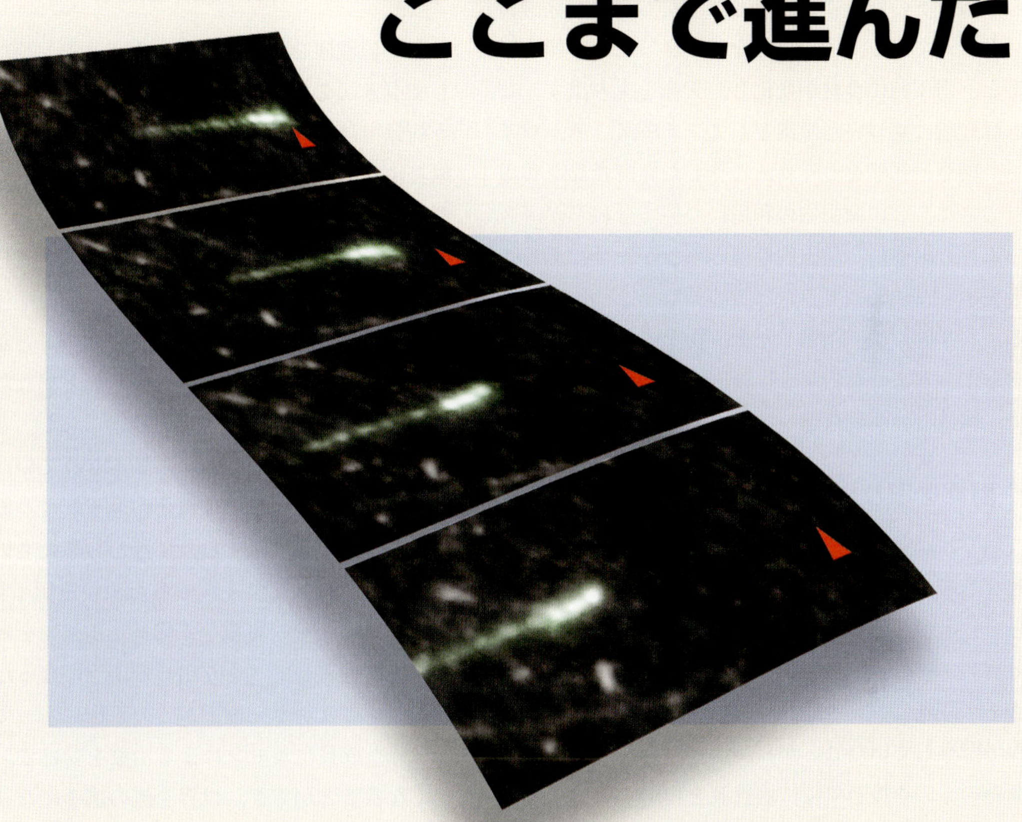

科学はものごとの真実を知ろうとする．そこで明らかとなった性質や事実を活かして技術が生まれる．身近な生命科学技術，あるいはバイオテクノロジーとして何を思い浮かべるだろうか．社会で技術をどのように利用するかは，経済的な観点，国際状況，代替技術の出現など人間的な要因で変わりうる．新たな技術を利用する際には，市民，他の生物や地球環境に与える影響を忘れてはならない．本章では生命科学の進展がどのように社会のなかで生かされているのかを概観してみたい．

モータータンパク質であるダイニンをガラス表面に吸着させると，その表面に沿って細胞骨格である微小管が滑走運動をする．微小管のマイナス端側に明るく光るマーカーを付けてあり，微小管がプラス端を先頭にして進む様子が見られる．このことは，相対的にダイニンが微小管のマイナス端に向かうモーターであることを示している．画像：豊島陽子博士のご厚意による．

第10章 生命科学技術はここまで進んだ

1 古い歴史をもつバイオ技術

❖発酵という伝統の食文化

人類が微生物の存在に気付いたのはこの200年ほどであるが，それ以前から私たちの祖先は微生物の営みを利用していた．その代表が発酵である（p99 Column 参照）．そこに関与している酵母，麹カビなどについての実体は知られていなかったが，発酵を利用してきた．牛乳，粥などが時間とともに変化し，むしろヒトの好みに合う味となったものが，発酵食品となっている．その一部を“タネ”にして植え継ぐと，再現的に食材が変化し，美味を生み出す．ヒトは経験に基づいた産業として，チーズ，酒，ワイン，納豆，味噌をつくり，こうした発酵食品を尊重してきた．この微生物の利用については科学がメスを入れる以前に，歴史的な積み重ねが安全であることを示した，言ってみれば古典的なバイオ技術である．科学的には，増殖した微生物が人間の胃腸に害をもたらすような物質を生み出すか否かの違いのみで，腐敗との明確な違いはない．

❖酵素を取り出すという発想

科学によってこの発酵という現象で原料の変化が起こるのは，微生物がつくりだす特定の酵素のはたらきによることが明らかとなる．例えば，デンプン分解のアミラーゼ，アルコール発酵のチマーゼ※1，チーズ凝乳のレンネット※2といったものが発酵の過程で関与していたことがわかれば，発酵にかかわる菌そのものを扱わずに，培養液を利用する，あるいは菌体から得られる酵素のみで発酵が行なえるようになる．酵素の利用には，想定外の他の菌の増殖などのリスクが減ること，菌体に比べて保存，コントロールが容易であること，成分の変動が少なくなるなど，メリットがある．

生命科学に関する進歩はさらなる展開をもたらす．酵素はタンパク質からできている．発酵において原料の変化をもたらしているのは，特定の微生物のゲノム情報から翻訳される酵素と理解される．微生物の培養液を利用するかわりに，微生物遺伝子を取り出しそこから発現した酵素を利用する技術も生まれている．酵素についての基礎研究からは，さらに野生型のアミノ酸配列を改変して活性を上げた酵素，熱安定性に優れた酵素などが得られるようになり，こうした改変酵素の利用も現在では可能となっている．

2 バイオ技術としての新しい医薬品生産

ヒトの健康を維持するようなホルモン機能が低下して引き起こされる病気がある．例えば小人症という病気では，ヒトの成長期に脳下垂体から出るべき成長ホルモンの産出量が少ないために，成長が遅く滞っている（成長ホルモン分泌不全性低身長症）．そのためこの病気は成長ホルモンを処方すれば治療ができる．その成長ホルモンをどのように調達するか．以前はブタの成長ホルモンで代用することがあったが，若干アミノ酸配列がヒトのものと異なり，免疫反応を誘発し，拒絶反応を引き起こした．ヒトのものは亡くなった人の献体から調達されていたが，生命科学が進んだ現在では技術が進歩して，直接ヒトの組織からとらずにすむ．すなわち私たちの細胞から成長ホルモンをつくらせるための遺伝子DNAを取り出して，その情報から成長ホルモンをヒトの培養細胞に導入してつくり出せるようになった．アルゼンチンのサッカー選手がこの手法によってつくり出された成長ホルモンによる治療を受けて，体が大きくなることができ，世界一流の選手になったことは記憶に新しい．

他にも私たちの健康を維持する機能が明らかとなった医薬品として利用価値のあるヒトのホルモン，サイトカイン（インターフェロン，インターロイキンなど），血液凝固因子などのかなりのものは，現在遺伝子組換え技術を用いて生産されている（別の研究の流れによる医薬品生産の紹介は**Column：分子標的治療薬―イマチニブを例に** 参照）．

※1 チマーゼ：ビール発酵をする酵母をすりつぶし，その濾過抽出物中の発酵を行なう成分を指す．解糖系の酵素やNAD, ATPなどを含む．

※2 レンネット：子どものウシ，ヒツジ，ヤギなどの胃で，母乳消化のためにつくられる酵素の混合物を指す．キモシンが主な酵素である．

3 品種改良の歴史

❖古い歴史をもつ農作用や家畜の選抜

人類は当初は採取狩猟生活で，自然のめぐみに依存していた．そのうち種子をまいて栽培することを知り，さらに狩猟対象であった動物を飼いならし繁殖させるようになった．人類はこのように他の生命の利用を学び，それが安定的な生活基盤を生み出して，文明につながった．進化論，メンデルの法則の発見のずっと前からヒトは動植物の中から有用な性質をもったものを農業や畜産のなかで選抜してきた．

まず種としての遺伝子DNA配列上に変化が起こり，突然変異ホモ接合体となって形質の変化が起こる．そのなかで有用な形質を示した子孫を優先的に残すという作業は，数ある変異体のなかで，ヒトにとって野生型よりも魅力的な形質を示したものを選ぶことである．例としてアブラナ科の植物，カリフラワー，ブロッコリーをあげよう．キャベツなどと遺伝情報には大差がないが，花芽が数多くつき，未熟な段階，咲きかけの段階でとまる形質を示す突然変異体が見つかり，食べやすいということで，先祖たちはそれを増殖させ，見栄えのする“野菜”に仕立てた（図10-1）．人類は穀物や野菜にいくつか品種があり同じ収穫が見込める場合には背が低い状況で実を付ける種（矮性品種）を選んできている．矮化（わいか）というと，背丈が低くなって不健康な植物に見えるかもしれないが，植物体（茎，葉など）を大きくせずとも目的の実などをつけてくれればよい．収穫時期を迎えたときにも，風などによって倒れにくく，気候の影響を受けにくくなり，収穫のために助かる．光合成などの生産力が変わらず，しかも体を大きくしないということは与えた肥料が相対的により多く収穫物に向けられることになる．家畜などでも同様に，与える飼料あたりの体重増加（つまり肉の量）

Column 分子標的治療薬―イマチニブを例に

がん発症のメカニズムが明らかとなるにつれて，がんのいくつかは特定の遺伝子の機能の変化が原因であることが示されてきた（6章参照）．もしその遺伝子から翻訳されるタンパク質の機能を抑制することができれば，がんも抑制できる可能性が高い．すると，特定の疾病の発症に関与するタンパク質の立体構造を明らかとし，その活性中心に入り込むような低分子化合物を選び出すことができれば，発症を抑制することができる薬となることが予想された．こうして開発された薬を分子標的治療薬と呼ぶ．白血病の中でも慢性骨髄性白血病（CML）の原因は，22番染色体の一部が9番染色体と融合したために，Bcrというタンパク質とAblというタンパク質の遺伝子が重なり，融合タンパク質を合成するようになったためであることが明らかとなった．Ablは本来細胞のおかれた状況によって活性が変化するタンパク質キナーゼであるが，この融合型は常に活性化したキナーゼとなり，結果分裂し続けるなどして，細胞ががん化するのである（コラム図10-1）．Bcr-Ablタンパク質が人工的に合成され，その立体構造が明らかにされた．その中にはまり込む化合物STI-571という化合物（イマチニブ）が選び出されて，いまにつながるCMLの抑制薬として処方されるようになった．タンパク質の立体構造という基礎科学と，薬開発という実学とが結びついた成功例となっている．

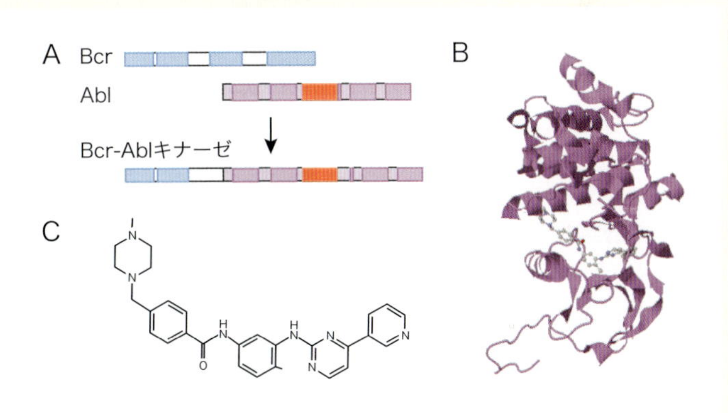

コラム図10-1　CMLの原因タンパク質Bcr-Ablとイマチニブ

A）染色体転座に伴う遺伝子融合によって常時活性化した型となる．B）立体構造．C）イマチニブの構造．

率のよい系統が選ばれて，今のニワトリ，ブタ，肉牛などとなっている．

現在は，さまざまな家畜，農作物となる生物についてもゲノム研究が進展し，こうした有用な形質についてかなり明らかとなってきた（**Column：ゲノム時代における遺伝子資源の重要性** 参照）．

❖新しいバイオ技術で生まれた遺伝子組換え生物

近年，遺伝子工学技術も進展し，形態形成や耐病性，ストレス応答にかかわる遺伝子を他の生物へと導入し，新たな有用生物を開発する方法が確立された（**Column：アグロバクテリウムによる遺伝子組換え植物作製** 参照）．

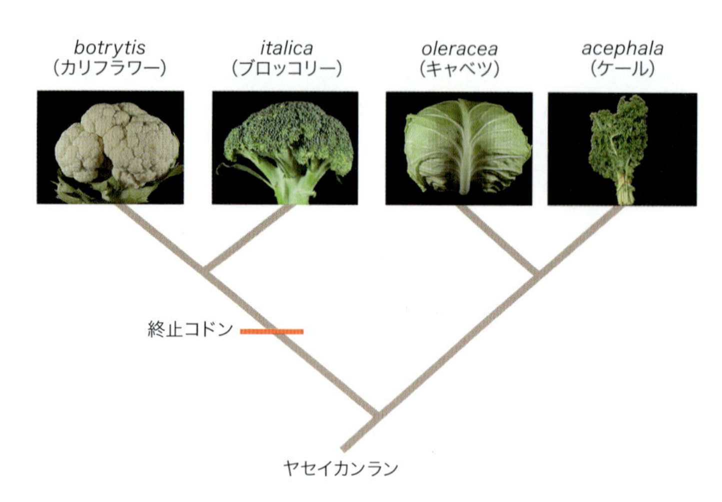

図10-1　ブロッコリー，カリフラワーの誕生

地中海沿岸に自生していたアブラナ科アブラナ属である共通祖先ヤセイカンラン（*Brassica oleracea*）から派生して栽培種（variety）であるブロッコリー（*Brassica oleracea var. italica*）やカリフラワー（*var. botrytis*）が誕生したとされる．花芽の形状に関与する遺伝子CALのアミノ酸配列中に終止コドンが登場し機能を失った．その結果花芽の発達が途中で止まり，花の蕾を食べるのに適したこれらの野菜が誕生したと考えられる．もとのヤセイカンランからキャベツも誕生している．

Column　ゲノム時代における遺伝子資源の重要性

種々の生物のゲノムの全塩基配列がわかるようになった現在，前にも増して生物多様性というものの重要性が増している．1つの種のゲノム中には遺伝子が2～3万前後ある．さらに地球全体を眺めると，何百万もの生物種がいて，地球上の生物すべてのゲノム上に秘められている多様な遺伝情報は無数にあることになる．現在研究中の生物のゲノム情報も重要であるが，将来のために動植物・微生物を問わず，地球上にいる多様な生物種を保護することも重要と考えられてきた．未知なる代謝系，薬効成分などをもつ生物を含む可能性が大きい．

新種や希少種といわれるものはいわゆる発展途上国において見出されることが多い．従来先進国側が探索してそのままもち帰ることが行なわれ，利益は原産国に還元されないことも多かった．種の多様性についての理解が進んだ現在は，その遺伝資源を保有していた原産国が権利を主張できるようになっている．こうした流れを汲み，1992年に採択された生物多様性に関する条約に基づいて，世界標準での遺伝資源へのアクセス，利益配分が行なわれている．世界各地の植物園，動物園は種の保存，管理，教育の意義を担うようになり，以前より存在意義が増しているのである．

コラム図10-2　種の保存の一例

小石川植物園温室で保護されている小笠原島固有絶滅危惧植物．画像：邑田仁博士のご厚意による．

一般的にある生物（DNA供与体）のDNAを別の生物（宿主）に導入する技術を**遺伝子組換え技術**と呼ぶ．微生物，植物，動物問わず，多くの生物について遺伝子組換え技術が進歩してきている（図10-2）．しかし，新しい技術がどのようなベネフィットを与えてくれるかは誰もがイメージしやすいわけではない．農産物の場合にはそのベネフィットが生産者に対するものが多い．遺伝子組換え技術によって人間の想像をはるかに超えた新たな生物が誕生するリスクはないのか．食べた際に私たちの体の中でよからぬことが起こらないか．組換え生物によって野生種は駆逐されないか．生命に対する人工的な操作への不安はないのか．この技術は生命倫理をも巻き込んだ問題を提示している（p107 Column 参照）．このような懸念を科学的に評価し，それをふまえた行政の判断がなされるように，遺伝子組換え作物の開発は生物影響評価書を作成することになっている．社会と科学技術の接点の一例として，遺伝子組換え植物（トランスジェニック植物とも呼ばれる）が作物として市場にでるまでのプロセスを紹介しよう（Column：最初の遺伝子組換え食品 参照）．

●市場に出るまでのプロセス

開発者から提出された申請については，従来の農作物生物との違いの有無，実質的同等性というものが科学的に審査される．実質的同等性とは，意図した形質以外はもとの生物（宿主生物母系統）と変化していないことである．生物影響評価審査では在来野生植物を競争的に駆逐する可能性，在来生物の死

Column アグロバクテリウムによる遺伝子組換え植物作製

遺伝子組換え技術を応用した植物体を作製する際には一般的に土壌細菌であるアグロバクテリウム（*Rhizobium radiobacter*）を用いる．野生のアグロバクテリウムは巨大なＴｉプラスミドと呼ばれるプラスミドをもつ．そのTiプラスミド中のT-DNAという領域が植物のゲノム内に組み込まれると，コードされた病原性遺伝子が機能してクラウンゴールという細胞の塊となる．遺伝子組換え植物作製に応用する際には，このような有害なT-DNA内部の遺伝子を除き，代わりに目的の遺伝子（と形質転換体を選抜するための選抜マーカー遺伝子）を組み込んだプラスミドを用いる．その組換えT-DNAをアグロバクテリウムのはたらきによって植物に導入する．そのあと遺伝子が導入された細胞を選抜する簡便さから，選抜マーカー遺伝子として抗生物質に対する耐性遺伝子を用いることが多い．この方法が応用できない植物に対しては，発現させたい遺伝子DNAを小さい金属粒子にまぶし，それを銃のように植物組織に向かって放つパーティクルガン法が用いられる．

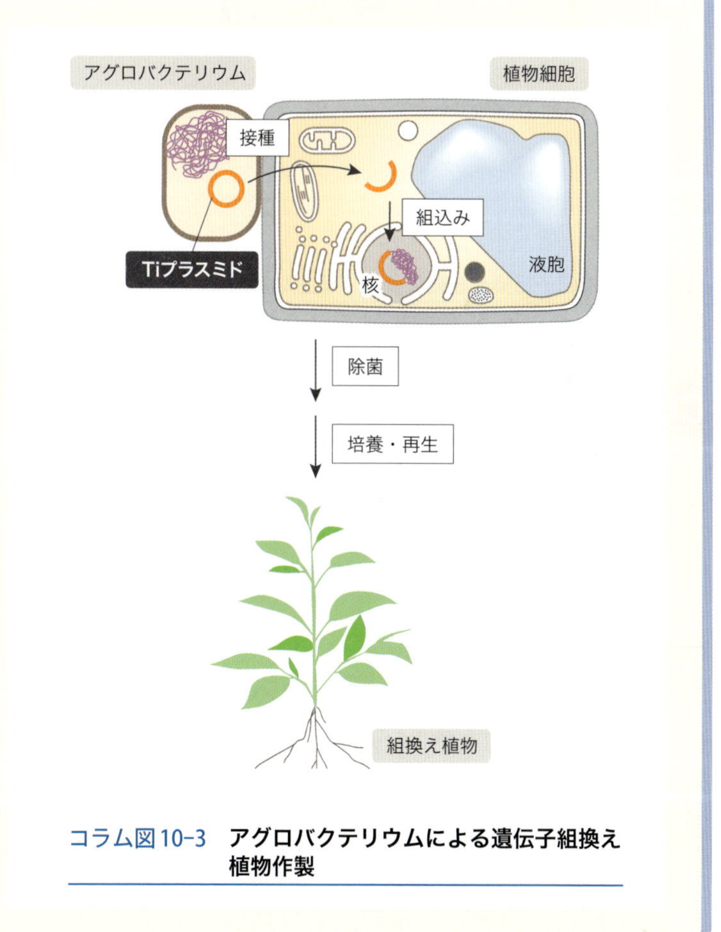

コラム図10-3　**アグロバクテリウムによる遺伝子組換え植物作製**

10章 生命科学技術はここまで進んだ

亡率を増大させる可能性，在来野生植物との交雑による遺伝子浸透の可能性が問われる．国際的なルールとしてカルタヘナ議定書（生物の多様性に関する条約のバイオセーフティに関するカルタヘナ議定書）が2000年に採択された．日本でも本議定書に基づく「遺伝子組換え生物等の使用等の規制による生物の多様性の確保に関する法律」が施行され，個別に生物多様性影響評価に関する申請が求められる．開放生態系での利用をめざす場合は第一種申請と呼ばれ，隔離環境と，野外自然生態系についての2段階で農林水産省・環境省合同の委員会が審査する．閉鎖実験系での研究にかかわる審査は第二種申請と呼ばれ，文部科学省が審査する．

一方で遺伝子組換え食品を食べることの安全性審査は，組換えを受けた食品，添加物の規格基準，また遺伝子組換え食品の安全性評価の実施に関する国際的なガイドラインなどに基づき内閣府食品安全委員会で行なわれている．長期摂取した場合の栄養学的な悪影響も考慮する．実は比較対照として考えられる従来の食品は長期にわたる食経験に基づいた経

年	出来事
53	DNA二重らせん構造の提唱
62	GFPの発見
68	制限酵素の発見
72	最初の組換えDNA分子を作製
77	DNA塩基配列の決定法（サンガー法）の開発 組換え遺伝子から大腸菌でインスリンを合成
85	PCR法の開発
89	ノックアウトマウスの誕生
93	最初の遺伝子組換え作物の誕生
97	体細胞クローン「ドリー」の誕生
98	RNA干渉（RNAi）の発見
03	ヒトゲノムの解読
06	iPS細胞の樹立
07	次世代シーケンサーの登場
13	CRISPR/Cas9によるゲノム編集法の確立

図10-2　遺伝子組換え技術に関連する主な出来事

Column　最初の遺伝子組換え食品

国土の広いアメリカの場合，生産の場から店頭へと輸送されるまで距離もあり時間もかかる．するとトマトの実が柔らかくなりすぎて消費者に届く頃には品質が低下する悩みがあった．元来トマトの実が熟す際には自らの細胞壁を分解する酵素ポリガラクチュロナーゼ（PG）が発現し柔らかくなって種子が出やすくなり子孫をうまく残せる．このように柔らかくなることはトマトには都合がいいが，流通，消費者にとっては厄介である．そこで，PGの発現を抑えるためにアンチセンス鎖の配列をもった人工転写物を発現するようにした遺伝子を導入し，品質低下を抑えたトマトとして市場にでたのが世界最初の遺伝子組換え食品である．このトマトは実際には安全性への危惧からではなく味が悪いがために，市場からは消えてしまっている．

コラム図10-4　最初の遺伝子組換え食品

1993年に世界で初めて市場に出た遺伝子組換え作物である，Flvr Savrトマト（商標名でflavor saverと読む）に貼られたシール．Calgeneという企業が発売した．

験則によって受け入れられたもので，これまで科学的な検討がなされたものはほとんどない．そこで既存の食品との比較を行なう場合，新たに加えられるまたは失われる可能性がある形質変化に注目して安全性評価が行なわれている．新たな遺伝子を導入する前後での相違を科学的に考察し，特段のマイナス要因がなければ組換え体は既存の食品と実質的同等性であると判断される．現在はビタミンや必須元素を増強したもの，アレルゲンを発現しないもの，アレルギーを抑制する物質を発現するものなど，食べる側に付加価値を提供する作物も開発されている．

❖ゲノム編集技術を用いた新しい育種の可能性

生命科学の進歩によって，生物の形質変化には特定の遺伝子の変化が関与することが明らかとなり，その情報を応用し他の生物にも有用な形質をもたせたいという願いから遺伝子組換え技術が生まれた．しかし，多くの遺伝子組換え生物の場合，導入した遺伝子がその生物のゲノム配列中どこに入るかは不確定であり，そのために導入生物によって，導入遺伝子の発現の強さに違いが生まれ，もともと宿主のゲノム中で機能している他の遺伝子の中に挿入が起こって予想外の遺伝子変化が起こることもある．こうしたことを避けるために遺伝子を染色体中の特定の部位に導入できる技術が待望された．あるいは特定の遺伝子を狙いすまして機能を抑制し，その形質発現を低下させたり，完全に抑える技術があればさまざまな問題が解決する．そのためには，ゲノム配列中，特定の配列を見出して，切断などができる酵素があればよい．対象とする遺伝子配列中，特定の配列を認識して塩基の挿入あるいは欠失を起こすことで，遺伝子機能の“編集”ができることを目指してさまざまな方法が開発されてきた（**Column: 狙った遺伝子配列に切断を入れるゲノム編集技術の例** 参照）．

こうした新しい編集技術などを駆使することで，目標とする遺伝子（標的遺伝子）領域のみに変化を与えることができるようになってきた．標的遺伝子配列を見出して，DNAの二本鎖を切断（DNA二本鎖切断：DSB[※3]）し，そこが非相同末端結合（NHEJ）という過程で再結合すると，その末端に塩基の挿入あるいは欠失が起こることが多くみられた（図10-3）．すなわち，遺伝子変異が起こったのと同じになる．さらに切断が起こった際に，特定の変異を加えておいた標的DNAの断片をそばに導入しておくと，（生物によるが）加えた変異型と標的遺伝子が置き換わる相同的な組換え現象をある頻度で起こせる技術もできつつある．

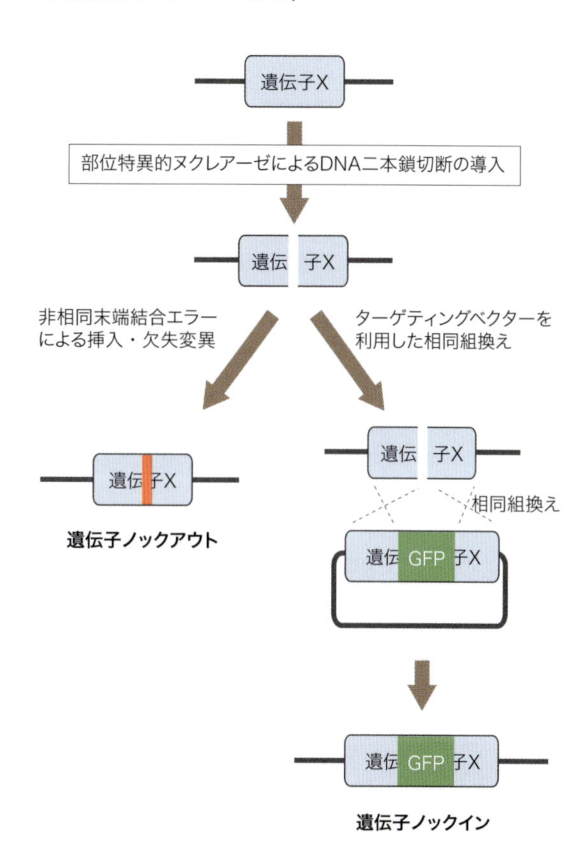

図10-3　DNA二本鎖切断を導入された遺伝子に変異が起こるまで

遺伝子配列の途中に塩基の挿入あるいは欠失が起こり，その機能がなくなることをノックアウトという．外部で用意した遺伝子配列をターゲティングベクターにのせ，もとの遺伝子配列との間で共通の配列部分を頼りに入れ替える（相同組換え）ことをノックインという．図の例ではもとの遺伝子の内部にGFP配列が入った人工遺伝子と交換したノックインの例を示す．

※3　DSB：double-strand break，NHEJ：non-homologous end joining（非相同末端結合）

Column 狙った遺伝子配列に切断を入れるゲノム編集技術の例

遺伝子組換え技術は，自然界でさまざまな微生物がもっていた制限酵素を利用できるようになったことがきっかけで始まった．研究者は，研究対象とする遺伝子にあわせて，希望する塩基配列を認識するタンパク質をデザインする夢をもつようになった．そうした試みの中で，最近ゲノム編集技術として応用が可能となった手法の例を紹介する．

1) ZFN（ジンクフィンガーヌクレアーゼ）

ジンクフィンガー（ZF）とは，もともとRNAポリメラーゼⅢの転写因子TFⅢAの中に見出されたタンパク質ドメインで“指”に例えられる．1つの指は約60アミノ酸からなり，内部にある4つのヒスチジン/システイン残基が亜鉛（zinc）イオンを配位して安定化し，指の先でDNA上の特定の3塩基を認識する．こうしたZFモジュールを複数個デザインし，それらと制限酵素Fok Ⅰのヌクレアーゼドメインとを融合させることで，標的配列を認識する人工制限酵素がつくることが可能となる．

2) TALEN（ターレン）

植物病原体である*Xanthomonas*から見出されたTALE（transcription activator-like effector）モジュールは34アミノ酸残基からなる．その中の2アミノ酸の種類をかえることでA，T，G，Cを特異的に認識する4種類のモジュールになる．標的配列にあわせてモジュールを組み合わせ，ヌクレアーゼドメインと融合させれば特異的なヌクレアーゼ（TALEN）となる．

3) CRISPR（クリスパー）/Cas9（キャスナイン）

原核生物*Streptococcus pyogenes*がもっている外来ウイルスなどの侵入に対する自然免疫のしくみCRISPR（clustered regularly interspaced short palindromic repeats）を利用した手法である．Cas9タンパク質がヌクレアーゼの本体で，標的配列と相補的なガイドRNAとともに，そのRNA配列と相補的なゲノムDNA領域に導かれ，その部分を切断する．ガイドRNAをつくることができれば，いかなる配列をも標的にできると考えられる．

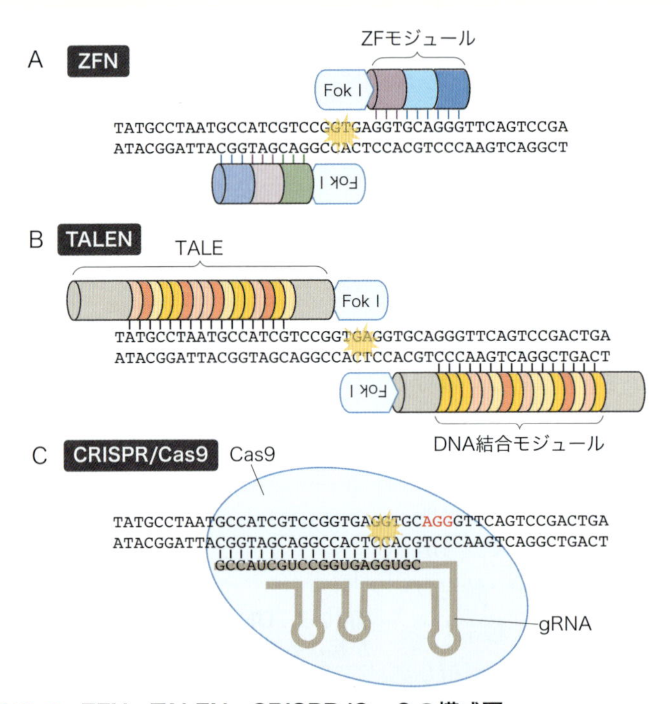

コラム図10-5 ZFN，TALEN，CRISPR/Cas9の模式図

ZFNとTALENはFok Ⅰのヌクレアーゼ（核酸分解）活性ドメインを含むキメラタンパク質タイプの人工ヌクレアーゼ，CRISPR/Cas9はガイドRNA（gRNA）に誘導されるRNA誘導型ヌクレアーゼである．ZFは1モジュールが3塩基，TALEは1モジュールが1塩基を認識する．ZFNとTALENではFok Ⅰで切断させようとする配列（★）の両脇に挟む形で2種の認識モジュール群を設計し，ヘテロ二量体として作用させる．CRISPR/Cas9ではPAMと呼ばれるNGG（NはG以外）のすぐ5′側を認識する性質だけを考慮すれば，ほとんど任意の配列を標的とするようデザインできる．

4 微量のDNAを増幅させるPCR技術

DNAを分析したり，切り貼りしたりするには，ある程度の量のDNAが必要となる．しかし，1つの細胞に含まれるDNAはごく微量である．**PCR**※4技術はごく少量のDNAをもとに，特定の既知の配列をそこから指数関数的に増幅させる技術である．細胞の中で遺伝子DNAが複製する機構の一部を，試験管内で再現し，原理的に1分子のDNAからでも特

Column 日本の食糧事情と遺伝子組換え食品

世界で栽培されている遺伝子組換え（GM）作物のうち，栽培面積の8割以上が除草剤耐性，4割以上が害虫抵抗性である（3割近くは両方の形質をもつ）．2013年の世界の栽培面積のうちGM作物の比率は，大豆で79％，トウモロコシで32％，ワタで70％，ナタネで24％にのぼる．国別では全GM栽培面積の40％をアメリカが占め，ついでブラジルとアルゼンチン，そしてインド，カナダ，中国と続くが，発展途上国での栽培が増えている．アメリカ産大豆の90％以上，トウモロコシも90％近くがGM品種である．綿花は繊維だけでなく種の綿実油も利用される．ワタの主要生産国である中国，インド，アメリカでは90％以上がGM品種であり，インドでは害虫抵抗性品種が多いという特徴がある．

日本の食料自給率は（エネルギーに換算して）39％と主要先進国の中でも特別に低いことが問題であり，コメを除く主要穀物のほとんどを輸入に頼っている．トウモロコシの年間消費量はコメの国内生産量の2倍近くに達し，そのすべてを輸入している．輸入量は世界トップである．その2/3は家畜飼料用で，残りの多くがデンプン用（コーンスターチ），一部がスナック菓子などの原料になる．なお，トウモロコシと聞いて連想される食用のスイートコーンは，統計上穀物ではなく青果に分類され，その国内生産量も上記の穀物トウモロコシよりはるかに少ない．

大豆も年間消費量の93％を輸入に頼っている．大豆の7割以上は搾油に使われ，食用は2割強である．食用のほとんどは非GM品種であるが，搾油用のほとんどはGM品種である．また，肉，牛乳，卵などの畜産物は，国内産であっても日本の飼料自給率の低さ（飼料全体で25％）を考慮すれば，実質的な自給率はやはり非常に低くなる．そして輸入する飼料用穀物のほとんどはGM品種である．このように，日本の食糧といっても，実は加工原材料や飼料の比率が高く，その部分で日本はすでにGM作物に大きく依存している．

日本で安全性が認められているGM作物は300を超えるが，「青いバラ」を除いて国内での商業栽培は行なわれていない．消費者から利点が見えにくいことやGM食品に抵抗を感じる人がいるためである．

2001年にJAS法が改正され，日本国内で販売するGM食品には一定の表示が義務づけられた．ただし，GM品種の混入が5％以下の場合には表示の義務はない．また食用油のように，原材料がGM品種であるかどうか最終商品で検証できない場合にも表示義務がない．さらに上記のように，畜産物も間接的にはほとんどGM飼料に依存するが，その表示義務はない．すなわち，GM食品は広く流通して，多くの日本人は日常的に口にしながらそういう認識は低い．近年，アメリカの非GMトウモロコシの作付けは減る傾向で，コーンスターチ用の安価な非GMトウモロコシの輸入確保も困難になりつつある．

長い間，GM食品をめぐる議論の中心は食品としての安全性であった．これまで，予期しない毒素が発現したことはなく，アレルギーの原因となるアレルゲン性をチェックする方法も確立しているが，予測の不確実性のため100％の安全性を保証することはできない．ただし，組換えではない既存の食品も安全性の保証がされてきたわけではない．GM食品が既存の食品と同程度の安全性をもっていることは，食品安全委員会でチェックされている（7章9参照）．食品の安全性については，科学的検証について理解を深めるとともに，不確実性の残る場合に最適の判断を下すための，リスク論に基づいた評価や管理，そして適切なコミュニケーションが必要である．

生物多様性条約および関連条約であるカルタヘナ議定書が締結され発効し，遺伝子組換え技術の利用に関する国内関連法が2004年に施行された．GM作物の栽培だけでなく，GM作物の食品としての利用に伴う生物多様性への影響評価が，この法律のもとに行なわれるようになり，議論の中心はGM食品の安全性からGM作物の環境影響に移ってきた．品質の管理・保証の観点からも，消費者や生産者の選択権尊重の観点からも，生産や流通におけるGM作物とそれ以外の作物の棲み分けや共存の方策が必要である．従来のGM食品と異なり，消費者が直接利益を感じられる技術も求められ，海外ではビタミンA前駆体を多く含む米などが開発された．日本でもスギ花粉アレルギー緩和米が開発されたが，食品としてではなく医薬品として安全性や有効性が評価され，臨床試験でも効果のあることが明らかとなった．そのほか米でワクチンをつくる研究も進められている．

※4 PCR：polymerase chain reaction

定の配列領域を数百万倍にまで数時間で増幅できる．この技術を利用するための装置は，今やDNAを扱う実験室にはなくてはならないものとなっている（図10-4）．

この方法は，犯罪現場，事故現場や民事調停における人物の特定など，微量の試料を扱うDNA鑑定において現代社会では必須な技術となっている．人間のゲノムは約99.9％まで共通だが，残りの0.1％に個人差がある．この0.1％の違いが1人1人の個性を生み出している．DNAの個人差を分析することにより，個人識別や親子鑑定をすることもできるので，その差を検出するこの技術を**DNA鑑定**と呼ぶ．犯罪捜査では現場に残された血液などのDNAと，容疑者のDNAを比較し，同一人物のものかどうかDNA塩基配列の特徴で判別される．人間は誰でも，母親と父親のDNA塩基配列を受け継ぐ．子どものDNA塩基配列の特徴は，母親になければ，父親由来の方に存在することになる．この原理を使い，子どもの父親を特定する父子鑑定が，裁判などで使われている．感度がよいだけに，目的としていないDNA断片を増幅してしまうリスクがあり，試料の扱いには注意がいる（**Column：PCRを用いた病原体検出，個人特定** 参照）．

5 研究手法の進展

生命科学の研究手法も数十年の歴史を重ね，種々の手法が洗練化された．解析に供する物質の量も当初はmol単位，そして徐々に必要量が減って，pmol※5，

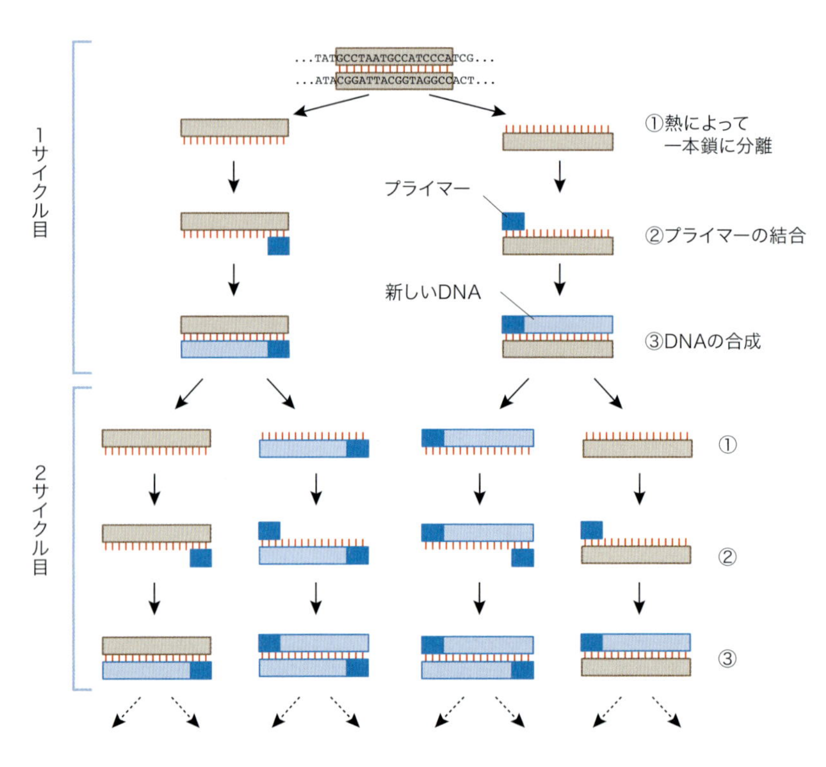

図10-4　PCRの原理

溶液中に，増幅したい部分を含む二本鎖のDNAと，増幅したい部分の両端に対応する一本鎖のDNA断片（プライマー），耐熱性のDNAポリメラーゼを入れておく．温度を90℃程度に上げるとDNAの二本鎖がほどけ（①），50℃程度に下げるとプライマーがくっつく（②）．70℃程度に温度を上げると，一本鎖DNAを鋳型として，プライマーを出発点にDNAが合成される（③）．これを繰り返すことで，狙ったDNA部分が増幅できる．

※5　pmol（ピコモル）＝10^{-12}mol．分子数で10^{11}～10^{12}ほど．
fmol（フェムトモル）＝10^{-15}mol．分子数で10^{8}～10^{9}ほど．
amol（アトモル）＝10^{-18}mol．分子数で10^{5}～10^{6}ほど．

fmol, amol, さらには1分子で測定・検出ができるレベルまで検出感度があがっている．

ごく微量な量であっても放射性物質が出す放射線は，電離作用やフィルムを黒化させる能力によって感度よく検出でき，微量な物質を解析する方法の代表であった．とはいえ放射線は，放射性同位元素が確率的に崩壊するときに初めて放出されるので，検出感度には限界がある．例えばDNAの塩基配列を決定するには，放射性元素を用いたサンガー法による反応を行ない，電気泳動の後にX線フィルムを感光させて塩基配列を解読していた（図10-5）．単一のDNAサンプルもある量（0.1〜1 pmol程度，分

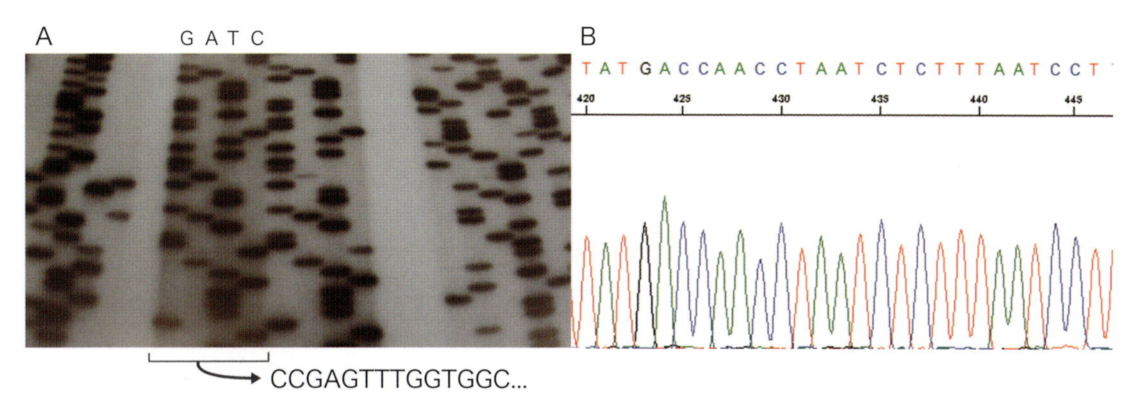

図10-5　シークエンスの原理

A）放射性アイソトープを用いたサンガー法を行なってX線フィルム上に得られた塩基配列の結果パターンの例．順にならんだ4レーン1組GATCの反応が，1つの配列を示してくれる．B）蛍光ヌクレオチドを用いて得られた，塩基配列の結果を示すパターンの例．AとBはまったく別の配列を読んだものであることに注意．

Column　PCRを用いた病原体検出，個人特定

ウイルスはいったん宿主と出会って増殖を始めると，猛威を振るう．危険なウイルスについては，微量の初期段階からいち早くその存在を検出する必要がある．複数のウイルスによる病気の可能性があった際にもいずれかを知る必要がある．ウイルスは固有の核酸（DNAあるいはRNA）をもつ．そのウイルス固有の配列を検出できるような検査用のプライマーをあらかじめ用意しておき，体液のサンプルに対してPCR反応を施せば，疑われるウイルスの存否を明らかとすることができる．細菌，あるいは真菌であってもそれぞれ固有の遺伝子を検出することで応用が可能である．

ゲノムとは，生物が生きていくために必要な最少の遺伝子（遺伝情報）全体の集まりを指す（2章参照）．通常タンパク質の合成を指示する情報をもった部分としての遺伝子と次の遺伝子の間に存在するDNA塩基配列には厳密な配列情報はないとされる．その部分には選択圧がかかっていないと想像され，ヒトのなかで，こうした遺伝子間に存在する塩基配列は変化の割合が多く，個人差があることなどが明らかとなった．またこうした遺伝子間の領域にはいくつかの繰り返し配列が存在した．例えばCACACACAというような配列が繰り返している．こうした数塩基〜10塩基ほどの配列はSTR（Short Tandem Repeat：短鎖反復配列）と呼ばれ，その繰り返しの数は個人の一生の間での大きな変化はなく，半分は父親，残り半分は母親由来の数を引き継いでいる．その数は人それぞれに固有のもので，世代を越えて子孫へと伝わる．いくつもの染色体上に存在するSTRをそれぞれ詳細に調べたとする．もとのDNAが同じ人に由来するのであれば，すべてのSTRの数が一致するはずである．どこかが違っていれば他人の可能性が高くなる．親子関係にあれば，子どものSTRの数それぞれ一方は父親，もう一方は母親と一致するはずである．犯罪の現場に残された毛根や血液由来のDNAや，遺体のDNAなどが鋳型として用いられて増幅されると，それらの人の特徴を伝えるSTRの配列が調べることができる．複数カ所のSTRの繰り返しを調べることで，確実にDNAの持ち主を特定できる技術も進歩している．実際に裁判や鑑定などの証拠に用いて問題解決がなされるケース，身元不明の方のDNAを調べて身元が判明する例を数多く耳にするようになった（p21 Column参照）．

10章　生命科学技術はここまで進んだ

子数として×10^9～10^{10}個）必要である．

時代とともにさまざまな特に光シグナルの検出感度が格段によくなっている．さらにさまざまなエネルギー効率のよい色素と高感度をもった検出器も開発されており，ついに1分子から出るシグナルも検出できるようになった．4種の塩基が区別できるような複数の蛍光効率の高い物質と微弱蛍光の多点検出技術の進展によりシーケンサーが開発され，塩基配列の決定のスピードが大きく伸びた．現在ではNGS（次世代シーケンサー）を用いればヒトのゲノムサイズのDNA塩基配列情報も丸1日で決まるという※6．同時に10^8～10^9の異なるサンプルについて，同時にそれぞれごく微量のDNAで反応を行ないながらどの塩基が今挿入されたかをリアルタイムで検出しつつ，配列を解読できるようになった．原理的に1分子のDNAの配列が決定できる時代を迎えている．

微弱な光の検出技術は，当然それまで見えなかった細胞の中の出来事を検出するうえでも貢献している．細胞の中で1分子が動く様子を，高感度の顕微鏡で検出することができるようになり，それまで全体の平均としてしか見えなかった細胞内の動的な活動の1つ1つが，分けて観察できるようになってきたことで，今後新たな発見がなされていくことが期待される．

6 生命活動の計測と補助

私たちの体のなかでは常に多くの化学反応がはたらいて，ある一定の状態を保持するホメオスタシスが作動し生命を維持している．常に私たちの体の状態をモニターし，その状態を把握していれば，健康を害したときにはすぐにわかる．腕時計のように気軽に身につけられるデバイスで体温，血圧，心拍数，呼吸数を常時はかることができる時代となった．形状は指輪型，バンド型，腕時計型，Tシャツ型などさまざまなものが開発されている．そのデータを自分の管理PC，あるいは病院の主治医や介護人のもとに届くようにしておけば，高齢化，過疎化，人口減少，医師や介護人の不足を補う策ともなる．将来は体のなかの特定物質の濃度，例えば血糖値のような値も測定できる装置もでてきて，生活習慣病の予防

Column 農業工学―バイオエタノール

植物は光合成によって大気中からCO_2をとりこみ，有機化合物である糖をつくり出す（9章❹参照）．そして糖から栄養分となるデンプンと，植物体の構造を維持するためのセルロースをつくり出す．化学エネルギー的にはほぼ等価である両者だが，利用する側の動物やヒトにとっては，デンプンは消化しエネルギーが得られるものであっても，セルロースは消化できる酵素をもたないのでふつう役に立たない．ある意味，植物がもっている化学エネルギーを完全に利用していないことになる．

私たちは食事として食物繊維を摂取すると表現するが，これはセルロースを消化できるわけではない．胃腸のなかを他の消化物の通りがよくなるようにする（便通をよくする）ものとしての価値を認めているだけである．牛などの反芻動物は，胃のなかにセルロースを消化できる微生物を飼っていて，微生物が胃のなかで植物体を分解し増殖する．牛はその微生物を消化することで，間接的にセルロースから栄養を得ているのである．

セルロースなどの細胞壁を分解できる微生物，あるいはその分解酵素を利用することができれば，これまで利用できなかった木材や廃材，穀物など収穫後のわら部分などを分解し，出てきた糖を発酵の原料とすることでアルコールをつくることができる．アルコールはガソリンなどと合わせて，自動車などの動力の源として利用しやすい．アルコールを燃焼するとCO_2が出るが，光合成で取り込んだCO_2を原料にしたセルロースから植物の組織はできているので，収支CO_2エミッション（放出）は正味ゼロとみなせる．原料もこれまで見捨てられてきたものが活かされることもあり，環境への負担の少ないクリーンエネルギーを生み出せると考えられる．

※6 2章などで述べたヒトゲノム計画では世界中の研究所の共同研究をもってして10年以上の月日を要している．

管理なども可能になるであろう．

健康な人にとってもモニター機器が身近なものとなっている．健康維持のため運動をする際に，個人によって運動の激しさや量の目標が異なる．その目標に対して今どのくらいまで達成されているのか，途中経過を手元で確認できるようなデバイスも生まれている．歩くのか自ら走るのか自転車に乗るのかを決めて，経過時間，スピード達成度，消費カロリー，目標達成度などが逐次表示され，GPS機能によってどこをどれだけ走ったかを合わせて記録し，やる気を起こさせる報酬的な機能もついている．運動時に私たちの皮膚から放出されるアセトンの量をはかることで脂肪の燃焼量がわかる端末も開発されている．

睡眠のタイプやその深さについて時間を追って記録する端末も登場した．どのような睡眠を取るかは，日常生活における疲労から私たちがどれだけ回復するかを左右し，日中の作業の集中力に影響する．記録があれば改善をはかる試みも可能となる．眼鏡などに装着し眼球の動きをとらえ，昼間に疲れや眠気を感知するセンサーも生み出され，運転事故防止などに期待されている．

さらに脳の活動，生体の電位信号を読み取り，筋肉運動を補助，改善，拡張してくれる身近なロボットが開発されている．工学と生命科学とが結びついたこうした成果はリハビリテーション，介護の場面で期待される．

広域の環境をモニターする技術も開発され利用されている（図10-6）．人工衛星などから遠隔的に反射，放射を観察し，地球環境，作物の病害被害，災害状況を知る技術も生まれている．地上であれば植生・森林の密度/種類/状態，バイオマス量，農作物の健康状態，土壌の乾燥状態，大気ガス濃度や汚染の度合い，海上であれば海水温度，海水循環，浮遊物，赤潮の発生状況，海底に潜んでいる水産物資源などモニターできる技術が確立されつつある．広範な環境のなかで局所的な状況を常時把握できるようになり，病害を防ぐ農薬の散布を限定的に施すことが可能となるなど，こうした技術は，予知，対処を施すうえでも重要である．環境への影響の重視，従事者の負担減，早期対処が可能となるなど大きな貢献が期待できる．

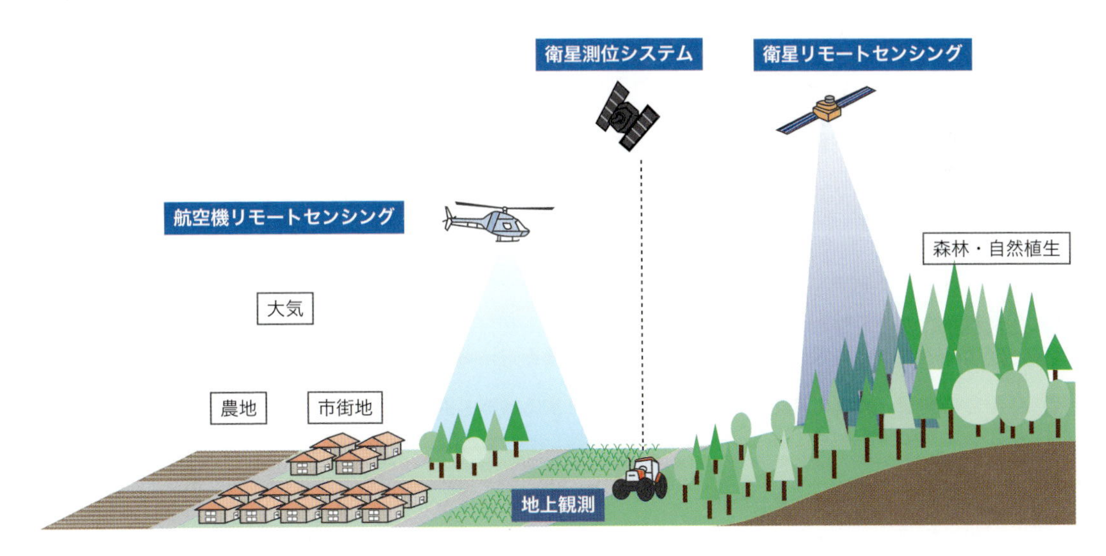

図10-6　リモートセンシングの概念図

人工衛星や航空機に搭載されたセンサーにより森林・自然植生や農地，市街地，大気などの遠隔広域観測ができる．また，衛星測位システムにより地上観測位置を知り衛星データと対応させた解析が可能となる．

10章 生命科学技術はここまで進んだ

Column 放射線とDNA損傷

原子爆弾を爆心地周辺で受けた場合（いわゆる高線量被曝），分裂細胞が死ぬことによって組織の更新が起こらなくなり，亡くなった方が多い．それに対して低線量被曝を受けた場合には，遺伝子DNAに損傷が入ることによるがんの発症が危惧される．放射線が細胞にあたった際に，直接，あるいは間接的に周囲の水が電離してDNAに損傷を与える．とはいえ，影響は確率的に起こるとされ，同じ線量を受けてもいつも同じ程度のDNA損傷が起こるわけではない．

2011年3月東日本大震災に伴う福島第一原発事故後の放射性物質飛散の影響で，放射性物質の体内摂取に関して危惧する声が上がった．私たちが元来日本で衣食住の営みをしている際でも自然放射性物質などが食品に含まれていて内部被曝がおおよそ年間1 mSv（ミリシーベルト）あるといわれている．事故の後，その放射線量の影響を最少に抑えるために基準値が設定された．食品に対して設定された基準値とは，その基準値のものを食べ続けても，体内に摂取された放射性物質は放射能が減衰するとともに，代謝により体内から徐々に排泄される．こうした物理的半減期，生物学的半減期を考慮したうえで，1年間で被曝量が1 mSvに達しないようにしようとしたものである．これは，それまでの自然放射線量と同程度あるいはそれ以下のレベルにとどめたいという考え方に基づく．

放出される放射線で組織や臓器が被曝を受ける．被曝を受けてDNA損傷を受けた際に，分裂細胞であればDNA修復が機能して元のDNA状態に戻そうとする．非分裂細胞ではDNA二本鎖切断を発生し，その末端を結合させる非相同性末端結合反応が起こる．DNA二本鎖切断同士の再結合は，染色体の分断という事態を避ける意味で修復と見なされる．こうして多くの損傷は修復され，細胞の機能を維持しようとする．体全体には60兆個の莫大な数の細胞があって，その一部でもこの修復が機能しないと，損傷が残って（突然変異が生まれて）しまい，がん化につながるのである．安全な食品が提供されるために，食品から出る放射線量を正確にモニターし，放射性物質量が基準値以下であることを把握することが重要となっている．

まとめ

- 人類は有史以来，微生物の営みを利用する発酵，野生生物の作物化や家畜への飼い馴らしなどを長年にわたって行なってきた．これらは人類が利用してきた古くからのバイオ技術といえる
- 遺伝子の理解，遺伝子操作技術の発展によって，先人たちが経験に基づいて行なってきたことを科学的に説明することができ，より効率的に目標に近づく方法がいくつも開発された
- 有用な遺伝子を，他の個体，生物種に導入して発現させることも可能となり，新しい有用生物が開発され，利用できるようになった．ただし，現在日本では市民に利用してもらえるようにするには，安全性審査や生物影響評価審査などを経る必要がある
- サイズの大きいゲノムをもつ生物でも，特定の遺伝子配列に操作を加えることができるようになりつつある
- 個人の特定がDNAレベルでの違いから可能となっている
- 生命科学以外の分野での解析や検出技術の進歩で，ゲノム解析に関する新たな方法や1分子観察などが可能となっており，生命科学の中で用いられる方法論も変化しつつある
- 私たちの健康，環境の変化などを常時モニターする機器も開発され，医療や農業，水産業などに変革をもたらしつつある

おすすめ書籍

- 『なぜなぜ生物学』日本分子生物学会／編，東京化学同人，2010
- 『栽培植物と農耕の起源［岩波新書］』中尾佐助／著，岩波書店，1966
- 『遺伝子とゲノム―何が見えてくるか［岩波新書］』松原謙一／著，岩波書店，2002
- 『遺伝暗号のナゾにいどむ［岩波ジュニア新書］』岡田吉美／著，岩波書店，2007
- 『マンガ　生物学に強くなる―細胞、DNAから遺伝子工学まで［ブルーバックス］』堂嶋大輔／作，渡邊雄一郎／監修，講談社，2014

第11章
生命倫理はどこに向かいつつあるのか

かつては，自然科学は倫理や価値とは無関係と信じられていた．だが，今日のように，生命科学が自然科学の中心になってくると，その関係は必然的に変わってくる．生命科学が，人間を含む生物を研究の対象とするものである以上，これらをどういうものと解釈し，どう扱うのかという問題ががぜん重みを増してくる．それはまた，生命科学や医療のあり方を社会全体の視点から検討せざるを得ない時代に入ったことを意味している．1970年前後のアメリカで，生命科学と価値，倫理，法律，宗教などが重なる領域を扱う学問として生命倫理学が登場した．21世紀に入ってこれらの諸課題は新しい展開をみせている．

第11章 生命倫理はどこに向かいつつあるのか

1 生命倫理とは

❖医療専門職の医療倫理とパターナリズム

医療と生命科学に関する倫理を扱う生命倫理（bio-ethics）は，1960～1970年代のアメリカにおいて成立したものであり，その領域はそれまで医療倫理（medical ethics）と呼ばれていた分野にほぼ一致する．医療倫理という語は1803年にパーシバル※1によりつくられた言葉であるが，回顧的にヒポクラテス※2に始まる西洋医学の倫理的伝統が再発見され，自治的な職業集団である医療専門職の職業倫理として定着していた．その特徴は，意図的に危害を加えることの禁止，臨床能力向上の義務，職業の品位を貶めないための礼節の維持などであったが，1847年のアメリカ医師会倫理綱領において，重篤な予後の診断は患者に伝えてはならないと規定されているように，何が患者にとっての最善の利益であるかは医療専門職が決めるという，パターナリズム（恩情的父権主義）の性格が濃厚なものであった．

❖生命倫理の興起と発展

生命倫理という言葉は，1970年にファン・ポッター※3という腫瘍学者がその論文の標題に使用したのが最初であった．ただし，ポッターが主張したのは，人口増加や天然資源の浪費などによって人類は危機に直面しており，これを回避するために，生命科学と人文社会科学の知を統合して，人類生存のための共通指針を築かなければならないということであった．いわば今日の環境倫理に相当する言葉として，ポッターは生命倫理という語を使用したのであった．

一方，ほぼ同時期のアメリカで，これとは別に，生命医科学（bio-medicine）の倫理としての生命倫理学が産声をあげた．1969年，ニューヨーク郊外にヘイスティングス・センターが，また1971年にはジョージタウン大学にケネディー研究所が設置され，この2つがその後の生命倫理研究の出発点となった（図11-1）．1978年にケネディー研究所が編集した『生命倫理事典』では，生命倫理は医療と保健の領域の問題を道徳的価値観や倫理原則に照らして学際的に研究する立場と定義されている．つまり，アメリ

Column 優生学の歴史と現在

ヒトゲノム計画が開始される前，特に懸念されたのは，ヒトゲノムが解読されてしまうと，20世紀前半のような優生社会が招来するのではないか，という点であった．

ダーウィンが『種の起原』（1859年）のなかで自然選択説を提唱し，さらに1900年にメンデルの法則が再発見されると，これら生物学法則を人間にも当てはめ社会改良を行なうべきだとする主張が現れた．断種※4や隔離によって悪い遺伝的質をもつとされる人間の子づくりを抑えたり，優秀な人間の結婚を奨励する考え方で，優生学（eugenics）と呼ばれた．優生学は，ダーウィンのいとこであるゴールトンが19世紀につくり出した言葉であるが，20世紀初頭のイギリスで研究が始まり，その後アメリカ社会に受け入れられ，いくつかの州で断種法が成立した．1933年にヒトラーがドイツで政権を奪取すると，早々と翌年に断種法を制定し，最初の1年だけで56,000件以上の断種命令が下された．ただし，断種政策の採用は，人種主義的なナチス時代特有の現象ではなかった．戦後の日本では優生保護法が成立し，戦時中よりも多くの断種が行なわれた（優生保護法は1996年に廃止され，差別的な部分を削除した母体保護法に姿を変えている）．また戦前のデンマークやスウェーデンなどの社会民主党政権下でも優生学的な断種が行なわれたことが明らかになっている．

優生学をナチスと結びつけて悪と断じるのは，戦後になって生じた考え方であり，その通念が存在する限り，政策としての優生学が復活する可能性はないといってよい．アメリカでは2008年5月に「遺伝情報差別禁止法」が成立しているが，これも遺伝子を根拠とした差別を悪とする通念の表れである．ただし，よりよい生を望むのは人間として普遍的な願望であり，ドーピングの例を挙げるまでもなく，生命科学の成果を用いて能力を増強する選択肢がある限り，それを用いたいという誘惑は存在するであろう．生命科学をそのような「内なる優生思想」のために用いることが認められるかは，さらなる考察が必要な分野となっている．

※1 Thomas Percival（1740-1804）イギリス
※2 Hippocrates 1章も参照
※3 Van Rensselaer Potter（1911-2001）アメリカ
※4 精巣や卵巣を摘出，あるいは精管や卵管を結紮することで生殖機能をなくすこと．

年	世界的な出来事
47	ニュールンベルグ綱領
48	世界人権宣言
64	ヘルシンキ宣言
83	ヒトゲノム計画提案
97	ヒトゲノムと人権宣言
97	人権と生物医学条約
03	人間遺伝子情報に関する国際宣言
05	生命倫理と人権に関する世界宣言（世界宣言）

年	各国での出来事
67	世界初の心臓移植（南ア）
69	ヘイスティングセンター設置（米）
71	ケネディー研究所設置（米）
72	タスキーギ事件（米）
74	国家委員会設置（米）
75	クィンラン事件（米）
78	体外受精児の誕生（英）
79	ベルモント報告（米）
80	チャクラバーディー事件（米）
90	脳死臨調の設置（日）
91	患者の自己決定権法（米）
97	臓器移植法（日）
01	国家評議会の立ち上げ（独）
04	臨床研究に関する倫理指針（日）
05	動物愛護法の改定（日）
09	臓器移植法の改定（日）

図11-1 生命倫理にかかわる主な出来事

本文でとりあげた出来事を中心にまとめた.

カで主流になった生命倫理は，医療倫理と生命科学研究の問題群を扱う学問であったのであり，ポッターが意図していた地球規模の人類生存のための総合的知という立場は，ほぼ無視されることになった.

❖生命倫理成立の背景

第二次世界大戦直後の世界では，科学技術が発達すれば，それだけ豊かで平等な社会が実現できるものという，科学技術に対する素朴な信仰が一般的であった．だが1960年代に入ると，公害問題が表面化し，さらにベトナム戦争反対運動，公民権運動，消費者運動，大学紛争などが起こり，これらとともに科学技術に対する批判的な眼差しが広まった.

1962年にカーソン※5は『沈黙の春』を著し，このなかで化学物質の無制限な使用に警告を与え，生態学的思考の重要性を指摘した．また生命科学の急速な発達も，一部に反省的な見方を促した．1960年代までに分子生物学が確立し，分子レベルで生命現象が語られるようになったが，早くも1973年には遺伝子組換え技術が実現し，それは生命操作の可能性が現実のものとなったことを意味し，議論の渦を引き起こした.

医学分野でも倫理的関心を引く新しい技術の出現が相次いだ．1960年代の初め，人工腎臓透析が実用化されたが，希少な装置であったため，ワシントン州シアトル市では一般市民をも含めた委員会を設置し，対象者を選別した（通称「神の委員会」)．これが，生命倫理的課題に取り組んだ最初の組織だといわれる．1967年に南アフリカで世界最初の心臓移植が行なわれると，北アメリカで心臓移植のブームが起こった．心臓移植のためには，心臓は動いているが死と考えられる状態から心臓が摘出されることが不可欠であり，脳死という考え方が提案された．このことは，人間の死とは何かについての議論を巻き起こした.

さらに1960年代末以降，フェミニズムが台頭し，それまでキリスト教国で犯罪とされた人工妊娠中絶（中絶）を合法化する運動を進め，アメリカでも1973年に中絶を女性のプライバシーであるとする連邦最高裁判決がでた．このためキリスト教会との間で，中絶の賛否に関して激論が戦わされ，「胎児はどこから人間か」が重要課題となった．またちょうどこの時期，胎児診断が実用に移されたため，胎児診断の

※5 Rachel Carson（1907-1964）アメリカ

結果を根拠に中絶をする選択的中絶の是非へ議論が拡大した．1978年には，イギリスで世界最初の体外受精児が生まれ，生殖技術の規制について広範な議論が巻き起こった．1975年には，遷延的植物状態と呼ばれる患者に対する治療の差し控え（いわゆる尊厳死）の問題が主題化されるクィンラン事件が起こった．これら多くの課題が相互に影響しあって，生命倫理学が形成されていった．

2 生命倫理の原則

ただし，成立したばかりの生命倫理を社会的に認知された権威ある学問にするうえで決定的な分水嶺になったアメリカの「生物医学と行動科学の研究における被験者の保護のための国家委員会」（**国家委員会**）で主題となったのは，人体実験であった．

もともと生命倫理に関する原則は，人体実験に対する深い反省が出発点となっている．特に第二次世界大戦中にナチスドイツが強制収容所で行なった非人間的な人体実験に対する反省から，**ニュールンベルグ綱領**が制定され，1948年に国連総会で採択され，人間の尊厳を価値の基本に置くことをうたった世界人権宣言を臨床研究における大原則として適用したのが，1964年の世界医師会で採択された**ヘルシンキ宣言**であった（Column：ニュールンベルク綱領とヘルシンキ宣言 参照）．

1960年代までのアメリカでは，臨床研究は道徳的に行なわれていると信じられていた．しかし実際には，社会的な弱者である黒人，知的障害者，子どもなどに対して，同意をとらない不当な人体実験が行なわれていた．特にアラバマ州タスキーギで，黒人の梅毒患者に対し，告知しないまま治療も行なわず，ただ観察を行なった公衆衛生局主導の研究が1972年に発覚したこと（**タスキーギ事件**）は，猛烈なスキャンダルとなった．そこで連邦政府は1973年に国家委員会を設置し，臨床研究における被験者の保護に関する原則を審議させた．国家委員会はさまざまな答申を行なったが，1979年，それらを踏まえた最終報告書**ベルモント報告**がまとめられ，このなかで生命倫理に関する原則（人格の尊重，有益性，公正※6）が提示された．

一般に生命倫理学の教科書では，これらに無危害を加え，4大原則と呼ばれる．**有益性**とは，患者とその家族の福利を増進する義務，**無危害**とは，患者の同意がない場合，身体への侵襲を行なってはならぬこと，**公正**は医療とその情報へのアクセスにおける平等である．この4大原則の中で最高の価値とされたのは**人格の尊重**※7であり，それは患者・被験者の自律，自己決定権を意味し，具体的には被験者が十分に情報を与えられたうえで，自発的に実験への参加を決定する**インフォームド・コンセント**という手続きを踏むことを意味していた（Column：インフォームド・コンセント 参照）．

Column ニュールンベルク綱領とヘルシンキ宣言

ヒトを対象とした実験は，科学の進歩にとって，ある段階では不可欠である．これを人道的に行なうための原理は，ニュールンベルク綱領と呼ばれ，第二次世界大戦中にナチスドイツが強制収容所内で行なった人体実験を裁いたアメリカの判事団が，その判決文のなかで示したものである．この原理を臨床現場における具体的なルールとして体系化したものが，1964年の世界医師会総会で採択されたヘルシンキ宣言である．その後，数次の改訂が行なわれ，現在では臨床研究における最も基本的でかつ包括的な基本原則として，世界中に認知されている．

具体的には，被験者や患者の尊厳とプライバシーを守り，威圧的な空気がないなかでのインフォームド・コンセントでなければならず，同意の撤回はいつでも自由である．特に弱い立場にある人への配慮を重視し，科学的・社会的利益が被験者への配慮を上回ってはならないとしている．特に近年では，臨床研究一般だけではなく，医薬品開発や疫学研究，遺伝子解析研究における被験者の保護に関する具体的配慮を明示する方向へ改訂されてきている．

※6 人格の尊重：respect for persons，有益性：beneficence，公正：justice，無危害：non-maleficence．

※7 人格の尊厳（dignity of person）とも呼ばれる．人格とは，アメリカ生命倫理の主流の考えの中では，生命体としての人間という意味ではなく，理性的な思考能力を有する存在を指す（胎児，新生児，重篤な痴呆，脳死の場合は人格ではない）．人格の尊厳とは，そのような理性的な思考能力を有する存在はその存在自体が不可侵のものであり，それを侵す権利は何人にもない，ということである．人格の尊厳を具体的に遵守する方法が，その存在が行なった決定を尊重することになる．

中絶，生殖補助，安楽死・尊厳死など，医療上の問題が噴出する中で，人格の尊重を頂点とする生命倫理の4大原則が確立されたことは，インフォームド・コンセントを実験以外の臨床の現場に広く導入することを促した．この根底にあったのは，感染症中心の医療から生活習慣病中心の医療へ変化する中で，より成熟した医者患者関係を確立し，パターナリスティックな伝統的な医者患者関係から，患者自らが決定する現代的な医者患者関係へ転換しようとする試みであったということができる（図11-2）．

4大原則

人格の尊厳 … 患者の自律，自己決定権　インフォームド・コンセント
有益性 ……… 患者とその家族の福利増進
無危害 ……… 同意なしに身体への侵襲を行なわない
公正 ………… 医療とその情報へのアクセスにおける平等

図11-2　生命倫理の4大原則

3 臨床研究と倫理委員会

国家委員会の答申を受けて，アメリカ連邦議会は1974年に，医学研究における被験者の保護を目的とした国家研究法を成立させ，ヒトを対象とする実験研究や，ヒト組織を用いる研究を行なう研究者は，研究助成を申請する前に，**IRB**※8に研究計画を提出し，その認可を得ることが義務づけられた（図11-3）．IRBは，連邦レベルの委員会が定めるガイドラインに照らして研究計画書を審査するが，特に被験者によるインフォームド・コンセントが成立しているかが審査の中心となる．研究助成を行なう17省庁が共通の実施要綱を採用したため，アメリカでこれらの手続きはコモン・ルールと呼ばれる．例えば，IRBの委員には自然科学の専門家だけではなく，法律・倫理の専門家，組織外の人間をメンバーに加え，性・人種・文化のバランスをとるなど，細かく規定されている．

Column　インフォームド・コンセント

臨床研究における倫理原則の最も重要な手続きが，インフォームド・コンセントであり，「十分な情報を与えられたうえでの同意」と訳されている．その起源には2つある．

1つは，もともと医師は患者に対して説明義務があったとするアメリカの裁判例に由来する考え方である．しかしこれは，医師が治療の目的で患者に指示を出す際に伴うものという性格が強く，両者の対等な関係を前提としたものではなかった．

もう1つは，ナチスの人体実験を裁いた裁判で示されたニュールンベルク綱領に由来するもので，被験者は強制のない状況で，研究の目的とその利点と考えられる危険についてすべての情報を与えられ，そのうえで自発的に同意がなされ，それはいつでも撤回できる，とするものである．これは今日，ヒトを対象とした実験研究すべてに適用される基本的な手続きとされ，平易な言葉で説明を受け，本人の文書による同意を必要とするのが原則である．

1970年代以降のアメリカでは，医療の場にもインフォームド・コンセントの考え方が浸透した．公的医療保険制度がないアメリカでは，医療は個人が購入する消費財という性格があり，消費者主権の立場からすべての選択肢が提示され，患者が主体的に選ぶという論理が前提とされているからでもある※9．これに対して福祉国家を確立させたヨーロッパでは，患者の自己決定が必ずしも患者の利益にならないという視点があり，医師が一方的に情報を与え，患者が一方的に決定するという図式は，必ずしも賛同を得ていない．日本の現状もヨーロッパ型に近く，最近の臨床現場ではインフォームド・コンセントがかなり徹底されている一方，特に慢性病の終末期においては，患者の自己決定は必ずしも実現しないことが指摘されている．実はアメリカでもインフォームド・コンセントは問題があることは認識されており，1991年の「患者の自己決定権法」において事前支持※10は権利とされているが，その実施率は決して高くない．最近では患者と家族，医療者がお互いの立場から意見を言い，話し合いの中でコンセンサスに達するNarrative based medicineという考え方が主張されるようになっており，2013年に発表されたヘイスティングス・センターの終末期患者の治療の差し控えに関するガイドラインでも，同じような考え方が採用されている．

※8　IRB：institutional review board（機関内審査委員会）
※9　2010年に医療保険改革法が成立したが，国民皆保険との隔たりはまだ大きい．
※10　advance directives．自分の治療に関する意思を事前に表示するリビングウィルと，意思表示ができなくなった場合の代理人をあらかじめ定めておく制度．

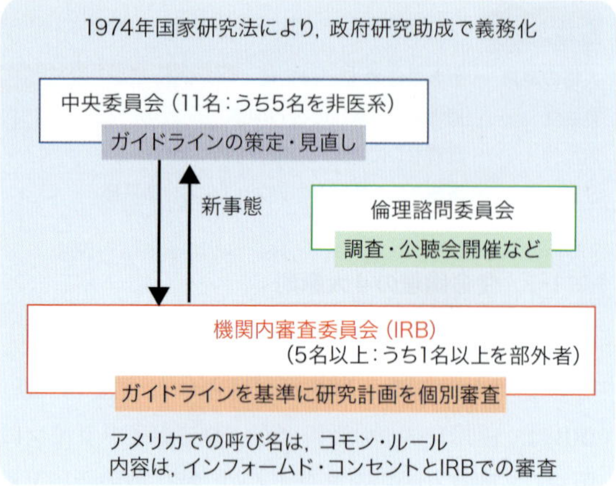

1974年国家研究法により，政府研究助成で義務化

中央委員会（11名：うち5名を非医系）
ガイドラインの策定・見直し

新事態

倫理諮問委員会
調査・公聴会開催など

機関内審査委員会（IRB）
（5名以上：うち1名以上を部外者）
ガイドラインを基準に研究計画を個別審査

アメリカでの呼び名は，コモン・ルール
内容は，インフォームド・コンセントとIRBでの審査

図11-3　ガイドライン＋委員会体制

IRB制度は，アメリカ生まれの生命倫理が確立させた，ほぼ唯一の規制方法である．当初は研究者の側から，研究の自由を侵すものとの反発もあったが，1975年のヘルシンキ宣言の改正によってIRBの設置を前提に，科学雑誌編集者はIRBの審査を経ない論文は受理しないように，とする条文が取り入れられたため，IRB制度は世界中の研究者の間に浸透していった．

なお，欧米ではIRBとは別に，IEC，HEC[※11]などと呼ばれる委員会が設置されている．これは例えば生命維持装置を取り外すかどうかなどの問題を施設内で検討することを求められるなか，1980年代前半に広まったもので，施設の自己管理組織として自発的に設立，運営される．日本では1980年代に体外受精が問題になったのをきっかけに，大学医学部に倫理委員会が置かれるようになり，脳死・臓器移植問題（Column：脳死と臓器移植 参照），遺伝子治療，遺伝子解析，再生医療研究など生命倫理的な課題が続出したため，その重要性は増していった．ただし，日本の倫理委員会には法的基盤はなく，その権限，審査の範囲，人員構成，審議の公開性などに関して明確な基準はない．行政指針の中にはこうした項目について記述しているものがある（Column：日本のIRBと倫理指針 参照）．

4 生命倫理と宗教

生命倫理学が最初にアメリカで成立し，そしてアメリカは自由と民主主義を重んじる社会であるので，生命倫理における人格の尊厳，自律，自己決定の尊重という価値観も，自由主義[※12]の考え方に基づい

Column 脳死と臓器移植

日本では1997年に臓器移植法が成立し，脳死を前提とした臓器移植が始まったが，実施件数は諸外国と比べると著しく少ない．その理由の1つとして，日本では脳死の社会的認知が進んでいないからとする説がある．しかし，各国の世論調査の数字をみると，6割前後が脳死を人の死と考える一方，1～2割がこれを死と認めない傾向がみられ，日本でも変わらない．では，何が違うのかといえば，日本以外の国では，医師集団が脳死状態と判定された最末期の患者を限りなく死に近いものとして扱うことに，社会の側が異議をはさまない状態にあり，脳死・臓器移植は医の権威と信頼によって辛くもルーチンに行なわれる医療になっている，と考えられる．

一方，日本の医師集団には，任意加入の医師会はあっても，強制参加の身分組織が存在しないため，これらの先進医療を職能集団としての統治下に置くことができず，「脳死は人の死か」という問いを過剰に社会に流出させてしまったとも解釈できる．

移植が進まないもう1つの理由として，日本の法律が厳しすぎるためという説も唱えられてきた．1997年に成立した法律は，本人と家族の両方が書面で同意した場合に限り，脳死と判定された人を死者とみなし，臓器を摘出することができると規定していた．本人の同意が必須であるため，15歳未満の子どもを脳死判定し，臓器を摘出することはできない．こうした状況を改善するため，2009年7月に臓器移植法が改正され，翌年7月に施行された．改正法のもとでは，本人が拒否していなければ，家族の同意で脳死者から臓器摘出できる．結果的に15歳未満の子どもからの臓器摘出も家族の同意で可能になった．また「親族優先提供」の条項も設けられた．

改正法については，国際的スタンダードになったと歓迎する声がある一方で，本人の意思を正しく推測することの難しさや，子どもの脳死判定，虐待による脳死でないことの確認の難しさも指摘されている．また，旧法にも改正法にも，移植の主流となっている生体腎移植・生体肝移植についての言及はなく，健康な人から臓器を取り出す生体移植の合法性について疑義を指摘する声も残されている．

※11　IEC：institutional ethics committee（施設内倫理委員会），HEC：hospital ethics committee（病院倫理委員会）

て，医療専門職の権威を否定し，患者の権利を主張するものであったと見ることができる．その意味で，医療倫理と同じ分野を扱いつつ，生命倫理は全く異なる考え方に立脚していた．ただ当初は，自由主義だけが人格の尊厳の根拠であったのではない．理性的思考能力をもつ人格を価値の根源と見なす西洋哲学の伝統，人間を神により聖霊を与えられた存在と見なすキリスト教神学の考え方も，重要な根拠であった．実は，初期の生命倫理には少なからぬ神学者が重要な役割を果たしており，彼らはキリスト教的な人格概念を生命倫理に導入したが，それを世俗的な用語を用いて表現したのである．

生命倫理学が独立の学問として確立するにつれ，人格の尊厳の背景にあった宗教的なニュアンスは希薄になり，人格の自律，自己決定が最高にして普遍的な原則として，あらゆる医療上の問題に適用されるようになった．例えば，胎児や新生児は理性的な思考能力を有する人格になっているとは言いがたいから，人格である親が自律的に中絶を選択することは容認される，あるいは終末期の患者が自律的に安楽死を選択したなら，その選択は尊重させるべきであるといった主張が，アメリカの標準的な生命倫理には典型的にみられる．脳死の場合，思考をつかさどる大脳が不可逆的に機能不全に陥っているのだから，それはすでに人格ではなく，したがって臓器の供給源とすることに何の問題もないと論じられることになる．

アメリカの生命倫理がそのような特徴を帯びるようになったのは，当初の問題設定が人体実験であったことが大きく影響しているかもしれない．人体実験における被験者の保護のためには，何よりもその意思を重んじることが出発点になるからである．しかし，西洋の哲学伝統においても，キリスト教においても，人格の尊厳（自己決定）だけが価値の基準ではなかったのであり，初期の生命倫理はその点を十分に論理化することができなかった．そのため，生命倫理がアメリカ以外の国々にも導入され，また生命科学の発展が新たな問題を引き起こす中で，次第に自己決定を金科玉条とする論理に対する違和感が生まれることになった．

❖文化的多様性と生命倫理

人格の尊厳とは異なる生命倫理原則を確立しようとする動きのきっかけは，遺伝子と幹細胞に由来するといえる．1980年代後半のアメリカで，約30億の塩基対からなるヒトゲノムを全解読するヒトゲノム計画が提案された．アメリカでもそれに対する疑念は表明されたが，それは計画の潜在的危険性[※13]を懸念するものであった〔**Column：倫理的・法的・社会的問題**

Column 日本のIRBと倫理指針

新しい医薬品を開発するための人体実験を治験といい，大学や研究機関，病院で機関内審査委員会（IRB）が審査する主要な対象となっている．治験には国際的な基準統一のための機関〔日米EU医薬品規制調和国際会議（ICH）など〕も存在するが，日本では主に厚生労働省の指針〔**厚労省GCP**（good clinical practices），省令GCPともいう〕が，さまざまな臨床研究についてIRBの承認を得るよう義務づけている．

厚生労働省が所管する医学研究関連の倫理指針には，「臨床研究に関する倫理指針」「疫学研究に関する倫理指針」「ヒトゲノム・遺伝子解析研究に関する倫理指針」「遺伝子治療臨床研究に関する指針」といったものがある．例えば2008年に改訂された「臨床研究に関する倫理指針」では，臨床研究について「機関の長は…倫理審査委員会に審査を行わせなければならない」とあり，また委員会のメンバーは「自然科学の有識者」「人文・社会科学の有識者」「一般の立場を代表する者」を含み，「男女両性で構成されなければならない」．審査・採決に人文社会科学分野と一般の立場を代表する者が1名以上出席していることが必須である．

IRBは，研究者から提出された研究計画書（プロトコル），治験薬概要書や被験者に対する説明文書をもとに，研究の倫理性が保たれているか，被験者の人権や安全が守られているかなどを審査し，研究実施の可否を判断する．また，研究の中で生じた重篤な有害事象[※14]もIRBに報告する必要がある．

※12　ここで言う自由主義とは，自律した個人の自己決定を，それが他人に危害を加えない限りにおいて，最大限に尊重する考え方のこと．
※13　例えば，遺伝子情報は流出しやすく，流出した場合は取り返しがつかず，かつ遺伝子の改造は後代にも影響を与えるので認められないなど．
※14　医薬品を投与された被験者に生じた好ましくない事象．因果関係の有無を問わない．有害事象のうち，因果関係を否定できないものを副作用と呼ぶ．

〔ELSI〕参照〕．しかし，ヨーロッパでは個人が自由意思により遺伝子に介入し，自分が望むように改変すること（エンハンスメント）自体が，人間としてのあるべきあり方からの逸脱であると否定的であった．このため，欧州人権規約を所管する欧州評議会※15は，1997年に「人権と生物医学条約」を成立させ，

Column 生殖補助医療と倫理

不妊のカップルや女性を懐妊に至らしめる医療技術を生殖補助医療（assisted reproductive technology：ART）という．生殖補助医療には，不妊因子が精子の場合に，体外で精子を調製して子宮内に注入する「人工授精」〔夫でなく，第三者の精子を用いるのを非配偶者間人工授精（AID）と呼ぶ〕，卵や卵管が原因の場合などに体外で精子と卵を受精させ，受精卵を子宮に戻す「体外受精」，子宮が原因の場合に受精卵を第三者の子宮に入れ着床させる「代理母」などがある．

日本では人工授精は1948年に最初に行なわれたが，制度が整備される前に臨床現場で実践されていたのが実情であった．また体外受精は1978年にイギリスで世界で初めて行なわれ，当初は“試験管ベビー”という名でセンセーションを巻き起こしたが，現在では日常的な医療になっている．一方，生殖補助医療の発展に伴い，第三者の卵や受精卵，子宮を用いることが可能になり，また死亡した夫の精子を用いる人工授精が認められるかといった，新たな問題が生じてきた．生殖補助医療は従来，日本産科婦人科学会の自主規制の下で行なわれてきたが，学会は任意団体であるため，その拘束力は弱く，公的制度の必要性が強く認識されるようになっている．このため，2003年には厚生科学審議会生殖補助医療部会「精子・卵子・胚の提供等による生殖補助医療制度の整備に関する報告書」で，日本産科婦人科学会が認めてこなかった卵提供，胚提供を認める（ただし体外受精の過程でつくられ，用いられなかった余剰胚に限る）方針が出され，2008年には日本学術会議の委員会が代理母の試験的運用を認める報告をまとめた．しかし，いまだに法制化には結びついていないのが現状である．

生殖補助医療の公的制度がなかなか進展しない原因の1つは，妊娠できないカップルの「子どもをもつ権利」だけでなく，「生まれてくる子の福祉」も考える必要があるからである．例えば，現在のAIDは匿名を原則とし，それはドナーの権利となっているが，それは「遺伝上の親を知る子の権利」とは対立する．また，親族間における精子・卵提供を認めるかどうかについては，純粋に自発的な意思による提供であるか，確認しにくくなることも懸念されている．

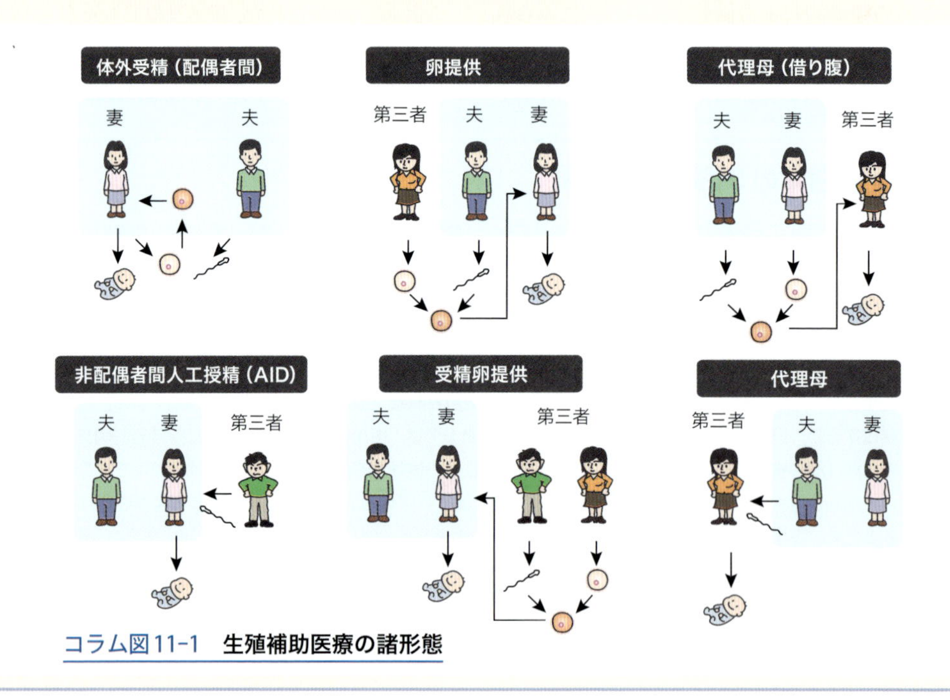

コラム図11-1　生殖補助医療の諸形態

※15　council of europe，本部はフランスのストラスブール．

先端医療と人権にかかわる諸原則を条約という形に結実させ，さらにこの条約の下でクローン人間作製禁止，臓器移植，臨床実験に関する議定書を成立させた．また，1978年の体外受精児誕生以来なされてきた生殖技術に関する議論を踏まえ，1990年代にはオーストリアやスイスなどは，キリスト教的な価値観を反映させた生殖技術法を成立させた．

さらにES細胞研究（Column：ES細胞と宗教 参照）が発展すると，それを認めるか否かをめぐって，国家レベルで議論が沸騰することになった．ドイツの場合，ドイツ連邦議会の下に設置された「現代医療の法と倫理審議会」が生命倫理上の問題を審議する体制であったが，ES細胞研究の推進を主張する政府が直属の「国家倫理評議会」を2001年に立ち上げ，2つの国家レベルの委員会が併存する異常事態となった（現在は統合されている）．「現代医療の法と倫理審議会」報告書は，世界人権宣言を引用したうえで，不可侵の権利を有する他者の人間の尊厳を認め守る義務が倫理の基盤であり，その上に自律，平等，連帯などの諸権利が成立するのであって，自己決定は重要ではあるが，最高の価値ではないとした．人間の尊厳とは“人間とは…のようにあるべきだ”という私たちのイメージであり，そのイメージには人間の傷つきやすさ，破滅性，可変性，多様性を含んでいる．人間は弱く傷つきやすい存在であるからこそ，他者の運命に共感し，支え合う責任感が生まれるのであって，遺伝子への介入により完全な存在となろうとするエンハンスメントは，この人間社会を根底で支えている構造を破滅させるから容認できない．この報告書はES細胞研究を必ずしも全面的に否定するものではなかったが，少なくとも自己決定・自己責任の原則に立つアメリカとは異なる論理を構築することに成功したものだといえる．それは人間には触れてはいけない“神の領域”が存在するという，キリスト教に根ざし，しかし世俗化の中で今や漠然とした感覚となっているもの（アメリカの生命倫理が看過

Column 倫理的・法的・社会的問題（ELSI）

1980年代後半のアメリカで，約30億の塩基対からなるヒトゲノムを全解読しようとするヒトゲノム計画が提案されると，連邦議会の場などで，大規模な遺伝的差別がもたらされるのではないかとする懸念が繰り返し表明された．そのため計画の責任者であった，DNA二重らせんモデルの発見者，ワトソンは，研究費の3～5%を倫理的・法的・社会的問題（ELSI（エルシー）：ethical, legal, social issues）に振り向けるとする証言を議会で行ない，その結果，ヒトゲノム計画全体が承認された．

研究に着手する前に問題点を予測し，その対処法をも並行して研究するというELSIプログラムは，これまでにない画期的なものであった．ただし2003年にヒトゲノム解読が完了してみると，当初危惧されたような問題は起こらず（むしろ国民全員の遺伝子データベースを作成したアイスランドで，管理を委託した企業が倒産し，多国籍企業に遺伝子データベースが買収されるといった，予想していなかった問題が起きた），ELSIプログラムによって生命倫理に集中的に研究費が投入された結果，多くの研究成果が生まれ，ELSIという言葉は，日本でも使われるようになった．ただし，ヒトゲノム計画以外ではELSIプログラムは組まれてきておらず，ヒトゲノムが多くの人たちにとって特別の存在であったことを暗示する結果にもなっている．

Column ES細胞と宗教

宗教の影響を受けた代表的な先端生命科学技術に，ヒト胚性幹細胞（ES細胞）がある（4章❼参照）．ヒトES細胞は受精卵が5日ぐらい育ったところで，内部細胞塊を取り出してつくる．iPS細胞開発以前は，再生医療の切り札と期待されてきた．しかし，ES細胞作製には「受精卵を壊す」という過程を伴う．カトリックは受精の瞬間から人であると考えるので，それは殺人になる．このため，宗教保守派を支持基盤とするアメリカの共和党ブッシュ政権はヒトES細胞の作製に連邦資金を拠出することを禁じた．民主党オバマ政権に変わったところでこの方針は覆された．

iPS細胞が画期的であるのは，受精卵を壊すという過程を含んでいない点であり，このためカトリックにも歓迎された．ただし，iPS細胞には別種の倫理的問題がある．例えば，理論的にはiPS細胞から卵巣や精巣を作製することが可能であり，人工的に受精卵を作製できることになる．そのような問題に関する議論はこれからの課題である．

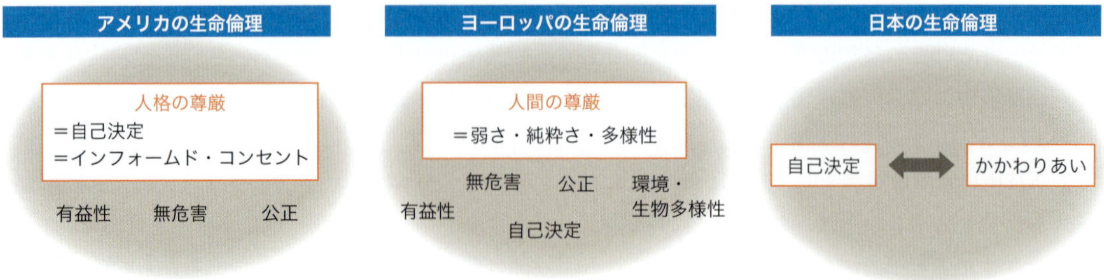

アメリカの生命倫理

人格の尊厳
=自己決定
=インフォームド・コンセント

有益性　無危害　公正

ヨーロッパの生命倫理

人間の尊厳
=弱さ・純粋さ・多様性

無危害　公正　環境・生物多様性
有益性
自己決定

日本の生命倫理

自己決定 ⟷ かかわりあい

図11-4　文化的多様性と生命倫理原則

弱さ（vulnerability）とは病気にかかり苦しむのが自然により定められた人間としてのあり方であり，それを技術により改変してはならないという考え方，純粋さ（integrity）とは自然のままの状態があるべきあり方であって，それを損なってはならないという考え方のことである．

したもの）を言語化したものともいえる．

日本も例外ではない．世界的に脳死・臓器移植が庶民レベルであまり議論されずに受容されたのが趨勢であったなかで，日本は脳死の問題を過剰に社会に流出させてしまった例外であるといえるが（p160 Colum参照），1990年の**臨時脳死および臓器移植調査会**（脳死臨調）の設置以来積み重ねられてきた議論は，人間を他者とのかかわりあいにおいて存在するものと捉え，したがって死も身近な者との関係において理解する独特の論理を生み出してきている．そのような多様な傾向を文化的差異の現れといえるかは微妙なところであるが，現状として，世界の各地でそれぞれの文化や風土に根ざした生命倫理を構築しようとする動きは明白になっているといえる．

例えば，イスラームでは科学技術は人間の幸福のために神が与えたものとされるので，一般に医療技術に肯定的な評価をし，学派による違いはあるものの，妊娠3カ月までの中絶は認められている一方，男女関係については厳しい戒律があり，異性の治療者と一対一の診察を受けることは認められていない．仏教や儒教なども，歴史的に科学技術と正面から向き合ったことは少ないにもかかわらず，伝統的な教養を生命倫理の問題に応用することで，アメリカのそれとは異なる生命倫理を構築しようとする運動がなされている（図11-4）．

5 人体の商品化，環境破壊と国際協約

自由主義的なアメリカの生命倫理の負の結果の1つは，本人の同意を得て体を離れた人体の部分を限

Column 生命科学研究と知的所有権

生命科学への研究投資が集中的に行なわれるようになると，生物やヒトの組織はどこまで特許の対象にできるのか，という問題が生じる．

最初の生物特許は，1980年にアメリカの裁判所が，流出原油の処理のために開発した微生物に特許を認めた例（チャクラバーティ事件）だとされる．その後アメリカは，特許を広く認める（プロ・パテント）政策をとったため，1990年代に入ると遺伝子配列やその断片までをも特許として申請したり，ベンチャー企業がばらばらに特許を申請する状況が生じ，全体として技術の利用が阻害されるなどの不都合が出てきた．さらに多国籍企業が開発した医薬品が一部の国では高額な特許料のために使用できない事態が出現し，先進国と途上国の対立が起こった．例えば，エイズ治療薬はアフリカなど患者の多い途上国では高価で利用できず，インドは安価なジェネリック薬を製造し途上国に提供してきた．

生物特許はその後，新規性，発明性，有用性という特許の原則を厳しく限る一方，その対象が何であるかは問わない方向で世界的な合意に向かっている．ただしEUの「生物工学の発明に関する指令」は，人間のクローンや胚の利用についての特許は，公序良俗に反するものとして認めないとしている．また，2010年には，ベンチャー企業のもつ乳がん遺伝子の特許に対しアメリカの裁判所が無効とする判決を下すという，これまでにないケースも出てきている．

りなく商品に近いものにした点にある．人が死亡すると，NGO（非政府組織）が病院に現れ，遺族の了解を得て，治療用に遺体の一部を無償で譲り受けるが，その後，NGOはこれを検査・加工・殺菌・配送を行なう会社に売り渡す例がある．こうしてアメリカでは，治療用の皮膚・骨・腱などの供給がサービス産業化している．言うまでもなくヨーロッパはこのような状況にきわめて批判的で，EU（ヨーロッパ連合）は人体の商品化を極少に抑える政策をとっている．

経済力に乏しい国の場合，貧困に由来する臓器売買が少なくない．アジアの一部の貧困地域では，片方の腎臓を売ることが頻繁に行なわれている．富裕な国からの臓器移植や生殖補助を目的とする医療ツアーリズムも盛行しているのが現状であり，それらが倫理的に非難されるべきであっても，抑え込む決定的な対策があるわけではない．

さらに，グローバリゼーションの結果，多国籍的な製薬会社が規制の緩い途上国で人体実験を行ない，あるいは途上国で伝統的に薬として用いられてきた産物を用いて，医薬品を開発する事例が増えてきたが，そうやって開発された製品は高価で，途上国の多くの患者の手には入らない．当然，途上国はそれに反発することになる．これまで自己決定の原理のうえで議論されてきた生命倫理的な課題の多くが政治問題となり，世界的な共通ルールを打ち立てる必要が出てきている．

アメリカではすでに生命倫理が確立しているために，そのような必要性への認識が低く，やはりヨーロッパが生命倫理に関する普遍的価値を確立させようとする試みで先行することになった．例えば，パリに本部があるユネスコは，1997年に「ヒトゲノムと人権宣言」を，2003年には「**人間遺伝子情報に関する国際宣言**」を，2005年には「生命倫理と人権に関する世界宣言」（世界宣言）を採択した．一方，ニュー

Column 生命倫理と人権に関する世界宣言

途上国からの要請を受け，ユネスコで生命倫理に関する国際協約制定の動きが始まったのは2001年である．もっぱら基本的な原則のみに限定するなら制定は可能であるとの報告を受け，ユネスコ総会は2003年に2年の間に草案をまとめることを国際生命倫理委員会に命じた．委員会が起草した草案は各国の議論を経て，2005年10月19日，ユネスコ総会で「生命倫理と人権に関する世界宣言」が満場一致で採決された．

世界宣言は1948年の世界人権宣言に依拠し，それを生命倫理の領域に適用することで，「各国が生命倫理の分野における法令，政策，その他の取決めを作成するにあたり，指針となる原則および手続の普遍的な枠組みを提供すること」を目的としており，そのためのコラム図11-2の15の原則が文化の差異を越えて人類が普遍に共有できるものとして提示された．

特徴的なのは，まず，従来の生命倫理の4大原則に加え，「人間の弱さと純粋さ」「未来世代の保護」の名の下で，人間のあり方を改変することが否定されていること，第二に環境と生物多様性の保全，差別・貧困といった広い問題群を取り込んでいること，第三に文化的多様性の尊重は「本宣言に定める原則を侵害し，その適用範囲を制限するために援用されてはならない」とされているように，本宣言が表す諸価値は文化的差異を越える普遍性を有するとされている点である．ここから，世界宣言は普遍性の名の下に特定文化の価値観を押しつけるものだという批判もなされている．確かにヨーロッパの生命倫理の主張が多く採用されていることは否定できない．

1. 人間の尊厳と人権の尊重
2. 患者，被験者，その他の関係者の利益は最大に，害は最小にすべきこと
3. 意思決定を行なう個人の自律は，当人が責任を取る限り，尊重される
4. 同意（インフォームド・コンセント）
5. 同意する能力のない個人の場合，その利益を最大化するようにする
6. 人間の弱さ（vulnerability）と純粋さ（integrity）の尊重
7. プライバシーと秘密の保持
8. 平等，正義，公正
9. 非差別と偏見（non-stigmatization）の禁止
10. 文化的多様性，複数性の尊重
11. 人々の連帯と国際的協力の重要性
12. 環境や差別・貧困の撤廃を含めた健康をもたらすことが社会と国家の責任である
13. 科学技術の利益はすべての社会，とりわけ途上国と共有すべきである
14. 生命科学が未来世代に及ぼす影響（遺伝子を含む）を十分に考慮しなければならない
15. 環境，生物圏，生物多様性の保護を十分に考慮しなければならない

コラム図11-2　世界宣言

ヨークの国連総会ではクローン人間作製禁止条約について討議がなされたが，人間の受精卵の扱いについて意見が割れ，結論は先送りとなったため，国際的な生命倫理に関する協約は世界宣言が唯一のものとなっている．

世界宣言で注目に値するのは，アメリカの生命倫理が唯一の標準的論理であることを否定し，忘れ去られていたポッターの生命倫理に再び光をあてることで，医療を対象とする狭い意味の生命倫理と環境倫理を統合し，グローバルな生命倫理を構築しようとしていることである．世界的に問題となっている環境破壊は健康に重大な影響を与えるから，生命倫理と環境倫理が別の原則に基づく別個の領域として分立しているのは，不自然だといえる．ただ，世界宣言は，文化的多様性の中で異なる文化が共有できる最低限の原則を15個挙げているが，それが本当に人類が共有できる価値であるのか（特定の文化的価値観の反映ではないのか）疑問は残るし，アメリカではほとんど認知されていないことが示すように，実効性の点においても疑問がある（**Column：生命倫理と人権に関する世界宣言** 参照）．

Column 動物実験の意義と倫理原則

動物実験は生命科学の進歩にとって不可欠であるが，欧米では動物虐待禁止の長い歴史があり，その反映として実験動物の扱いについて明確なルールが整えられてきた．特に1980年代前半には過激な動物実験反対運動が起こり，アメリカにおける1985年の公衆衛生事業法の改正，ヨーロッパでの1986年EC（現在のEU）指令によって，実験動物の扱いが細かく指定され，動物実験の妥当性を保証する法制度が整えられた．その基本は3つのRの原則，すなわち，動物を使わない実験系への置換（replacement），使用動物の縮小・削減（reduction），研究計画の精密・洗練（refinement），以上3つによる不必要な動物実験の回避である．日本では，2005年の動物愛護法改正によって，実験動物の使用の削減努力と苦痛のない処理法が明示されるようになった．これを受けて文部科学省局長通知が定められ，日本の研究者はこれに従って動物実験を行なっており，多くの大学や研究機関では実験動物委員会を置き，これに対処している．

まとめ

- 生命倫理は，1960～1970年代のアメリカで生まれた新しい学問で，生命科学研究と臨床にかかわる諸問題を学際的に扱う
- その中心となる原則は「人格の尊厳」であり，それは具体的には被験者・患者のインフォームド・コンセントを意味した
- 制度的には機関内審査委員会における研究計画の審査が，生命倫理の核心になる
- アメリカの生命倫理は医療における自己決定という領域に問題を狭く設定しすぎており，それ以外の国ではアメリカの生命倫理を相対化し，独自の論理を構築することが志向されている

おすすめ書籍

- 『生命倫理学を学ぶ人のために』，加藤尚武，加茂直樹／編，世界思想社，1998
- 『生命倫理の希望―開かれた「パンドラの箱」の30年』，町野朔／著，ぎょうせい，2013
- 『死ぬ権利―カレン・クインラン事件と生命倫理の転回』，香川知晶／著，勁草書房，2006
- 『死は共鳴する―脳死・臓器移植の深みへ』，小松美彦／著，勁草書房，1996
- 『バイオポリティクス―人体を管理するとはどういうことか［中公新書］』，米本昌平／著，中央公論新社，2006

第12章

生命や生物の不思議をどのように理解するか

本書で述べられた生物に関する多くの知識を前にすると，生物が単なる物質とは異なる不思議な神秘的存在であるという認識をさらに強くするかもしれない．しかし生物だけに通用する特別な生命力を想定する過去の試みはすべて失敗に終わり，生物を理解するには，生命の長い歴史を認識することに加えて，物理学・化学・情報科学を活用することがますます重要になってきた．しかし一方で，こうした一見無機的な物質科学の中からも，ダイナミックであたかも生きているように見える現象が発見され，それが生命の理解に利用できる可能性が示された．本章では，生物にみられる特別なデザインを誰かがつくりだしたというような考え方ではなく，物質科学に根ざした生命の健全な理解の重要性を述べる．

シアノバクテリアの一種フォルミディウムの細胞が寒天培地上でつくる渦巻き．細長いフィラメント状の細胞列が前後に動きながら細胞分裂により成長し，このような渦巻きを形成する．

第12章 生命や生物の不思議をどのように理解するか

1 科学的に見た生命の不思議

本章では，生物の体をつくり上げている個々の部品から離れて，「生きている」とは全体としてどういうことなのかという理解に向けたアプローチを説明する．生物の特徴として4項目を挙げていた(1章 参照)が，学習のまとめとして，改めて生命にかかわるさまざまな不思議を考えてみよう．

① ゲノムの情報量

DNAを4種類の文字からなるテキストとして見たときの最大情報量は，1 bp（塩基対）あたり2ビットなので，大腸菌ゲノムなら9 MB（メガバイト），ヒトゲノム全体では0.75 GB（ギガバイト）の情報量をもつことができる※1．ヒトの場合，実際に遺伝情報を含んでいるDNAの部分はゲノムのごく一部分と見なされる（3章 参照）ので，全情報量はこれよりもはるかに少なく，数十MBに過ぎない．これでは写真の画像1枚分程度にしかならない．これに対して，細胞や人体の構造ははるかに複雑である．生物のもつ情報はこれだけなのだろうか．また，こうした情報量で複雑な生物体をつくることが可能なのはなぜだろうか．

② 精密で合目的的な機械としての生物体

細胞や人体は複雑なだけではなく，きわめて精密によくできている．小さな単細胞生物は鞭毛を使って素早く泳ぎ，ヒトは瞬時にまわりの状況を判断して，敏捷に動作することができる．食べたものはたちまち消化され，エネルギー源となって身体を循環する．身体全体が目的にあったようにうまく設計されているのはなぜだろうか．

③ 生物が示す柔軟な順応能力

ヒトはまわりの温度が高いと汗をかいて体温を下げ，温度が低いと体表の血流を減らして体温の低下を防ぐ．高等動物だけでなく，微生物にもさまざまな環境に順応する能力があり，与えられた栄養源に応じた代謝系を準備することもできる．このような環境応答の能力（9章 参照）は，あたかも誰かが周到にデザインしたかのように見えるが，どのようにしてつくられたのだろうか．

④ 多細胞生物の複雑な体の構築

多細胞生物の体は非常に複雑で，多種類の異なる細胞が，それぞれ必要な場所に適切に配置されて機能している（4章 参照）．さらに，こうした体は，1個の受精卵から，発生という過程を経て，徐々に形成される．では，発生プログラムそのものはどのようにつくられたのだろうか．ほかの方法で体をつくることはできないのだろうか．

⑤ 脳とこころの関係

高等生物の中でも特に霊長類の脳には高次の情報処理機能がある（5章 参照）．さらにヒトには複雑な感情や思考能力も備わっている．一言で「こころ」※2と呼ばれるこうした能力は，脳という物質的装置によって可能になっているはずであるが，そこで行なわれている物理的・化学的過程と「こころ」との関係はどのように考えればよいのだろうか．

⑥ 生物の起源と進化

すべての生物は，共通の祖先から進化という過程によって多様化して生じたと考えられている（1章 参照）が，そもそも最初の生物はどのようにして生まれたのだろうか．また，生物の進化はどのような力によって可能になっているのだろうか．現在でも進化は続いているのだろうか．

⑦ 生命の謎を説明する「力」

こうした多くの生命・生物にかかわる謎に答えるため，昔の人々は特殊な「生命力」を想定した．しかし現在では，そうした試みはすべて否定されている．現代の科学を総動員して，どのようにして生命の謎を理解すればよいのだろうか．

※1 ヒトゲノムは3×10^9塩基対からなる．1バイトは8ビットである．$3 \times 2/8 = 0.75$となる．

※2 英語ではmindと表現する．

これらに対する完全な答えはまだ存在しない．現在考えられる妥当な考え方を章末にまとめたが，本章を読みながら，読者自身でも，これらの問に対する答えを考えてほしい．

2 生命・生物の理解についての理論の発展

生命・生物の謎を理解しようとする試みは，昔から行なわれてきた．その中でも重要なヒントとなる事項をとりあげてみよう．

目的論と機械論

古代ギリシャの哲学者（自然学者）アリストテレス※3は自然界の現象のすべてにあてはまる4種類の原因を考えた．質料因（原料・素材），始動因（作者・動作者），形相因（本質・しくみ・原理），目的因（目的・意義）である．現在私たちが考える原因は，主に始動因に対応するが，質料因や形相因という考え方もできるだろう．しかし，目的因を原因の1つとする考え方は納得しがたいのではないだろうか．目的があるから物事が起きると考えるのは，現代科学の考え方とはいえない．そのため，**目的論**※4は自然科学から非科学的という烙印を押されてしまった．

ところが日常生活では，目的があってこそ仕事をするわけなので，目的は重要である．つまり，生物現象を目的から理解するということは，私たちのごくふつうの感覚にマッチしている．実際，多くの生物学の教科書では，目的から理解するように書かれている部分がみられる．生命科学の研究でも，ある遺伝子や酵素を発見して論文を書くときには，「遺伝子（酵素）Xの**機能**はYである」などと述べるのがふつうである．この場合，機能は目的を言い換えたものにあたる．そして「遺伝子（酵素）Xは，機能Yを果たす**ために**存在する」と，ごく自然に思われている．生命科学を支える思考には，今でも目的論が含まれているようである．

目的論ではない考え方として，哲学者デカルト※5は**機械論**を提唱した．この言葉は「しくみ」のことも表すが，哲学思想も表す．死後に刊行された『人間論』では，人体のはたらきについて，機械的なしくみによって説明しようとしている．現代の分子生物学では，細胞に含まれるいろいろな分子の相互作用の組み合わせを図式化し，それを**「しくみ」**と考えて，生物を機械装置（つまりメカニズム）として記述するのが一般的である．それでも上記のように，メカニズムと機能は表裏一体の関係にある．機械論では到底理解できそうもない人間の精神（こころ）について，デカルトは物質の理解とは切り離し，二元論で解決しようとしたが，この点は問題として残った．一方で，哲学者のカント※6は，合理的に世界を理解しようとしたものの，『判断力批判』の中では，自然や生物・人間に関して，合理性の裏にある目的論を理解することの重要性について述べている．

還元論と全体論

機械論と関連した考え方に**還元論**（還元主義）がある．高次の機能を理解するために，システムを構成する低次の階層におけるメカニズムによって説明しようとするものである．多くの場合，生物学的な機能を，その下にある物理学的・化学的過程に還元しようとする考え方を指している．その延長上には，「こころ」を脳の神経回路で理解するというような考え方も含まれる．

これに対して，こうした還元は無理と考え，全体というのは部分の集合以上のものであると考える**全体論**※7がある．これは19世紀後半に流行った考え方で，生物には特別な**生命力**が宿っているという**生気論**もこれに関連する．現在では生気論そのものは支持されていないが，全体論はさまざまな形で受け継がれている．その変形として，物理・化学的原理に基づきつつ，高次の階層における現象が，下位の階層における現象により直接的には説明できないとしても，下位の階層から何らかの形でわき出してく

※3 Aristotélēs 1章も参照
※4 目的論：teleology, finalism
※5 René Descartes（1596-1650）フランス
※6 Immanuel Kant（1724-1804）ドイツ
※7 全体論：holism，生気論：vitalism，創発：emergence

るという**創発論**（創発主義）が，20世紀初めごろから盛んになった．20世紀後半になると，複雑系科学において，単純な要素が多数集まって相互作用する系では，全体として新しい現象がみられることがわかった．これは無機的な物質の世界でもみられ，創発という言葉が，神秘的なイメージを払拭し，再び新たな意味で使われるようになっており，生命現象も同じように理解できるのではないかという期待がもたれている．

自然発生説論争の二面性

生命とは何かという問の裏には，生命はどのようにして誕生したのかという疑問がある．それに答えるものとして昔から自然発生説が唱えられたが，ファン・ヘルモント[※8]が述べたような，びんにいれたぼろ切れからネズミが発生するというようなものは，レディ[※9]によって否定された．しかし，レーウェンフック[※10]による微生物の発見以降，再び自然発生の存在が広く信じられることになった．今から見ると非科学的に見えるこの説は，実は，生命の起源を物理・化学的に理解しようとする，性急ではあるが進歩的な試みでもあったのは皮肉である．それを最終的に否定したのはパスツール[※11]の緻密な研究であった（Column：パスツールの白鳥の首型フラスコ 参照）．それ以後，すべての生物は親から生まれることが確定した．当然のことだが，感染症の病原体は自然発生しないので，もとを絶てば感染症をなくすことができるはずだという考えは，これに基づいている．こうした考えによって，公衆衛生が普及するようになり，一方で，感染症克服のためのワクチン開発が本格化した．感染症から守られた私たちの生活は，こうして約100年前にスタートしたのである（8章 参照）．

ところが，公衆衛生の進歩とは裏腹に，生命の起源は全くわからないままであった．

ブレイクスルーとなる負のエントロピー概念

生命の不思議を語るうえで欠かせないのが，物理学者シュレーディンガー[※12]である．彼は量子力学の基本となる波動方程式を導出し，そのことによって，全宇宙の事象はすべて計算可能になったと考えたが，唯一，生命現象にだけは，まだわからない物理法則

Column パスツールの白鳥の首型フラスコ

パスツールが自然発生説を否定した証明において決定的となったのが，有名な白鳥の首型フラスコである．肉の煮出し汁などの栄養に富む液をフラスコにいれてから，フラスコの首をS字型に引き延ばし，白鳥の首のような形にする．その後，フラスコを煮沸し，ゆっくりと冷ます．伸ばしたガラスの先端は開いているにもかかわらず，数日おいても雑菌は生えない．しかし，フラスコの首を切り取ると，1～2日で微生物が増殖してくる．加熱した後で外の空気が入る際に，曲がったガラス管の低い部分に空気中の微生物がトラップされるため，フラスコ内部には雑菌が入らないのでこのようなことができる．現在の研究室で使われているシャーレは，これと同じしくみである．当時の自然発生に関する論議では，密閉した容器を用いた場合，加熱によって内部の空気が変質して，生物の発生を許さないものになるとか，培養液も加熱によって生命力を失うとかという批判があった．この実験により，正常な空気の存在下でも自然発生は起きないことが証明された．なお，フラスコの首を切れば微生物が増殖するので，培養液自体は変質していなかったことがわかる．

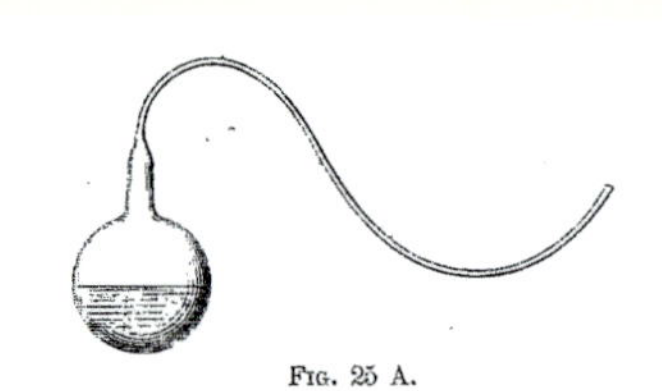

コラム図12-1
パスツールが使った白鳥の首型フラスコ

出典：Memoire sur les corpuscles organises qui existent dans l'atmosphere, L.Pasteur, 1861, fig25A. BnFより転載.

※8 Jan Baptista van Helmont（1580-1644）フランドル（ベルギー）
※9 Francesco Redi（1626-1697）イタリア
※10 Antonie Philips van Leeuwenhoek（1632-1723）オランダ
※11 Louis Pasteur（1822-1895）フランス
※12 Erwin Schrödinger（1887-1961）オーストリア

が含まれているかもしれないと考えた．1944年に刊行された『生命とは何か』の中では，遺伝子の仮想的構造モデル（非周期的結晶）と，エントロピー排出による生体構造構築モデル（負のエントロピー）という画期的なアイディアが述べられている．前者は，10年後のDNA二重らせんモデル発見へのヒントとなった．後者には当時批判も多かったが，その後の生命理解の基本的なモデルとなった（**Column：エントロピーと生命** 参照）．

「負のエントロピー」を現在の知識によって言い換えると，生物は食べ物を取り入れて酸素で酸化することにより，**自由エネルギー**を得て，それを活動や生物体構築に利用するということである．熱力学における自由エネルギーGの定義式（$G=H-TS$：ただし，Hはエンタルピー※13，Tは絶対温度）ではエントロピーSがマイナス項として入っている．つまり，シュレーディンガーが述べていた「負のエントロピー」は，代謝における自由エネルギーに相当する．生物は有機物を酸素で酸化することにより，大量の**エントロピー**（水，二酸化炭素，熱などの形をとっている）をはき出しながら，高分子物質の合成や細胞構造の構築により自らのエントロピーを低下させるが，これらをあわせた全体としてのエントロピーは増加し，熱力学第二法則には矛盾しないことが示された．

❖分子レベルのサイバネティクス：偶然から必然が生まれる

分子生物学者モノー※14は，1970年に『偶然と必然』という本を書き，生物がもつ合目的性（「必然」に相当）が，ランダムなアミノ酸配列から生まれる

Column エントロピーと生命

シュレーディンガーが『生命とは何か』で述べた生命の原理のアイディアは，物質やエネルギーが出入りする開放系において，生物は外から自由エネルギーを取り入れ，それを利用することによって，自らの構造形成や運動などの「秩序」をつくり上げることができるというものであった．それを彼は，「生物は外部から負のエントロピーを取り入れている」と表現したが，現在では，「負のエントロピー」を自由エネルギーや情報という言葉で理解することができる．

コラム図12-2にはこの原理を図式的に示した．生物がもつ代謝などのサイクルが回るときには，外から自由エネルギーの高い物質（糖や酸素）を取り入れ，それを分解することによって，自由エネルギーの低い物質（二酸化炭素や水）を排出する．分解過程で，糖に含まれていた還元力をNADHの形で，また，自由エネルギーをATPの形で，それぞれ回収し，細胞自身の高分子物質合成・形態形成，運動などに利用する．ヒトの場合，大脳の知的活動もこうした自由エネルギーによって成り立っている．こうしたことの結果として，生物と外界を合わせた全体では，自由エネルギーが減少する．言い換えればエントロピーが増加し，これは熱力学第二法則に矛盾しないこともわかる．

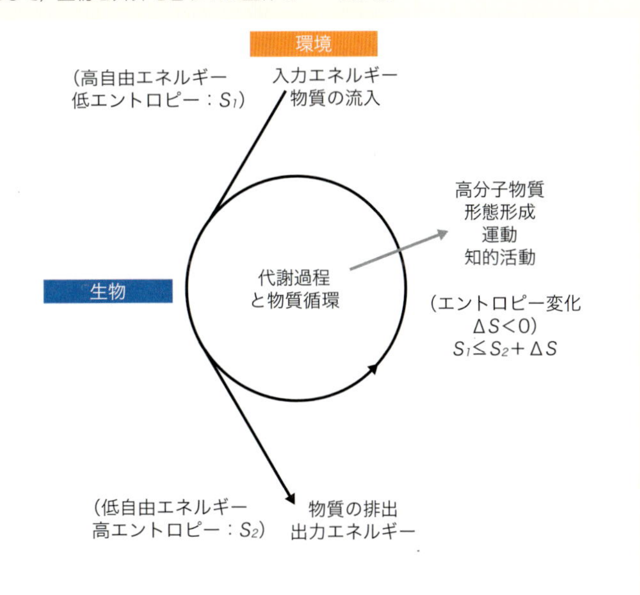

コラム図12-2　生命のサイクルとエントロピー

※13　$H=E+PV$：Eは内部エネルギー，Pは圧力，Vは体積．

※14　Jacques Monod（1910-1976）フランス

と述べた．以下はもっとも有名なフレーズである．

不変性を保持する装置により，偶然できた配列が捕捉され，保存され，複製されることによって，構造の秩序や規則性，つまり必然的なもの（必要な合目的性）に変換される．

—J. Monod『偶然と必然』より

これは生命の機械論的理解の提唱として大きな反響を呼んだが，21世紀の生命科学の発展に通じる重要な示唆も数多く与えていた．その1つが，分子レベルのミクロな**サイバネティクス**という考え方である．**オペロン説**（**Column：DNA結合タンパク質による遺伝子発現制御** 参照）では，遺伝子の発現調節がDNA結合タンパク質による転写調節によって行なわれ，これが細胞のもつ合目的的な**馴化現象**※15を見事に説明できる

Column DNA結合タンパク質による遺伝子発現制御

多くの遺伝子では，転写されるかどうかは，プロモーターやその近くに転写因子と呼ばれるDNA結合タンパク質が結合することによって調節されている．それを最初に示したのが，ジャコブとモノーによるオペロン説（1961年）である．

大腸菌は通常グルコースを栄養源とし，グルコースがある限りは他の糖があっても利用しない．グルコースを使い尽くしたとき，ラクトース（乳糖）がある場合，ラクトースをとりこみ，これを分解して利用する**ために**βガラクトシダーゼなどの酵素をつくる※16．これを誘導と呼ぶ．この場合，複数の酵素の遺伝子がDNA上に並んで存在しており，これらがまとめて一斉に制御される．この制御単位のことを**オペロン**と呼ぶ．

グルコースは大腸菌にとってもっとも利用しやすい糖であり，乳児の腸内などのようにミルクが存在する環境にないかぎり，ラクトースの利用を考える必要はないので，これは好都合なしくみと思われる．そのため，ふだんはリプレッサーと呼ばれる転写因子が，βガラクトシダーゼをコードする遺伝子のプロモーター近傍のオペレーターと呼ばれるDNA部位に結合して，この遺伝子の転写を抑制している．ラクトースが存在すると，反応副産物アロラクトースがリガンドとしてリプレッサーに結合する．これによって，リプレッサーの立体構造が変化して，DNAと結合できなくなる．こうして，ラクトースの存在下では，このオペロンの転写が誘導される（コラム図12-3）．

その後いろいろな栄養源の利用に関するオペロンが発見され，また，DNAに結合すると転写を抑制する転写因子と，活性化する転写因子があることもわかってきた．真核生物の遺伝子発現制御はかなり複雑であり（3章❺ 参照），複数の転写因子が協同して遺伝子発現を制御する．また，エピジェネティクスによる制御も加わる．最近では，非コードRNAが多数存在して，遺伝子発現過程を調節していることもわかってきた．実は，当初のオペロン説では，転写抑制因子がタンパク質ではなくRNAであるという可能性も考えられていた．これは結果的には誤りであったが，現在盛んに研究されているmiRNAなどの非コードRNAによる遺伝子制御（p43 **Column** 参照）を先取りした考え方でもあった．

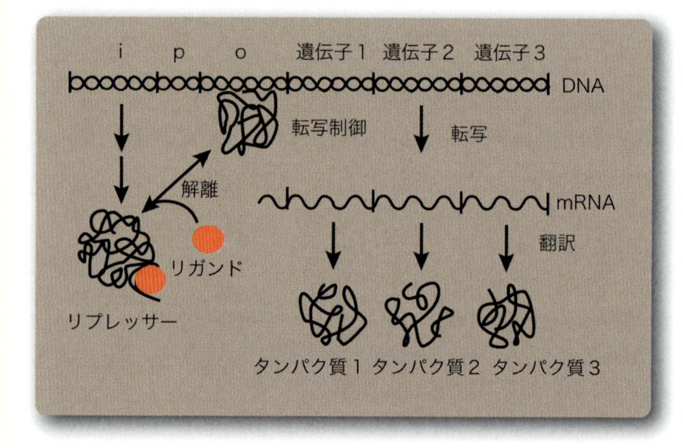

コラム図12-3 ラクトース・オペロンの初期の概念図

これは1970年に描かれた概念図で，現在はもっと詳しいことがわかっている．iはリプレッサーの遺伝子，pはプロモーター，oはオペレーターを表す．リプレッサーはオペレーターに結合するが，リガンド（アロラクトース）が結合するとDNAから解離し，転写抑制は解除され，遺伝子1～3の転写が起きる．現実にはリプレッサーは4量体で，それぞれにリガンドが結合することがわかっている．また，転写の活性化を行なう別の転写因子も存在する．モノー『偶然と必然』（1970）を元に作成．

※15 馴化はacclimation．これに対して，進化によるものを適応adaptationと呼ぶ．

※16 合目的性を強調するために，わざと「ために」という言葉を用いている．

と考えられた．これを一般化すると，遺伝子とDNA結合タンパク質の組み合わせにより，どんな調節をする回路もつくることができると考えられた．もともと数学者ウィーナー※17のサイバネティクス理論に感化された考え方であったが，最近のシステム生物学や合成生物学の基本的な考え方を提示していたことは，見逃してはならない点である（**Column：モノーが考えた代謝制御回路** 参照）．

❖複雑系科学からのアプローチ：散逸構造と自己組織化

20世紀後半になると，**複雑系**科学という学問が生まれてくる．なかでも生物学に関連するのは，物理化学者プリゴジーン※18の**散逸構造**と，理論生物学者カウフマン※19などの**自己組織化**である．プリゴジーンがいつも使うモデルは，お湯を沸かすときのベナール対流である（図12-1）．いかに均一に加熱しても，対流の渦という「蜂の巣状」に組織化された構造が

Column モノーが考えた代謝制御回路—ミクロなサイバネティクスの例

オペロン説を提出したモノーは，『偶然と必然』の中で，アロステリック制御による代謝経路の制御の可能性を挙げている（コラム図12-4）．アロステリック制御は，酵素の活性部位とは異なる部位に制御物質（リガンド）が結合することにより，酵素活性を高めたり抑制したりするしくみである．最初の「フィードバック阻害」は，解糖系などさまざまな代謝経路でみられる標準的な制御形式で，生成物の量を一定に保つ役割がある．次の「フィードバック活性化」が起きると，システムは爆発的に作動し，生成物が大量につくられる．代謝系ではこのようなことはまず起こらないが，発生過程などで，細胞の分化を確実に進行させるためなどに役立っている．「並行経路による活性化」は，複数のユニットからできる物質の合成において，片方の成分だけができても無駄になるので，もう1つの成分の合成を促進するしくみである．「前駆体による活性化」は，合成系の先が滞留しないように前駆体があらかじめ必要な酵素を活性化するものである．「基質による活性化」は，基質自身がリガンドとなって，触媒活性を高めるものである．最後の2つも，実際の代謝系で知られている．こうした制御回路は，代謝だけでなく，遺伝子発現制御でも考えられる．現在のシステム生物学・合成生物学をすでに見通していたモノーの先見には，感服させられる．

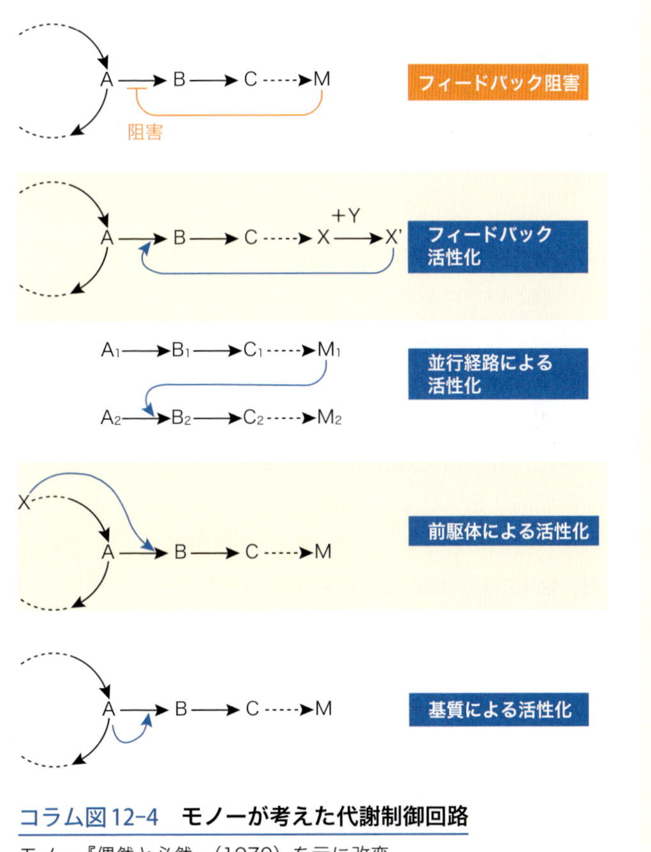

コラム図12-4　モノーが考えた代謝制御回路

モノー『偶然と必然』（1970）を元に改変．

※17　Norbert Wiener（1894-1964）アメリカ
※18　Ilya Prigogine（1917-2003）ベルギー（ロシア出身）
※19　Stuart Alan Kauffman（1939- ）アメリカ

12章 生命や生物の不思議をどのように理解するか

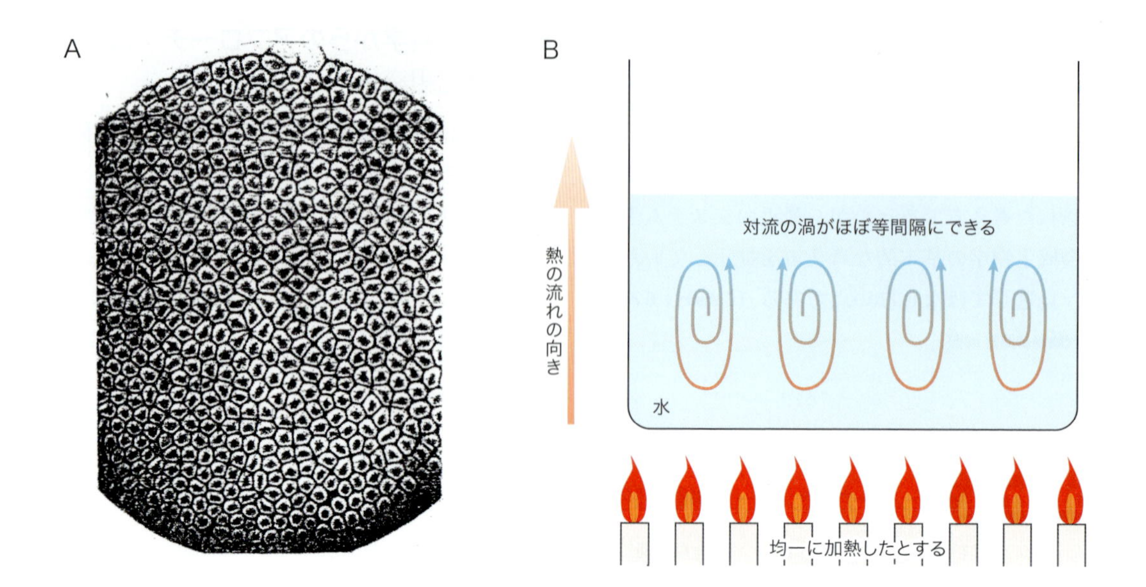

図12-1　生命のモデルとして使われるベナール対流

A）きわめて均一に加熱した油における対流開始時の対流セル構造で，ベナールが報告したものである．最初は不均一に形成されたセルが，時間とともに，均一なサイズをもつ六角形のきれいな並びに秩序化されていく．ベナールは，高温蒸気により加熱された銅製の薄い容器に蒸発しにくい油を入れるなど，細心の注意をはらっても，対流が起きることを証明した．出典：H. Bénard, Rev. Gén. Sci. Pures Appl, 11, 1900, fig13．B）対流のしくみの模式図で，横から見た様子を表す．対流は，のちに，プリゴジーンによって，散逸構造のモデルとして解析され，さらに生命のモデルとして用いられた．

できる．これは，加熱した熱（エントロピー）が散逸しながら，渦というエントロピーの低い状態をつくり出すという点で，上に述べたシュレーディンガーの生体構造構築モデルとよく似ている．同じことは台風の渦の形成原理にもあてはまる．

カウフマンは，互いに相互作用しあう要素の集まりの状態が時間的に発展していく過程で，一極集中のような現象が自然に起きることを示し，自己組織化と呼んだ（図12-2）．これは，何らかのかたちで，**正のフィードバック**がはたらき，特定の分子の増幅が加速されることに基づいている．散逸構造の場合もミクロなゆらぎが増幅され，マクロな渦ができあがるという点で自己組織化の一種と見ることができる．カウフマンはこれを進化にあてはめて，モノーとは異なり，進化はランダムな変異の積み重ねではなく，自己組織化によって，ある特定の機能に関連した変異が集中して起きると考えた．現代のゲノム配列解析からも，種分化においては，染色体の特定領

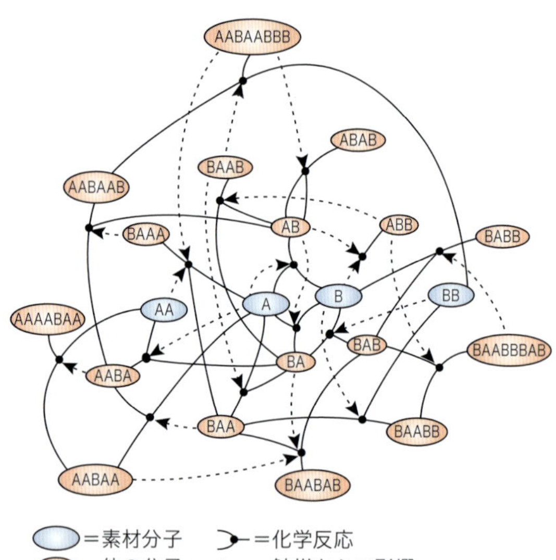

図12-2　カウフマンが考えた自己触媒ネットワーク

素材になる分子A, B, AA, BBから，重合により，より大きな分子ができる．その際，重合体が別の重合反応を触媒することによって，より大きな重合体をつくり上げていくという自己触媒ネットワークを仮想的に考えた．反応は黒丸で示され，触媒作用は点線矢印で表されている．カウフマン『自己組織化と進化の論理』（1995/2008）をもとに作成．

域に集中して突然変異が起きることがわかってきた．

こうした多数の要素の相互作用によって高次な秩序が生み出されることを，複雑系科学では理論的に解明しようとしている．複雑系の考え方によれば，複雑なネットワークの階層的な積み重ねによって，脳のはたらきから「こころ」の理解もできると信じられている．

3 現代諸科学による生命理解

21世紀に入り，生命・生物についての理解の可能性は，大きく広がってきた．ゲノム解読が大規模に進められ，主な研究生物のゲノム情報がわかるようになり，生物間のゲノム比較が可能になった．こうした知識をもとに，あらゆる生物のしくみが大筋で同じであることもわかってきた．その上で今，生命や生物をどのように理解したらよいのか，さまざまな面から紹介する．

生物と生命：動的な考え方

生物と生命は何が違うのか，まずはっきりさせておこう．**生物**は，個々の生き物である．**生命**は，それらの生き物を貫く，**「生きている」という状態**である．「死んだ生物」とは言えても，「死んだ生命」は形容矛盾である．生命は具体的なものの集まりを表すのではなく，集まったものが特定の仕方で相互作用して，外から高い自由エネルギー（をもつ物質）を取り込み，自己形態形成を行ない，外部に熱や不要エネルギー（低い自由エネルギーをもつ物質）を放出しているという**定常状態**を表している．これは単なる「動的な平衡」状態ではなく，自由エネルギーを消費しながら維持される，構造秩序をもった動的な状態（動的な秩序）である．すでに述べた比喩を使うと，台風や川の渦はこれに近い動的な状態である．構造形成としては似ているようにみえる結晶形成の場合は，自由エネルギーが極少となった安定な状態になる．これに対して，**動的な構造**は，常に自由エネルギーを供給しなければ維持できない．

同じ動的な構造でも，生物と台風では，明確に異なる点がある．なぜなら，生物には**遺伝情報**があり，ほぼ同じ体のつくりをもった個体を繰り返し生み出すことができるからである．遺伝情報は，生物の生きている状態を再現するために必要な鍵となるデータを保持している．

生命の駆動力としての自由エネルギー

生命という定常的活動状態を駆動するのは，シュレーディンガーが「負のエントロピー」と述べた自由エネルギーである．エネルギーは保存されるが，自由エネルギーは消費され，同時にエントロピーが増加する．自由エネルギーにはさまざまな形態がある．代表的な生体エネルギー通貨といわれるATPは，特に高い自由エネルギーを可逆的に保持する物質である．還元剤であるNADHやNADPHもまた，高い自由エネルギーを保持する物質ということができる．なぜなら地球上には酸素という酸化剤が多量にあり，酸化還元反応が生物に活動エネルギーを与えるからである．

しかし生命に究極的な**駆動力**を与えるのは，**太陽光**である（9章 参照）．太陽光は太陽表面の約6,000 K[※20]という高温を地上にもたらし，地上の約300 Kという「低温」との温度差が，大きな自由エネルギーとして，光合成の過程を通じて，生命世界に供給される．あらゆる生命活動を可能にする駆動力は，太陽光と言っても過言ではない[※21]．私たちの脳は，1日にグルコースを120 gほども消費しているが，グルコースが保持する自由エネルギーも，もとをたどれば太陽光から来ている．

自由エネルギーを消費しながら実現される生命活動の過程では，さまざまな秩序構造が生み出される．ここでいう**秩序**を言い換えると，不均一な状態である．DNAでいえば，ランダムではない特定の塩基配列がそれにあたる．不均一な状態はエントロピーが低く，情報量をもつともいえる．DNAの情報[※22]は，

※20　K（ケルビン）．絶対温度の単位．

※21　ただし，海洋底の熱水噴気孔周辺の微生物の中には，地球内部の高温で生み出される酸化剤と還元剤に依存して生きているものもある．

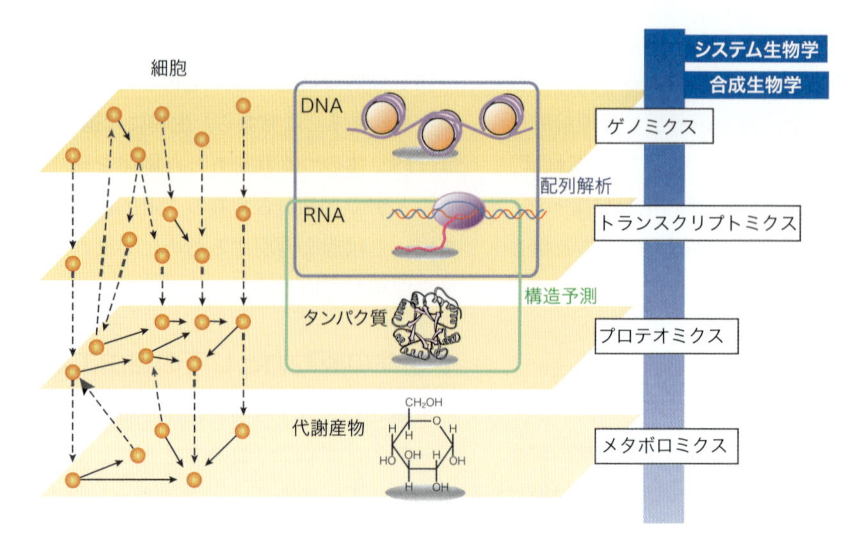

図12-3　オミックス

細胞内の現象は核酸の配列（DNAとRNA），タンパク質，代謝産物の各階層において観測できる．各階層において計測を網羅的に行なうアプローチをオミックス解析と呼び（横方向），それらを統合する形（縦方向）でシステム生物学や合成生物学と呼ばれる分野が生まれている．

酵素の構造や細胞内分子配置という別の不均一性の形をとって，自由エネルギーの流れを組織化し，細胞を構築するのを助けている．このことは，多細胞体の構造形成にもあてはまる．多細胞体の場合には，発生という動的な発展過程の制御を，転写因子やRNA因子などによって行なっている．限られた情報量で複雑な生物体をつくることができるのは，自由エネルギーの流れを制御するという，いわばスイッチ的・触媒的な形で遺伝情報が使われているためと考えられる．

❖オミックスとシステム生物学

このように考えると，細胞内のあらゆる遺伝子の発現状態を調べれば，その細胞の生き方がわかるという見方が生まれる．それをトランスクリプトーム解析と呼ぶ※23．また，こうした大規模解析に基づく学問は，オミックスと呼ばれている（図12-3）．

細胞内ではたらく遺伝子，mRNA，非コードRNA，タンパク質（酵素）は，全体として大きな制御ネットワークをつくり，全体としての新たな性質を表す．細胞内の制御ネットワークのシミュレーションにより，細胞の挙動を再現しようとするのが，**システム生物学**である．注目する生物現象に関して計算可能なモデルをつくり，方程式をたてる．動的なシステムでは，時間とともに状態が変化するが，ある一定の条件下では，見かけ上状態の変化がない定常状態が観察される．細胞や生体も一種の定常状態にあり，合成と分解のバランスがとれている．増殖する細胞では，周期的に状態が変化するが，その振動を長期的に継続することができる．同じ現象を記述するためのモデルは一義的に決まらないので，何らかの方法で，細胞内のさまざまな物質の量や合成速度を実測したデータが必要となる．その場合，上述のオミックスデータのように膨大なデータをどのように処理するか，またモデルのパラメータをどのようにデータとフィッティングするかなどの問題があり，統計的な手法が重要になる．

実際にシステム生物学の対象となる現象には，さ

※22　DNAに限らず細胞がもつ情報量としては，先に述べたDNA配列のテキストとしての情報のほかに，DNA塩基の修飾やヒストンの修飾などによる情報，あるいはDNAの情報を読み出す細胞装置がもつ情報などが考えられるが，その一部は重複しており，現在の知識では，厳密にどれだけの情報量が染色体や細胞に存在するのかを明確に述べることは難しい．

※23　ゲノムという言葉が，遺伝子geneの全体という意味で接尾辞omeをつけてつくられているのと同様にして，転写産物transcriptの全体という意味で，transcriptomeという言葉がつくられた．同様に，タンパク質全体の解析をプロテオームproteome解析，代謝産物全体の分析をメタボロームmetabolome解析などと呼ぶ．

まざまなものがある．最も考えやすいのは，生化学反応が集まっている代謝系である（p173 **Column** 参照）．これは化学反応式を数多く並べて記述することができる．それらを記述する連立微分方程式を解析的または数値的に解くことにより，系の挙動を記述することができる．解には安定な定常状態に収束する場合もあるが，周期的に振動する場合も存在する．後者の場合，多変数空間内で渦巻きをつくることになり，最終的に中心点に収束する場合は，その中心点はアトラクターと呼ばれる．いつまでも同じ円環状の経路を回る場合には，リミットサイクルと呼ばれる．また，時間経過を見たときに突然2つの状態に分岐してしまい，そのどちらになるかは，分岐する瞬間の「ゆらぎ」に依存するというカオスも起こりうる．

定常状態にも2通りあり，パラメータが外から少しでも変化させられた場合に，安定な定常状態を続けられるか，別の状態に移行するかという可能性がある．外力に対して安定な場合，そのシステムは頑健[※24]であると呼ばれる．現実の細胞や生体の状態は，一般にはかなり頑健であるので，それをどのように実現しているのかが研究の重要なテーマとなる（生化学反応ネットワークのシミュレーションについては**Column：細胞周期の簡単なシミュレーション** 参照）．

Column　細胞周期の簡単なシミュレーション

いくつかのソフトウェアを利用すると，細胞内のさまざまな反応をモデル化して，シミュレーションすることができる．反応のモデルは，SBML（Systems Biology Markup Language）で書かれ，代表的なものは，BioModelsというデータベース[※25]から入手することができる．コラム図12-5には，細胞周期の単純化したモデル（BIOMD0000000003）を，CellDesignerというソフトウェア[※26]を用いて計算した結果の一例を示す．C, M, Xはそれぞれサイクリン濃度，CDC-2キナーゼ濃度，サイクリンを分解する酵素の濃度を表す．

ここでサイクリンは，時間とともに蓄積していく制御タンパク質，CDC-2キナーゼは，サイクリンと結合することによりタンパク質リン酸化酵素としてはたらく．このリン酸化活性により，細胞分裂が起きる．図より，サイクリンの濃度が上昇するにつれ，CDC-2キナーゼ活性も高まり，その後サイクリン分解酵素のはたらきによってサイクリン濃度が急激に低下する過程が繰り返されていることが読み取れる．この図は，あくまでも周期を再現するだけの単純なモデルである．それ以外の変数は，合成速度や分解速度，反応速度などの計算のためのパラメータである．反応の微分方程式は以下の通り．

$$\frac{dC}{dt} = v_1 - k_1\frac{XC}{C+K_5} - k_d C$$

$$\frac{dM}{dt} = \frac{V_1\ (1-M)}{(1-M)+K_1} - \frac{V_2 M}{M+K_2}$$

$$\frac{dX}{dt} = \frac{V_3\ (1-X)}{(1-X)+K_3} - \frac{V_4 X}{X+K_4}$$

ただしV_1とV_3は実効値で，それぞれ，

$$V_1 = \frac{C}{C+K_6} V_1'$$

および

$$V_3 = MV_3'$$

とする．詳細はGardner et al. PNAS, 95：14190-14195, 1998を参照のこと．

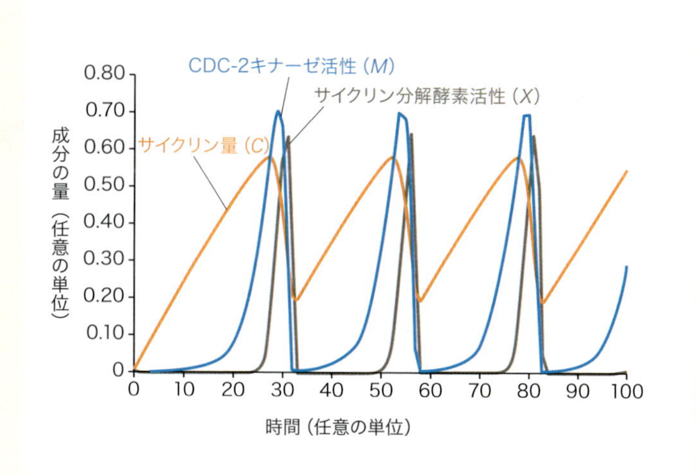

コラム図12-5　細胞周期のシミュレーションの例

※24　頑健：robust．日本語でもロバストということがある．
※25　データベースのURL：http://www.ebi.ac.uk/biomodels-main/
※26　ソフトウエアの入手先：http://www.celldesigner.org/index.html

❖合成生物学と制御システム

DNA結合タンパク質による遺伝子発現制御は，遺伝子制御回路のもっとも基本となるものである．現在では非コードRNAによる制御の重要性も，次第に知られるようになっている．制御システムには，ふつう，制御に直接関係する要素しか書かれていないが，実際には，細胞という入れ物がなければ動かすことは難しい．そこで，制御因子と制御される遺伝子をプラスミド上につくり込み，いくつものプラスミドを大腸菌の細胞に導入することによって，制御回路が実際に思った通りに動くことを実証しようという研究が始まった．これは**合成生物学**と呼ばれている（図12-4）．この言葉は，有機化学で，分析によって推定した構造を確定するために合成が行なわれるのに倣って考えられたものであるが，生物の場合には，入れ物となる細胞を前提としなければならないので，すべてを合成することができるという意味にはならない．

制御回路の基本は，正のフィードバックと負のフィードバックである（9章❷参照）．さらにその組み合わせによって，さまざまな動作を行なう回路がつくられる．電子回路に倣って，遺伝子による回路ができる．コラム図12-4には代表的な代謝制御回路の例を示したが，遺伝子制御も同様に考えることができる．**負のフィードバック**は，代謝系の状態を一定に保つために使われている．その場合，最終産物をリガンドとして抑制を受けるアロステリック酵素がはたらいている．人体の体温調節や血糖調節などの**ホメオスタシス**も，負のフィードバック制御ということができる．

これに対して**正のフィードバック**は，システムが爆発的に変化してしまうことが特徴で，不可逆的に細胞の性質を変化させるような場合に有効である．例えば動物の性決定では，はじめはごくわずかな遺伝子発現の違いが，正のフィードバックによって増

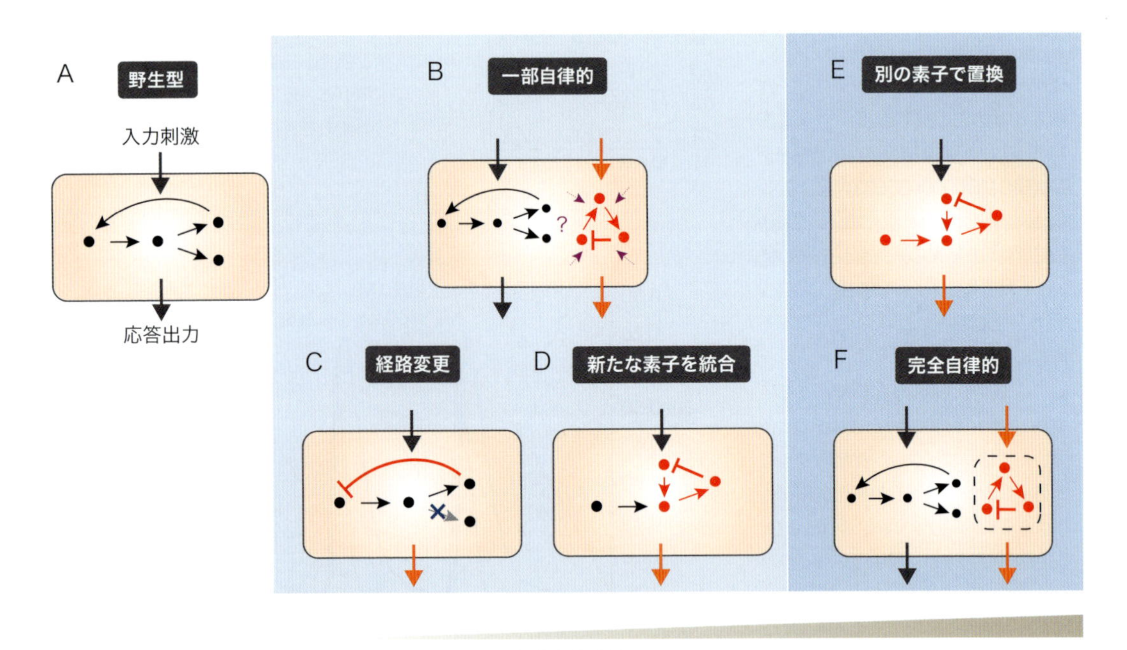

図12-4　合成生物学の考え方

合成生物学でできることの例を段階的に示している．赤色の部分は新規に入れ替えた成分を表す．Aは野生型の細胞である．Bは別の回路を組み合わせようとしたものだが，宿主細胞の成分との未知の相互作用のために，回路は部分的にしか自律的にはたらかない．Cは，赤色の制御系を追加して，もともとの回路の一部を変更したもの．Dはさらに新たな成分を加えて改変したもの．Eは完全に成分を入れ替えてつくった遺伝子制御回路．Fは，もともとの回路とは別に，自律的にはたらくことのできる新規導入遺伝子回路．Nandagopal & Elowitz, Science, 333：1244-1248, 2011をもとに作成．

幅され，雌雄に明確に分かれるようになっている．X0（ゼロ）型の性決定（XXがメス，X0がオス）をするショウジョウバエなどでは，雌雄の性染色体数の比が2：1でしかないが，*Sxl*遺伝子の選択的スプライシングがその産物であるSxlタンパク質によって制御される（正のフィードバック）など，いくつかの遺伝子の選択的スプライシングの繰り返しによって，雌雄の区別を明確にしている．

このほか，時間的にずれた正と負の制御を組み合わせることによって，周期的に振動する系ができるが，周期的に振動する遺伝子発現変化は，動植物の概日リズムにおける中心振動子として使われている．シアノバクテリアの概日リズムは，タンパク質相互作用のレベルでも振動できるようになっているといわれる（異なる生物間での転写制御ネットワークの解析については，Column：異なる動物の遺伝子制御ネットワークの比較 参照）．

遺伝子はこのような制御回路の形成を通じて，細胞内の代謝活動に道筋をつけたり，多細胞体の発生過程に道をつけたりする．複雑な細胞構造や細胞の活動，多細胞生物体の構築などが可能になるのは，

Column 異なる動物の遺伝子制御ネットワークの比較

さまざまな生物のゲノムが解読され，さらに全転写産物の網羅的な分析ができるようになってきたことにより，遺伝子制御ネットワークを生物間で比較することも可能になってきた．最近報告された研究によれば，ヒトとショウジョウバエと線虫の間で，対応する転写因子の制御関係がある程度保存されていることがわかった．転写因子は特定の短い塩基配列を認識してDNAに結合するタンパク質で，真核生物の場合，転写開始複合体の形成を通じて遺伝子の発現を調節している（p47 図3-4参照）．転写因子が別の転写因子の遺伝子の発現を調節することにより，転写制御ネットワークがつくられる．

3種類の生物のさまざまな発達段階の胚や組織について，それぞれの転写因子に対する抗体を使って，転写因子が結合しているクロマチンの断片を免疫沈降させ，そこに含まれるDNAの塩基配列を決めるというChIP実験が行なわれた．それに基づき，実際にそれぞれの転写因子がどのようなタイミングでどの組織で制御を行なっているのかという情報がまとめられた．31種類の転写因子ファミリー（類似の転写因子をまとめたグループ）についてのデータによると，そのうち18のファミリーで，異なる生物でも同じ塩基配列に結合していることがわかった．さらに，これら転写因子をコードする遺伝子の発現量を測定した結果，転写因子の制御関係のうちで，フィードフォワード（コラム図12-6の左から5番目）が最も多く，カスケード（コラム図12-6の左から2番目）が最も少ないことが，これら3種の生物に共通していた．ただし，複数の転写因子がクロマチンの同じ領域に共局在する頻度を調べたところ，異なる生物では異なる結果となり，やはり転写制御の詳細は，生物ごとに異なることもわかった．

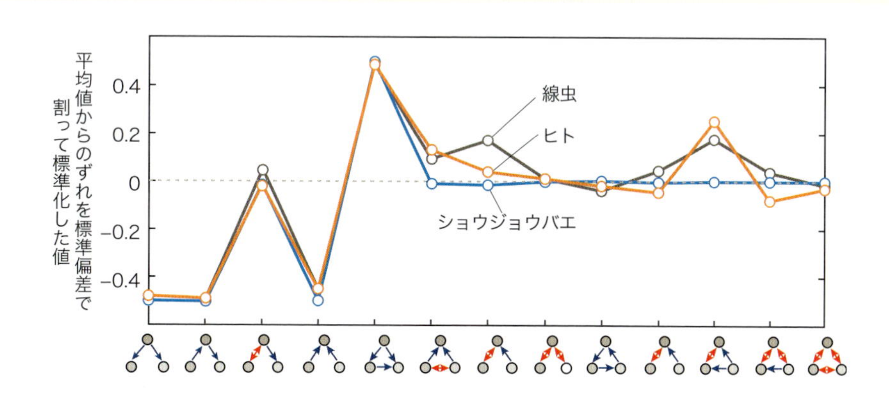

コラム図12-6　転写制御ネットワークの生物間比較

縦軸は相対頻度の尺度となっている．Standen et al. Nature, 512：453-456, 2014をもとに作成．

こうした遺伝子のもつスイッチ的な性質によるものである．それが遺伝情報の情報たる意義である．細胞活動や細胞構造をつくる過程そのものは，代謝的な自由エネルギーを消費して行なわれているが，それに道筋をつけるのは遺伝情報であり，これが，わずかな情報量のゲノムで複雑な生命活動が可能になる主な理由である．遺伝情報として，DNAの塩基配列情報の他に，DNAのメチル化やヒストンの修飾などによるエピジェネティックな情報もある（3章 参照）．また，遺伝情報が適切に発現することを支えるのは細胞構造である．細胞構造がもつ情報には遺伝情報にコードされる部分も多いが，その他に物質の空間的配置などの情報もあり，こうしたものも，付加的な情報として生物体の複雑さを形づくるのに寄与している．

❖生命の起源と化学進化・生物進化・人工生命

現存する多くの生物種は，生物進化により，種分化を繰り返しながら形成されたといわれている．それでは最初の生物はどのようにして生まれたのかという問題が残る．多くの研究者の考えでは，現存生物の**共通祖先**※27が存在したらしい．しかしこれも，最初の原始生命体ではない．

生命の起源を考えるうえで重要なものに，アメリカの化学者ミラー※28の実験（1953年）がある．そこでは，水素，メタン，アンモニアの混合気体と沸騰した水から，電気火花により，多種類のアミノ酸を生成させた．ミラー自身は5種類のアミノ酸しか検出できなかったが，ミラーの退職後，保存してあった試料を，弟子たちが最新機器で分析したところ，22種類のアミノ酸が検出できた．このように，適当な無機物質に対して，原始地球と同様の環境で処理することにより，基本的生体物質を数多く生成させることができることがわかっている．しかし，シトシンのように非常に合成されにくい物質もある．

生命の起源は，次のような段階を経て進んだと考える説明が有力である（図12-5）．まず，ミラーの実験にみられるように，無機物から基本的生体物質が合成された．次に，それらが重合して，自己触媒能をもつ高分子がつくられた．さらに，そうした高分子が集合して，自ら複製し，代謝能力をもつ原始生命体が生まれた．以前はこれらの過程を区別せずに化学進化と呼ぶこともあったが，最初の段階が化

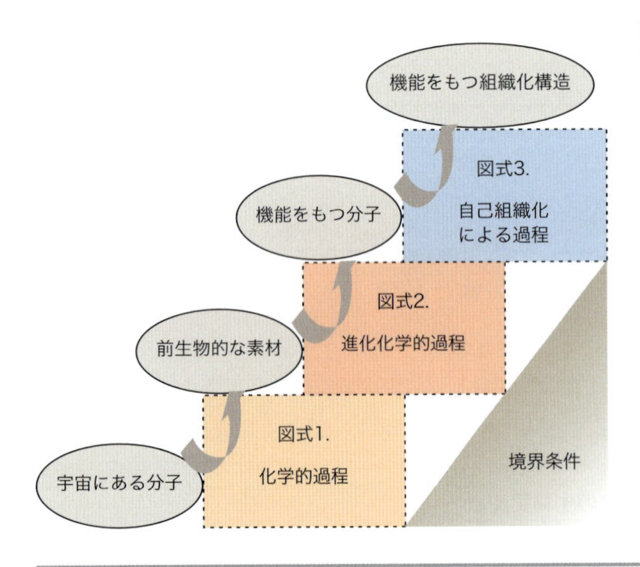

図12-5 化学進化による生命の起源

現在，もっともらしいと考えられている生命誕生のストーリーの1つは，図のように，3段階の説明図式によって理解しようとするものである．地球上で最初に存在したのは，もともと宇宙にいくらでも存在する物質（水素，水，メタン，二酸化炭素，アンモニア，ホルムアルデヒドやシアン化水素など）であった．それらが高温，紫外線，稲妻などの作用を受けて，将来の生物の素材（アミノ酸，核酸塩基など）ができた（図式1）．図式2ではそれらの素材が重合した高分子の中から，自身の重合を触媒する能力をもった機能分子が生まれると，少しでも合成効率のよいものが多量につくられた．これが進化的な原理に基づく化学的進化過程である．図式3では，そうした機能分子（高分子物質）が集まって，自己組織化を起こすことにより，自己増殖能をもつ「最初の細胞のようなもの（protocell）」が生まれた．これらを通じて，地球上の環境条件が境界条件としてはたらいていた．マラテール『生命起源論の科学哲学』（2010/2013）をもとに作成．

※27 LUCA（Last universal common ancestor）と呼ばれることが多い．
※28 Stanley Lloyd Miller（1930-2007）アメリカ なお，実験が行なわれたのはDNA二重らせん構造の提唱と同じ年である．

学反応過程，二段階目は化学的進化原理がはたらく過程，三段階目が自己組織化原理がはたらく過程と区別できる．化学的進化原理によると，さまざまな自己触媒能をもつ高分子が競争し，同じ材料を使う中で，もっとも速く複製できる高分子が生き残ったと考えられる．さらに自己組織化原理により，分解過程に逆らって安定した構造を保持できるものが残っていったと考えられる．これが生物進化にそのままつながるのかどうかは，まだわからない．

進化過程は，生物のもつ合目的性をよく説明できる．「偶然から必然が生まれる」とモノーが考えたのも，**自然選択**※29の過程を介してのことである．生物は細胞分裂や有性生殖によって増殖しているので，現在の生物にみられる合目的性は，過去の祖先の世代において同じことをやってきて，それが有効であったからこそ，現在も存在すると考えられる．少なくとも過去にうまくできなかった個体は子孫を残していないだろう．しかも同じような個体が共存するときには，少しでもうまく生活できる個体がより多く子孫を残したに違いない．このようにして，生物の合目的性は，基本的には，生命の増殖サイクルの繰り返しによって理解できるはずであり，それらのサイクルの競合過程が進化として表れてくるのである．

❖物質科学に根ざした生命の動的な理解に向けて

生命や生物の謎を科学的に理解する努力は，長く続けられてきた．目的論や生気論が表舞台から消えたのは，ほんの1世紀前である．しかし，本当に生命を理解できるようになり始めたのは，20世紀後半，分子生物学などの進歩とともに複雑系科学の進歩による．さらに2000年ごろから始まったゲノム科学の急速な発展が，生物の神秘を払拭した．今私たちが生命を理解するために必要なのは，あくまでも物質そのものの性質の解明や物質科学・数理科学・情報科学に基礎を置いて，そこから何が導き出せるのかを注意深く研究することである．生物がきわめて合目的的にできていることをもって，特別なデザインによって，はじめから複雑なしくみをもつ生物がつくり出されたという説明が，いまだにまことしやかに語られている国もある．生命のもつ創発的な性質は，太陽光が与える駆動力と，生体分子の自己組織化，そして遺伝情報がもつ制御作用だけで説明できるに違いない．生物の適応的な合目的性は，遺伝子やエピジェネティックなゲノム（染色体）変異の生成と，ゲノムを含む生物体の複製の繰り返し過程によって長い時間をかけて醸成されてきたに違いない．生命の理解は，こうしたことの1つ1つを解明し実証する地道な努力にかかっている．

4 結論：最初の問に対する現在あり得る解答

はじめに述べたように，❶で提示した疑問に対する完全な答えが存在するわけではない．しかし，これからの生命科学において与えられるべき解答への道筋を描いてみることはできる．それを項目ごとに簡単にまとめる．

①ゲノムがもつ少ない情報量でも複雑な生命体がつくれるのは，主に情報が自由エネルギーの流れを調節するスイッチとしてはたらいているためと考えられる．ゲノムの塩基配列自体がもつ情報に加えて，エピジェネティクスや細胞内環境なども付加的な情報源となりうる．実際の生命体のもつ複雑さには，取り入れられた自由エネルギーも大きな寄与をしていると考えられる．

②生物がもつ合目的的な構造や③環境応答能力について，進化の産物という以外の説明はなく，ほかの理由を考える必要はない．

④発生プログラムができてきたのは，やはり進化による．進化発生生物学（evo-devo）の考えによると，発生プログラムのわずかな切り替えによって，見かけ上大きく異なる生物が進化することがあったといわれる．

⑤脳のしくみから「こころ」が創発するしくみは，多数の神経ネットワークの相互作用の中から「こ

※29 自然選択：natural selection

ころ」が生まれると想像されているが，「こころ」は「もの」ではなく，何らかの「はたらき」と思われる．

⑥生物の起源については，段階的に複雑なシステムが生まれたという説明が有力であるが，実証するのはかなり難しい．進化は多数の変異に対する自然選択によって説明されるが，特定のデザインがあって進化が起きるのではなく，進化は偶然の産物である．ただし，そこに正のフィードバックが加わることは否定できない．

⑦昔の人々が「生命力」と思ったものは，実は自由エネルギーであったと説明される．生命の不思議は，多数の分子の相互作用の中から，自由エネルギーを消費しながら生まれる動的な過程として理解できるはずである．そこに特別の神秘はない．

まとめ

- 生物は，個別の生き物，生命は，生きているという動的な状態を表す
- ゲノムDNAがテキストとして保持する遺伝情報はきわめて少ないが，生物がはるかに大きな情報をもつ複雑な生物体を構築できるのは，エピジェネティクスや生物体がもつ情報も加えて，代謝の自由エネルギーをうまく操作しているためである
- 生物は化学進化によって無生物から生まれ，その過程はしだいに理解されてきている
- 生物のもつ合目的的な装置や性質は，制御回路の組み合わせとその進化によって理解できるはずであるという考えのもとに，システム生物学・合成生物学が生まれた

おすすめ書籍

- 『生命を捉えなおす─生きている状態とは何か 増補版［中公新書］』清水博／著，中央公論社，1990
- 『自己組織化と進化の論理─宇宙を貫く複雑系の法則［ちくま学芸文庫］』S. カウフマン／著，筑摩書房，2008
- 『生命とは何か─物理的にみた生細胞［岩波文庫］』E. シュレーディンガー／著，岩波書店，2008
- 『自己創出する生命─普遍と個の物語［ちくま学芸文庫］』中村桂子／著，筑摩書房，2006
- 『原典による生命科学入門［ちくま学芸文庫］』木村陽二郎／著，筑摩書房，2012

索　引

※索引語に関連するコラムや節タイトルをグレーで示す

数　字

欧　文

和　文

あ

い

う

え

お

か

き

そ

た

ち

つ・て

と

な

編集委員会（五十音順）

池内昌彦　東京大学大学院総合文化研究科
池澤　優　東京大学大学院人文社会科学研究科
石浦章一　東京大学大学院総合文化研究科
大矢禎一　東京大学大学院新領域創成科学研究科
児玉龍彦　東京大学先端科学技術研究センター
笹川　昇　東海大学工学部
佐藤直樹　東京大学大学院総合文化研究科
坪井貴司　東京大学大学院総合文化研究科
野崎大地　東京大学大学院教育学研究科
福田裕穂　東京大学大学院理学系研究科
正木春彦　東京大学大学院農学生命科学研究科
道上達男　東京大学大学院総合文化研究科
三橋弘明　東京大学生命科学ネットワーク
柳元伸太郎　東京大学保健・健康推進本部
和田　元　東京大学大学院総合文化研究科
渡邊雄一郎　東京大学大学院総合文化研究科

協力（敬称略）

浅島　誠，井出利憲，入村達郎，駒崎伸二，坂田麻実子，佐藤隆一郎，柴崎芳一，嶋田正和，辻　真吾，永江玄太，別役重之，米本昌平，和田洋一郎

画像提供（敬称略）

西表野生生物保護センター（図9-8），宇野愛海（図2-16），大政謙次（図10-6原案），
門田　宏（5章扉絵），木下俊則（コラム図9-2），坂山英俊（コラム図9-4），龍野桂太（8章扉絵），
東京大学総合研究博物館（図9-8），豊島陽子（10章扉絵），中川恵一（図6-6），
前園泰徳（図9-8），邑田　仁（図9-8，コラム図10-1），渡邊嘉典（図2-12），A. Kaplan（9章扉絵）

※本書発行後の更新・追加情報，正誤表を，弊社ホームページにてご覧いただけます．
羊土社ホームページ　http://www.yodosha.co.jp/

※本書内容に関するご意見・ご感想は下記サイトよりお寄せください．今後の参考にさせていただきます．
お問い合わせフォーム　https://www.yodosha.co.jp/textbook/index.html

げんだいせいめいかがく
現代生命科学

2015年3月15日　第1版第1刷発行

編　集　東京大学生命科学教科書編集委員会
発行人　一戸裕子
発行所　株式会社　羊　土　社
〒101-0052
東京都千代田区神田小川町2-5-1
TEL　03（5282）1211
FAX　03（5282）1212
E-mail　eigyo@yodosha.co.jp
URL　http://www.yodosha.co.jp/
印刷所　株式会社　加藤文明社

Printed in Japan

ISBN978-4-7581-2053-1

羊土社　発行書籍

生命科学　改訂第３版

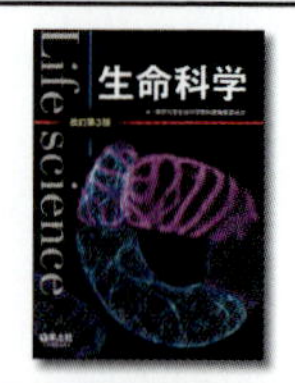

東京大学生命科学教科書編集委員会／編
定価（本体 2,800円＋税）　B5判　183頁　ISBN 978-4-7581-2000-5

東大をはじめ全国の大学で多数の採用．細胞を中心とした生命現象のしくみや面白さ，美しさがわかる．幹細胞，エピゲノムなど新しくも基盤となる知見を積極的に加え，時代に即した内容に改訂．

理系総合のための生命科学　第３版　分子・細胞・個体から知る“生命”のしくみ

東京大学生命科学教科書編集委員会／編
定価（本体 3,800円＋税）　B5判　335頁　ISBN 978-4-7581-2039-5

理・医・農・薬・歯など生物系専攻なら，必ず読んでおきたい教科書．分子から細胞，個体，種へと連なる生命現象の全体像を基礎から解説．改訂により「がん」「創薬」「生物情報」等を新規収録．

分子生物学講義中継　Part1

教科書だけじゃ足りない絶対必要な生物学的背景から最新の分子生物学まで楽しく学べる名物講義

井出利憲／著
定価（本体 3,800円＋税）　B5判　264頁　ISBN 978-4-89706-280-8

普通の教科書では学べない，大切な生物学的背景から「生物学的ものの見方」や最新の分子生物学まで講義の語り口で楽しくわかる！高校生物を学ばなかった人も含め，学生から教授まで大好評．

驚異のエピジェネティクス　遺伝子がすべてではない!? 生命のプログラムの秘密

中尾光善／著
定価（本体 2,400円＋税）　四六判　215頁　ISBN 978-4-7581-2048-7

私たちの運命＜プログラム＞は変わらない？ いえ，経験や食事，ストレスなどによって変化します．その不思議なしくみを明かす“エピジェネティクス”研究の世界を，予備知識がなくても堪能できる．

もっとよくわかる！幹細胞と再生医療

長船健二／著
定価（本体 3,800円＋税）　B5判　174頁　ISBN 978-4-7581-2203-0

ES・iPS細胞研究はここまで進んだ！京大iPS細胞研究所の現役PIによる，やさしくも現役研究者ならではのエッセンスを盛り込んだ解説で，いま注目のテーマの基本から医療応用までまるわかり．

遺伝子が処方する脳と身体のビタミン　東京大学超人気講義録 file3

石浦章一／著
定価（本体 1,600円＋税）　四六判　270頁　ISBN 978-4-7581-0728-0

生命科学の面白さに出会う名物講義！「サプリとジュースどっちが身体にいい？」「体力を高める遺伝子」など目からウロコな事実をやさしく語る！「口内細菌量を自分で調べてみよう」など余談もいっぱい！

理系なら知っておきたいラボノートの書き方　改訂版

論文作成，データ捏造防止，特許に役立つ書き方＋管理法がよくわかる！

岡﨑康司，隅藏康一／編
定価（本体 3,000円＋税）　B5判　148頁　ISBN 978-4-7581-2028-9

実験ノート・筆記具の選び方から，記入・保管・廃棄法まで，重要ポイントが丸わかり！改訂により，大学におけるノート管理，米国特許法の先願主義移行にも対応．スタンダードな書き方と管理法を伝授．

バイオサイエンスと医学の最先端総合誌

月刊　毎月１日発行　定価（本体 2,000円＋税）　B5判
増刊　年８冊発行　定価（本体 5,400円＋税）　B5判

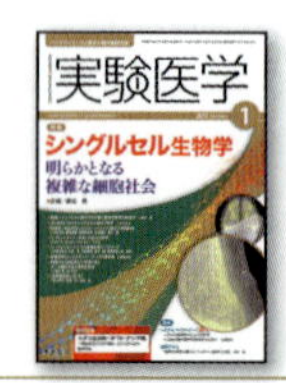

通巻550号突破！ 進化し続ける誌面から，研究に役立つ確かな情報をお届けします．
実験医学onlineで最新情報を配信中 → www.yodosha.co.jp/jikkenigaku/